电工基础

吕 瑾 编著

国防工业出版社

·北京·

内 容 提 要

本书参照职业教育电工基础教学大纲,以及工作岗位的任职及后续专业课程的需求,结合近几年职业教育的实际,按"以服务岗位为宗旨,以岗位任职需求为导向,以培养学生能力为本位"的职业教育办学指导思想编写而成。

本书主要内容包括电路的基本概念和基本定律、简单直流电路、复杂直流电路、电容、磁场和磁路、电磁感应、正弦交流电的基本概念、正弦交流电路、三相正弦交流电路、变压器。每章配有问题引出、学习目标、思考、总结和适量习题,便于教学与自学。

图书在版编目(CIP)数据

电工基础 / 吕瑾编著. —北京:国防工业出版社,2023.1
ISBN 978-7-118-12706-5

Ⅰ. ①电… Ⅱ. ①吕… Ⅲ. ①电工学—职业教育—教材 Ⅳ. ①TM1

中国版本图书馆 CIP 数据核字(2022)第 206533 号

※

国防工业出版社出版发行
(北京市海淀区紫竹院南路23号 邮政编码100048)
三河市腾飞印务有限公司印刷
新华书店经售

*

开本 787×1092 1/16 印张 19½ 字数 332 千字
2023 年 1 月第 1 版第 1 次印刷 印数 1—2000 册 定价 59.00 元

(本书如有印装错误,我社负责调换)

国防书店:(010)88540777　　　书店传真:(010)88540776
发行业务:(010)88540717　　　发行传真:(010)88540762

前　言

为了适应现代电子设备工程技术的发展需要,编写时采用突出弱电,兼顾强电,强弱电知识合一的体系。教材共十章,分章节、知识拓展与应用两类内容。章节内容知识有弹性,增加教材的灵活性,以适应不同专业、不同基础的教学需求;知识拓展与应用可作为教师选讲和学生自学提高之用,有利于学生拓展知识面和理论联系实际。

编写时贯彻"以培养学生能力为本位"的教学理念,从学生的实际情况出发,在数学的推导和分析方面进行压缩,降低难度,突出定性分析,减少定量计算。如将复数知识放在交流电的表示法里学习,便于教师讲解和学生理解,增加了教材对所学数学知识的具体应用。

在教材的编排上注重便于学生学习,每章开篇设"问题引出",列出本章的学习目标,使学生明确本章所学知识和学习要求;每学完一节有"想一想",帮助学生巩固练习,对所学知识进行自我检查;每章后有"本章总结",对本章的基本概念、基本知识、基本方法进行整理和总结,使学生明确本章内容的结构和脉络,便于识记和掌握。

本书配备了多种类型的例题和习题,例题是为了强化课程的重要知识点;习题是为了巩固基本概念、基本知识、电路的分析方法。习题在难度上有层次,并有结合实际应用的拓展,以便开拓视野,理论和实用技术相结合。

本书由吕瑾编写。在此,向所有关心、支持的同仁表示最诚挚的感谢! 由于编者水平有限,书中难免有不妥之处,恳请批评指正!

吕瑾

2022 年 8 月

目 录

绪论 ……………………………………………………………………………… 001

第一章　电路的基本概念与基本定律 …………………………………… 003

第一节　电路 ………………………………………………………… 003

第二节　电流 ………………………………………………………… 008

第三节　电阻 ………………………………………………………… 011

第四节　部分电路欧姆定律 ………………………………………… 015

第五节　电能和焦耳定律 …………………………………………… 017

知识拓展与应用 ……………………………………………………… 021

本章小结 ……………………………………………………………… 028

习题一 ………………………………………………………………… 029

第二章　简单直流电路 …………………………………………………… 032

第一节　电动势、闭合电路欧姆定律 ……………………………… 032

第二节　电池组 ……………………………………………………… 037

第三节　电阻串联电路 ……………………………………………… 041

第四节　电阻并联电路 ……………………………………………… 046

第五节　电阻混联电路 ……………………………………………… 052

第六节　电桥电路 …………………………………………………… 055

第七节　电路中各点电位的计算 …………………………………… 057

知识拓展与应用 ……………………………………………………… 059

本章小结 ……………………………………………………………… 060

习题二 ………………………………………………………………… 062

V

第三章　复杂直流电路 068

- 第一节　基尔霍夫定律 068
- 第二节　支路电流法 073
- 第三节　叠加原理 075
- 第四节　戴维宁定理 078
- 第五节　两种电源模型的等效变换 082
- 本章小结 084
- 习题三 086

第四章　电容 091

- 第一节　电容器和电容 091
- 第二节　电容器的连接 095
- 第三节　电容器的充电和放电 101
- 第四节　电容器中的电场能量 104
- 知识拓展与应用 106
- 本章小结 113
- 习题四 114

第五章　磁场和磁路 118

- 第一节　电流的磁效应 118
- 第二节　磁场的主要物理量 122
- 第三节　磁场对电流的作用力 126
- 第四节　铁磁性物质的磁化 130
- 第五节　磁路的基本概念 133
- 知识拓展与应用 136
- 本章小结 136
- 习题五 138

第六章　电磁感应 142

- 第一节　电磁感应现象 143
- 第二节　感应电流的方向 144
- 第三节　电磁感应 147

第四节　自感应现象 ………………………………………… 152
   第五节　互感应现象 ………………………………………… 157
   第六节　涡流和磁屏蔽 ……………………………………… 162
   知识拓展与应用 ……………………………………………… 165
   本章小结 ……………………………………………………… 167
   习题六 ………………………………………………………… 168

第七章　正弦交流电的基本概念 ……………………………… 173
   第一节　交流电的产生 ……………………………………… 173
   第二节　表征交流电的物理量 ……………………………… 176
   第三节　交流电的表示法 …………………………………… 182
   知识拓展与应用 ……………………………………………… 191
   本章小结 ……………………………………………………… 194
   习题七 ………………………………………………………… 195

第八章　正弦交流电路 ………………………………………… 199
   第一节　纯电阻电路 ………………………………………… 200
   第二节　纯电感电路 ………………………………………… 205
   第三节　纯电容电路 ………………………………………… 210
   第四节　电阻、电感、电容串联电路 ……………………… 215
   第五节　串联谐振电路 ……………………………………… 221
   第六节　电阻、电感、电容并联电路 ……………………… 224
   第七节　交流电路的功率 …………………………………… 232
   知识拓展与应用 ……………………………………………… 237
   本章小结 ……………………………………………………… 240
   习题八 ………………………………………………………… 243

第九章　三相正弦交流电路 …………………………………… 249
   第一节　三相交流电源 ……………………………………… 249
   第二节　三相负载的连接 …………………………………… 257
   第三节　三相负载的功率 …………………………………… 267
   第四节　安全用电常识 ……………………………………… 269
   知识拓展与应用 ……………………………………………… 274

本章小结 ……………………………………………… 275
习题九 ………………………………………………… 276

第十章 变压器 …………………………………… 280

第一节 变压器的结构 ……………………………… 280
第二节 变压器的工作原理 ………………………… 284
第三节 变压器的功率和效率 ……………………… 289
第四节 常用变压器 ………………………………… 291
第五节 变压器的额定值和检验 …………………… 295
知识拓展与应用 ……………………………………… 298
本章小结 ……………………………………………… 300
习题十 ………………………………………………… 301

绪 论

在学习该学科之前,有必要先了解一下电工技术的发展历程。

在我国历史上很早就已有发现电和磁现象的记载,例如古籍书中曾有"慈石召铁"和"琥珀拾芥"的记载。磁石首先应用于指示方向和校正时间,在《韩非子》和《论衡》两书中提到的"司南"就是指此。以后由于航海事业的发展,我国在十一世纪就发明了指南针。在宋代沈括所著的《梦溪笔谈》中有"方家以磁石磨针锋,则能指南,然常微偏东,不全南也"的记载。这不仅说明了指南针的制造,而且发现了磁偏角现象。

十二世纪指南针由阿拉伯传入欧洲。在十八世纪末和十九世纪初,由于生产发展的需要,电磁现象方面的研究发展很快。1785 年库仑首先在实验中确定了电荷间的相互作用力,电荷的概念开始有了定量的意义。1820 年奥斯特从实验中发现了电流对磁针有力的作用,揭开了电学理论的新篇章。同年,安培确定了通有电流的线圈与磁铁相似,并揭示了磁现象的本质。欧姆定律是欧姆在1826 年通过实验而得出的。法拉第对电磁现象有特殊贡献,他在 1831 年发现的电磁感应现象是后来电工技术的重要理论基础。在电磁现象的理论与实用问题的研究上,楞次发挥了巨大作用,他在 1833 年建立了确定感应电流方向的定则(楞次定则)。之后,他致力于电机理论的研究,并阐明了电机可逆性原理。楞次在 1844 年还与英国物理学家焦耳分别独立地确定了电流热效应定律(焦耳 - 楞次定律)。与楞次一道从事电磁现象研究工作的雅可比在 1834 年制造出世界上第一台电动机,从而证明了实际应用电能的可能性。电机工程得以飞跃发展与多里沃 - 多勃洛尔斯基的工作是分不开的。这位杰出的俄罗斯工程师是三相系统的创始者,他发明和创造出三相异步电动机和三相变压器,并首先采用了三相输电线。在法拉第的研究工作基础上,麦克斯韦在 1864 年到 1873 年提出了电磁波理论。他从理论上推测导电磁波的存在,为无线电技术的发展奠定了理论基础。1888 年,赫兹通过实验获得电磁波,证实了麦克斯韦的理论。但实际利用电磁波为人类服务还应归功于马克尼和波波夫。大约在赫兹实验成功七年之后,他们分别在意大利和俄国进行通信试验,为无线电技术的发展开辟了道路。随着半导体技术的发展和科学研究与生产的需要,电子计算机时代到来。从1946年诞生第一台计算机以来,已经历了电子管、晶体管、集成电路、大规模集成电路四代。当前计算机每秒能运算几百万次、几千万次乃至亿万次之多。数字控制机床也是这样,从1952年研制出来后,发展迅猛。"加工中心"多工序数字控制机床和"自适应"数字控制机床相继出现。目前,利用电子计算机对几十台乃至上百台数字控制机床进行集中控制也已经实现了。

  以上种种都得益于电工基础的发展。电工基础作为一门课程,是电能在技术领域中应用的技术基础课程。电工基础又是一门实验科学,电工基础定律和理论是建立在观察和实验基础上的,而电路是电工技术和电子技术的基础,它是学习电子电路、电机电路以及试验通信、测量控制及测试发射电路的基础。

第一章　电路的基本概念与基本定律

 问题引出

工农业生产、交通、通信、航空航天、国防、科学研究和日常生活都离不开电能。电能的发现及应用,给人们的生产和生活带来了深刻的变化。为了正确、有效地利用电能,就必须懂得电路的基础知识。本章中有些内容虽已在初高中学过,本课程在处理这些内容上与初高中物理课有所不同,是从工程角度来阐述,因此并不是简单的内容重复,应该达到温故知新的目的。本章是电工基础的第一章,将为以后的课程学习打好基础。

学习目标

1. 了解电路的组成、电路的三种基本状态和电气设备额定值的意义。
2. 理解电流产生的条件和电流的概念,掌握电流的计算公式。
3. 了解电阻的概念和电阻与温度的关系,掌握电阻定律。
4. 熟练掌握欧姆定律。
5. 理解电能和电功的概念,掌握焦耳定律及电能、电功率的计算。

第一节　电　路

当今是信息高速发展的时代,人们使用各式各样的电子产品和设备,每天都在跟电打交道。电路是现代大工业的基础,电路广泛应用于工农业生产和人类生活之中,如照明用的电灯、电炉、电扇、电视机、通信线路和计算机等。

电路是为了某种需要由电工设备或电路元件(如发电机、电动机、和电炉等)或电子器件(如二极管、三极管和集成电路)按一定方式组合而成。通俗地讲,电路就是电流的通路,电流流过用电设备时又可以实现不同的目的,如:灯泡—光,电炉—热,电动机—转动,喇叭—声音等。

一、电路的作用

电路的结构形式和所能完成的任务是多种多样的,最典型的例子是电力系统,其电路示意如图1.1.1所示。电力系统的作用是实现电能的传输、分配与转换,包括电源、负载和中间环节三个组成部分。图中发电机是电源,是供应电能的设备。在发电厂内可把热能、水能或核能转换为电能。电灯、电动机、电炉等都是负载,是取用电能的设备,它们分别把电能转换为光能、机械能、热能等。变压器和输电线是中间环节,是联结电源和负载的部分,它起传输和分配电能的作用。

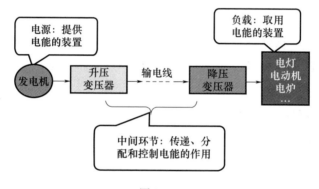

图1.1.1

电路的另一作用是实现信号的传递与处理——信号系统。

常见的信号系统的例子如扩音机,其电路示意图如图1.1.2所示。先由话筒把语言或音乐(通常称为信息)转换为相应的电压和电流,这就是电信号。然后通过电路传递到扬声器,把电信号还原为语言或音乐。由于由话筒输出的电信号比较弱,不足以推动扬声器发声,因此中间还要用放大器来放大。信号的这种转换和放大,称为信号的处理。

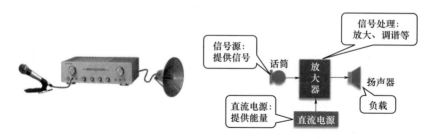

图1.1.2

二、电路的组成

电路通常由电源、用电器(或负载)、导线和开关等组成。

1. 电源

把其他形式的能量转换为电能的设备叫做电源。常见的直流电源有直流发电机、干电池、蓄电池等,如图 1.1.3 所示。

2. 用电器(或负载)

把电能转变为其他形式能量的设备叫做用电器,也称为电源的负载,常见的如电灯、电炉、电冰箱、机算机、空调等一切用电设备,如图 1.1.4 所示。

图 1.1.3　　　　　　　　　　　图 1.1.4

3. 导线

连接电源与用电器的金属线称为导线,它把电源产生的电能输送到用电器,常用的导线用铜、铝等材料制成,如图 1.1.5 所示。

4. 开关

开关起到把用电器(或负载)与电源接通或断开的作用,常见的开关如图 1.1.6 所示。

图 1.1.5　　　　　　　　　　　图 1.1.6

三、电路的状态

电路的状态有如下几种:

1. 通路(闭路)

电路各部分连成闭合回路,电路中有电流,属于正常工作状态,如图 1.1.7 所示。

2. 开路（断路）

电路断开，电路中无电流，电路不工作，如图 1.1.8 所示。

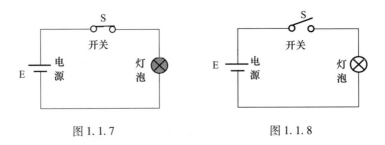

图 1.1.7　　　　　　　　　　图 1.1.8

3. 短路（捷路）

当电源两端或电路中某些部分被导线直接相连，这时电源输出的电流不经过负载，只经过连接导线直接流回电源，这种状态叫做短路状态，简称为短路。如图 1.1.9 所示。

一般情况下，短路时的大电流会损坏电源和导线，应该尽量避免。有时，在调试电子设备的过程中，将电路某一部分短接，这是为了便于调试过程中无关的部分没有电流通过而采用的一种方法。

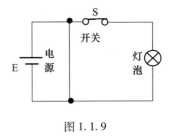

图 1.1.9

四、电路图

实际电路都是由一些按需要起不同作用的实际电路元件或器件所组成，诸如发电机、变压器、电视机、电池、晶体管以及各种电阻器和电容器等，它们的电磁性质较为复杂。最简单的例如一个白炽灯，它除具有消耗电能的性质（电阻性）外，当通过电流时还会产生磁场，就是它还具有电感性，但由于电感微小可忽略不计，于是可认为白炽灯是一个电阻元件。

为了便于对实际电路进行分析和用数学描述，将实际元件理想化（或称模型化），即在一定条件下突出其主要的电磁性质，忽略其次要因素，把它近似地看作理想电路元件。由一些理想元件所组成的电路，就是实际电路的电路模型，它是对实际电路电磁性质的科学抽象和概括。在理想电路元件（后文"理想"两字常略去不写）中主要有电阻元件电感元件电容元件和电源元件等，这些元件分别由相应的参数来表征。

【例】　生活中常用的手电筒，其实际电路元件有电池、电珠、开关和筒体，电路模型如图 1.1.10 所示。

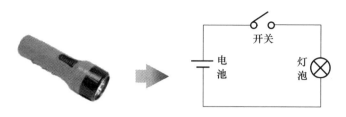

图 1.1.10

电阻的参数为电阻 R；电池是电源元件，其参数为电动势 E 和内电阻 R_0（简称内阻）；筒体是连接电池与电珠的中间环节（不包括开关），其电阻忽略不计，认为是一个无电阻的理想导体；开关用来控制电路的通断。

常用的电路标准符号如表 1.1.1 所示。

表 1.1.1　常用电路标准符号

名称	图形符号	文字符号	名称	图形符号	文字符号
开关		S	电池		E
电压表		V	电池组		E
电流表		A	导线		
电阻		R	导线相接		
可变电阻			导线不相接		
电容		C	电灯		EL
可变电容			接地		
保险丝					

用规定的符号表示电路连接情况的图，称为电路图。

此外,电路可以分为两段,从电源一端起,经过和它连接的全部负载和导线再回到电源的另一端为止的电流路径,称为外电路;电源内部的电路称为内电路。

在设计、安装或修理各种设备和用电器等实际电路时,常要使用表示电路连接的图。今后所分析的都是指电路模型,简称电路。在电路图中,各种电路元件用规定的图形符号表示。

1. 实际电路千变万化,它们有什么共同之处?
2. 电路一般由什么组成?其作用是什么?
3. 电路有什么状态?各有什么特点?
4. 为什么要建立电路模型?

第二节　电　流

一、电流的形成

电荷的定向移动形成电流,或者说,电荷有规则地移动就形成了电流。如:金属导体中自由电子的定向移动,电解质中正、负离子沿着相反方向的移动,阴极射线管中的电子流等,都形成电流。

电荷是一种带电的粒子。物质都是由很小的微粒——分子组成,分子由原子组成,原子由原子核和核外电子组成,原子核又由中子和质子组成。质子带正电,中子不带电。这样原子核可以看成是带正电的电荷,也叫正电荷;而电子带负电的电荷,也叫负电荷。如图1.2.1所示。

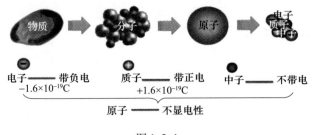

图 1.2.1

金属导体在没有电场作用的情况下,原子核与电子处于平衡状态,对外不显电性。而在电场力的作用下,金属导体中的自由电子向一个方向移动,这就形成了电流。

要形成电流,首先要有能自由移动的电荷——自由电荷。但只有自由移动的电荷还不能形成电流,例如,导体中有大量的自由移动的电荷,它们不断地做无规则的热运动,朝任何方向运动的几率都一样,在这种情况下,对导体的任何一个截面来说,在任何一段时间内从截面两侧穿过截面的自由电荷数都相等,从宏观上看,没用电荷的定向移动,因而也没有电流。

如果把导体放进电场内,导体中的自由电荷除了做无规则的热运动外,还要在电场力的作用下做定向移动,形成电流。但由于很快就达到静电平衡状态,电流将消失,导体内部的场强变为零,整块导体成为等位体,如图 1.2.2 所示。由此可见,要得到持续的电流,就必须设法使导体两端保持一定的电压(电位差),导体内部存在电场,才能持续不断地推动自由电荷做定向移动,这是在导体中形成电流的必要条件。

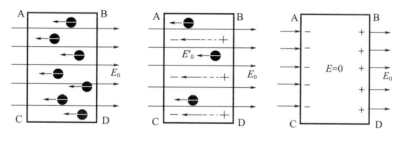

图 1.2.2

从力的角度来分析,必须受到外力的作用。电源可以向自由电荷提供一个外力,这个外力就是电场力,换句话说,就是电压。导体两端必须保持一定的电压(电源就可以提供一定的电压)。

二、电流

电流既是一种物理现象,又是一个表示带电粒子定向运动强弱的物理量,如图 1.2.3 所示。

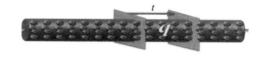

图 1.2.3

电流的大小为通过导体横截面积的电荷量与通过这一电荷量所用时间的比值,用电流强度 I 来表示。如果在时间 t 内通过导体横截面的电量为 q,那么,电流大小为

$$I = \frac{q}{t}$$

在国际单位制中,电流的单位是安培(A)。如果在 1s 内通过导体横截面的电荷量是 1C,则规定导体中的电流为 1A。常用的电流的单位还有 mA(毫安)、μA(微安)等。

换算关系:$1A = 10^3 mA = 10^6 \mu A$。

大家已经知道,电荷有正负之分。习惯上规定:正电荷定向移动的方向为电流的方向。在金属导体中电流的方向与自由电子定向移动的方向相反,在电解液中电流的方向与正离子移动的方向相同,与负离子移动的方向相反(负电荷移动的方向称为电子流的方向)。计算时先设定电流的方向,计算结果为正时,设定方向与实际方向一致;计算结果为负时,设定方向与实际方向相反,如图 1.2.4 所示。

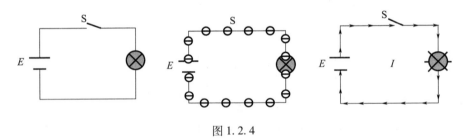

图 1.2.4

图 1.2.4 中,外电路:由电源正极出发,经开关、用电器到电源负极;内电路:由电源负极到电源正极。

电流方向和强弱都不随时间而改变的电流叫做直流电。

【例】某导体在 5min 内均匀流过的电荷量为 4.5C,问:电流强度为多少毫安?

解:$I = \dfrac{q}{t} = \dfrac{4.5}{5 \times 60} = 0.015A = 15mA$

答:电流强度为 15mA。

三、电流的分类

按照电流的大小和方向的不同来分,可分为三种。

1. 稳恒电流

大小和方向均不随时间变化的电流,称为稳恒电流。用 DC 表示,如

图 1.2.5 所示。

2. 脉动电流

大小变化而方向不随时间变化的电流,称为脉动电流,如图 1.2.6 所示。

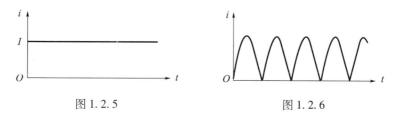

图 1.2.5　　　　　　　　图 1.2.6

3. 交流电流

大小和方向均随时间变化的电流,称为交流电流。用 AC 表示,如图 1.2.7 所示。

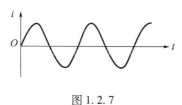

图 1.2.7

1. 形成电流的条件是什么?
2. 电流的方向如何? 电流的大小?
3. 电流的分类?

第三节　电　阻

一、电阻

电阻与物体的内部结构有关。可以从物质组成来分析,大家知道:物质是由分子组成的,分子是由原子组成的,原子是由更小的粒子组成的。自由电荷定向移动时必然会与这些粒子发生碰撞和摩擦,从而对自由电荷的运动产生一定的阻力,如图 1.3.1 所示。

金属导体中的电流是自由电子定向移动形成的。自由电子在运动中要跟金属正离子频繁碰撞,每秒的碰撞次数高达 10^{15} 左右。这种碰撞阻碍了自由电子的定向移动,表示这种阻碍作用的物理量叫做电阻。不但金属导体中存在电阻,其他物体也存在电阻。

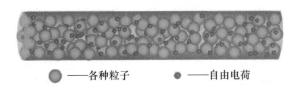

● ——各种粒子　　● ——自由电荷

图 1.3.1

二、电阻定律

导体的电阻是由它本身的物理条件决定的。如:导体的电阻是由它的长短、粗细、材料的性质和温度决定的。

在保持温度(如 20℃)不变的条件下,实验结果表明,用同种材料制成的横截面积相等而长度不相等的导线,其电阻与它的长度 l 成正比;长度相等而横截面积不相等的导线,其电阻与它的横截面积成反比,即

$$R = \rho \frac{l}{S} \tag{1.1}$$

式(1.1)称为电阻定律。式中:比例系数 ρ 是材料的电阻率,单位是 $\Omega \cdot m$(欧·米),ρ 与导体的几何形状无关,而与导体材料的性质和导体所处的条件如温度等有关,在一定温度下,对同一种材料,ρ 是常数。R、l、S 的单位分别是 Ω(欧)、m(米)和 m^2(平方米)。辅助单位:$k\Omega$(千欧)、$M\Omega$(兆欧)。

换算关系:$1\Omega = 10^{-3} k\Omega = 10^{-6} M\Omega$。

当导线材料和粗细一定时,导线越长,电阻越大;反之,导线越短,电阻越小。当导线材料和长短一定时,导线横截面积越大,电阻越小;反之,导线横截面积越小,电阻越大。

不同的物质有不同的电阻率,电阻率的大小反映了各种材料导电性能的好坏,电阻率越大,表示导电性能越差。通常将电阻率小于 $10^{-6}\Omega \cdot m$ 的材料叫做导体,如金属;电阻率大于 $10^7 \Omega \cdot m$ 的材料叫做绝缘体,如石英、塑料等;而电阻率大小介于导体和绝缘体之间的材料,叫做半导体,如锗、硅等。导线的电阻要尽可能小,各种导线都用铜、铝等电阻率小的纯金属制成。为了安全,电工用具上都安装有用橡胶、木头等电阻率很大的绝缘体制成的把或套,表 1.3.1 列出了几种常用材料的电阻率。

表 1.3.1 常用材料的电阻率

材料名称		电阻率 $\rho/\Omega \cdot m(20℃)$	电阻温度系数 $\alpha/(1/℃)$
导体	银	1.6×10^{-8}	3.6×10^{-3}
	铜	1.7×10^{-8}	4.1×10^{-3}
	铝	2.8×10^{-8}	4.2×10^{-3}
	钨	5.5×10^{-8}	4.4×10^{-3}
	铁	9.8×10^{-8}	6.2×10^{-3}
	锡	1.14×10^{-7}	4.4×10^{-3}
	锰、铜	$(4.2 \sim 4.8) \times 10^{-7}$	$\approx 0.6 \times 10^{-5}$
半导体	碳	3.5×10^{-5}	
	锗	0.60	
	硅	2.3	
绝缘体	塑料	$10^{15} \sim 10^{16}$	
	陶瓷	$10^{12} \sim 10^{13}$	
	云母	$10^{11} \sim 10^{15}$	
	石英	$75\ 10^{16}$	
	玻璃	$10^{10} \sim 10^{14}$	

【例】一根铜制导线,横截面积为 $2mm^2$,长度为 100m,该导线 20℃时的电阻为多大?($\rho = 1.7 \times 10^{-8}\Omega \cdot m$)

解:$S = 2mm^2 = 2 \times 10^{-6} m^2$

$l = 100m$

$R = \rho \dfrac{l}{S} = 1.7 \times 10^{-8} \times \dfrac{100}{2 \times 10^{-6}} = 0.85\Omega$

答:该导线 20℃时的电阻为 0.85Ω。

三、电阻与温度的关系

温度对导体电阻的影响:一是温度升高,使物质分子的热运动加剧,带电质点的碰撞次数增加,即自由电子的移动受到的阻碍增加;二是温度升高,使物质中带电质点数目增多,更容易导电。随着温度的升高,导体的电阻究竟是增大了还是减小了,要看哪一种因素的作用占主要地位而定。

一般金属导体中,自由电子数目几乎不随温度变化,而带电粒子的碰撞次数却随温度的升高而增多,因此,温度升高时,其电阻增大。温度每升高 1℃,一般金属导体的电阻增加 3‰~6‰。所以,温度变小时,金属导体电阻可认为是不变的。但当温度变化大时,电阻的变化就不可忽视。例如,40W 白炽灯的灯丝电阻在不发光时约100Ω,正常发光时,灯丝温度可达2000℃以上,这时的电阻超过1kΩ,即原来的10倍还多。

利用这一特性,可制成电阻温度计,这种温度计的测量范围为 −263 ~ 1000℃(常用铂丝制成)。少数合金的电阻,几乎不受温度的影响,常用于制造标准电阻器。

必须指出,不同的材料因温度变化而引起的电阻变化是不同的,同一导体在不同的温度下有不同的电阻值,也就有不同的电阻率,可参见表1.3.1。

温度每升高1℃时电阻所变动的数值与原来电阻值的比,叫做电阻的温度系数,以字母 α 表示,单位为1/℃。

温度为 t_1 时,导体的电阻为 R_1,温度为 t_2 时,导体的电阻为 R_2,则电阻的温度系数为

$$\alpha = \frac{R_2 - R_1}{R_1(t_2 - t_1)}$$

即
$$R_2 - R_1 = \alpha R_1(t_2 - t_1)$$
$$R_2 = R_1 + \alpha R_1(t_2 - t_1) = R_1[1 + \alpha(t_2 - t_1)]$$

表1.3.1所列的电阻温度系数是导体在某一温度范围内的温度系数平均值。并不是在任何初始温度下,每升高1℃都有相同比例的电阻变化,上述公式只是近似的表示式。

温度系数有正负之分。当温度升高时,导体的电阻变大,此时叫正温度系数;当温度升高时,导体的电阻变小,此时叫负温度系数。如,碳就具有负温度系数特性($\alpha = -0.5 \times 10^{-3}$)。在电子设备中,有些电路用到热敏电阻就是采用负温度系数的材料制成的。在仪器和通信设备中利用它起自动调节作用。例如在晶体管功率放大器中,热敏电阻被用来稳定晶体管的静态工作点,在载波机中利用热敏电阻来实现自动电平调节。

导体电阻随着温度变化而变化,且在温度不太低时,电阻率近似地随温度呈线性变化。后来人们发现许多物质在温度降到接近绝对零度(−273℃)时,电阻会突然降为零,这一现象称为超导现象。从导体正常状态转变为超导体的临界温度,称为超导转变温度。

四、电导

电阻的倒数称为电导,是用来衡量导体导电能力的物理量。用符号 G 表示,单位:S(西门子),即

$$G = \frac{1}{R}$$

例如:电阻为100Ω,则它的电导为0.01S。

五、电阻器

在实际工作中,为了满足工作需要,常用体积很小的物体做成较大阻值的器件,这种器件称为电阻器(简称电阻)。在电路中用于控制电压、电流的大小,或与其他器件组成具有特殊功能的电路。具体将在以后的学习中讲解,符号如图1.3.2所示。

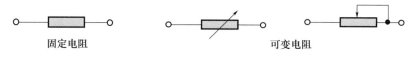

图1.3.2

1. 什么叫导体电阻？导体为什么有电阻？
2. 导体电阻的大小与哪些因素有关？
3. 什么叫电阻率？单位是什么？
4. 电阻器的种类有哪些？如何识别？

第四节 部分电路欧姆定律

一、部分电路欧姆定律

电路的一部分称为部分电路。部分电路可能简单,也可能复杂,最简单的部分电路就是一个电阻,如图1.4.1所示。

电阻 R 两端加上电压 U,就会有电流流过。在电路中,电流、电压和电阻之间的关系由欧姆定律确定。欧姆定律是法国物理学家欧姆通过大量实验得出的结论:导体中的电流与加在它两端的电压成正比,与它的电阻成反比——部分电路欧姆定律。即

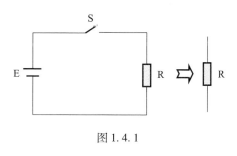

图1.4.1

$$I = \frac{U}{R}$$

或

$$R = \frac{U}{I} \text{ 或 } U = RI$$

从上式可以看出，欧姆定律反映了电路中电压、电流、电阻三个物理量之间的关系，即可以从两个已知的量求出另一个未知量。在运用欧姆定律时要注意，电压的方向必须和电流的正方向一致，也就是顺着电流的方向，电位由高到低。

【例1】一灯泡的电阻为 48Ω，当在它两端加上电压时，则有 $0.5A$ 的电流流过，问所加的电压为多少？

解：根据欧姆定律得

$$U = IR = 0.5 \times 48 = 24V$$

答：所加电压为 $24V$。

【例2】某导线两端加 $1V$ 电压时，其通过的电流为 $5A$，该导线的电阻为多大？若加 $0.5V$ 的电压时，其通过的电流又是多大？

解：(1) 求导线电阻：$R = \dfrac{U}{I} = \dfrac{1}{5} = 0.2\Omega$

(2) 求电流：$I = \dfrac{U}{R} = \dfrac{0.5}{0.2} = 2.5A$

答：导线的电阻为 0.2Ω，电流为 $2.5A$。

二、伏安特性曲线

如果以电压为横坐标，电流为纵坐标，可以画出电阻的 $U-I$ 关系曲线，称作电阻元件的伏安特性曲线。

根据欧姆定律，如果电阻是常数，那么它的伏安特性是一条直线，这样的电阻称为线性电阻，如图 1.4.2 中 R_1 所示；如果电阻不是常数，那么它的伏安特性就是一条曲线，这样的电阻称为非线性电阻，如图 1.4.2 中 R_2 所示。

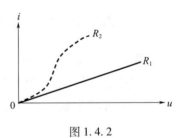

图 1.4.2

1. 什么情况下没有电流就没有电压？
2. 什么情况下有电压而没有电流？

第五节 电能和焦耳定律

一、电能

物体在力的作用下运动时,力就对物体做了功,做功的大小等于力乘以距离($W=FL$),做功的结果是物体获得一定的动能而产生位移。同理,电能在转换时也在做功。如:电炉接上电源后会发热;灯泡接上电源后会发光;电动机接上电源后会转动。这些现象说明:电流通过用电器后做了功,这个功称为电功;或者说,电器消耗了一定的电能称为电功。

在导体两端加上电压,导体内就建立了电场。电场力在推动自由电子定向移动中要做功。设导体两端的电压为 U,通过导体横截面的电荷为 q,电场力所做的功即电路所消耗的电能 $W=qU$。由于 $q=It$,所以

$$W = UIt$$

根据欧姆定律,可以进一步推出:

$$W = I^2Rt = \frac{U^2}{R}t$$

式中,W、U、I、t 的单位分别是 J(焦耳)、V(特)、A(安)、s(秒)。

"度"的概念:上面讲了电功的单位用焦耳,但在电力工程中,测量电功的单位用"千瓦时"(kW·h),即

$$1 千瓦时 = 1 度电$$

$$1kW·h = 1000W,3600s = 3.6×10^6J = 1 度$$

1 度电的电功就是 1 千瓦时的功(1 度 =1kW·h)。

电能表(也叫电度表,见图 1.5.1)上"220V""5A""3000R/kwh"字样,分别表示:电能表额定电压 220V;允许通过的最大电流是 5A;每消耗 1 度电,电能表转盘转 3000 转。

环保专家算过一笔账,每节约 1 度电就相当于节省 0.4kg 的标准煤和 4L 净水,同时减少了 0.272kg 碳粉尘、0.997kg 二氧化碳和 0.03kg 二氧化硫的排放。比如:每个家庭在使用空调时将空调调高一度,或是每日少开 1 小时空调,这样每天可节省 1 度电;将 1 只 20W 日光灯换成同等亮度的 5W 节能灯,

图 1.5.1

每半个月可节省1度电;1只60W白炽灯换成同等亮度11W节能灯,每星期可节省1度电。

电流做功的过程实际上是电能转化为其他形式的能的过程。例如,电流通过电炉做功,电能转化为热能;电流通过电动机做功,电能转化为机械能;电流通过电解槽做功,电能转化为化学能。

二、电功率

在一段时间内,电路产生或消耗的电能与时间的比值叫做电功率,用 P 来表示,则有

$$P = \frac{W}{t}$$

或

$$P = UI = I^2 R = \frac{U^2}{R}$$

由此可见,一段电路上的电功率,跟这段电路两端的电压和电路中的电流成正比。式中:P、U、I 的单位分别为 W(瓦)、V(伏)、A(安)。辅助单位有 mW(毫瓦)、kW(千瓦)。

换算关系:$1W = 10^3 mW = 10^{-3} kW$,$1000W = 1kW$。

通常用电器上标明功率和电压,是用电器的额定功率和额定电压。通过用电器的额定功率和额定电压可以计算出用电器的电流和电阻值。

如:220V,40W 白炽灯的额定电流为 $I = \frac{P}{U} = \frac{40}{220} \approx 0.18A$,白炽灯的电阻为 $R = \frac{U^2}{P} = \frac{220^2}{40} = 1210\Omega$,当外加电压等于白炽灯的额定电压时,白炽灯达到额定功率;当外加电压小于白炽灯的额定电压时,白炽灯小于额定功率;当外加电压大于白炽灯的额定电压时,白炽灯可能不能正常工作,甚至会损坏。

【例】某礼堂有40盏电灯,每个电灯的功率为100W,问:全部点亮3小时,消耗多少度电?

解:$P_{总} = nP = 40 \times 100 = 4000W = 4kW$

$W = P_{总} \times t = 4 \times 3 = 12 kW \cdot h = 12$ 度

答:共消耗12度电。

三、焦耳定律

电流通过用电器时要做功,将电能转换成其他能量。电流通过金属导体时,导体要发热,产生热量。这是因为自由电荷在电场力的作用下,做定向移动的自

由电子就会和导体内的金属正离子发生碰撞和磨擦,这样就使分子的热振动加剧,将一部分电能转变为热能,使导体温度升高。焦耳定律就是分析电流通过电阻或导体时,所能产生热能有多少。

当电流通过导体时,会使导体发热,这种现象就叫做电流的热效应。

英国物理学家焦耳通过实验指出:电流通过导体产生的热量,跟电流的平方、导体的电阻和通电时间成正比。这就是焦耳定律。焦耳定律就是分析电流通过电阻或导体时,所能产生多大的热能。

当导体两端的电压为 U 时,导体所消耗的电能为
$$W = UIt = I^2Rt$$

此时,电流通过导体产生的热量为
$$Q = I^2Rt$$

可见,导体消耗的电能等于导体产生的热量。

已知 1 焦耳的功可以产生 0.24 卡的热量,则
$$Q = 0.24W = 0.24I^2Rt$$

式中:Q 表示热量,单位:cal(卡),辅助单位:kcal(千卡),1kcal = 1000cal。

四、电器元件的额定值

电器元件在工作时的温度是由它在单位时间内产生的热量和散热情况决定的,任何元件在安全工作时所允许的最高温度都有一定的限制,因此在一定的散热条件下,元件在工作时允许产生的热量也有一定的限制。用电器上通常标明它的电功率和电压,称为用电器的额定功率和额定电压。

额定功率——在元件安全工作时,元件所允许消耗的最大功率。

额定电压——在元件安全工作时,元件两端所允许加的最大电压。

额定电流——在元件安全工作时,元件所允许通过的最大电流。

一般元器件都标有额定值,使用时实际电流、电压、功率都不能超过额定值。工厂出品的各种电器元件一般都标明其额定值,例如,在电阻器上,除标有电阻值外,还标明它的额定功率值。在使用各种元件时,实际的电流、电压、功率等都不应超过其额定值。电灯、电炉等均需要刚好在额定条件下工作,而电阻器消耗的功率应小于额定功率。

在设备中使用的导线,通常根据使用情况来选择它的粗细。一根导线具有一定的电阻,当电流通过导线时,会产生热量,如果电流过大,就会因温度过高而使绝缘损坏或使导线熔断。因此,导线所允许通过电流的数值也有一定的限制(额定电流)。对粗细不同的导线来说,粗导线的热容量较大,同一电流通过时,

粗导线的温度要比细导线的温度低,因此粗导线的额定电流比细导线的要大。

五、保险丝

根据电流的热效应,当电路外电压突然升高或电路发生短路时,电流就会超过电器元件额定值很多倍,为了保护电器设备的安全,必须在电路中加装保护装置,这就是保险丝。保险丝一般由电阻率大、熔点低的铅锑合金制成。

按保护形式分,保险丝可分为过电流保护与过热保护。用于过电流保护的保险丝就是平常说的保险丝(也叫限流保险丝)。用于过热保护的保险丝一般被称为温度保险丝。温度保险丝又分为低熔点合金型、感温触发型、记忆合金型等。温度保险丝是防止发热电器或易发热电器温度过高而进行保护的,例如:电吹风、电熨斗、电饭锅、电炉、变压器、电动机等;它响应于用电器温度的升高,不理会电路的工作电流大小。其工作原理不同于限流保险丝。

按使用范围分,保险丝可分为电力保险丝、机床保险丝、电器仪表保险丝(电子保险丝)、汽车保险丝。

保险丝有管状、线状、空气式等,如图 1.5.2 所示。使用保险丝时一定要选用相同规格的保险丝,不能随意使用,切忌使用铜、铁线等。

图 1.5.2

自动空气开关又称自动空气断路器。除接触和分断电路外,还对电路或电气设备发生的短路、严重过载及欠电压等进行保护。

【例】试求阻值为 400Ω,额定功率为 0.25W 的电阻器所允许的工作电流和电压。

解:因为 $P = \dfrac{U^2}{R}$

所以:

$$U = \sqrt{PR} = \sqrt{0.25 \times 400} = 10V$$

$$I = \frac{U}{R} = \frac{10}{400} = 0.025A = 25mA$$

答:电阻所允许的工作电流为 25mA,电压为 10V。

1. 什么是电功率？什么是电流的热效应？
2. 常用的用电器，当额定电压相同时，额定功率大的电阻大还是额定功率小的电阻大呢？为什么？
3. 为使电器元件安全工作，在使用中应注意什么问题？
4. 额定值的意义是什么？

■■■■■ 知识拓展与应用 ■■■■■

一、电阻的种类

1. 固定电阻器

阻值固定不变的电阻器称为固定电阻器。常用的固定电阻有碳膜电阻、金属膜电阻、水泥电阻、线绕电阻等，如图 a 所示。

图 a

碳膜电阻是把碳氢化合物在高温真空下分解，使其在瓷管或瓷棒上形成一层结晶碳膜，用刻槽控制阻值，外层再涂一层保护漆而制成。金属膜电阻是在陶瓷骨架上被复一层金属薄膜。线绕电阻是用镍铬合金或康铜丝在瓷管上绕制而成，阻值范围小，但功率大。

图 b 给出了常用固定电阻器的表示方式。

2. 可调电阻器（电位器）

阻值在一定范围内可调节的电阻器称为可调电阻器。它有三个接点，即两个定臂接点和一个动臂接点，如图 c 所示。

3. 特殊电阻器

特殊电阻器阻值受外部因素变化而变化。特殊电阻器有热敏电阻器、光敏电阻器、压敏电阻器、贴片电阻器等。

(一)主称		(二)材料		(三)特征		(四)
字母	字母	含义	数字	含义	字母	含义
R 或 W 电阻器	T	碳膜	1,2	普通	G	高功
	J	金属膜	3	超高频	T	可调
	X	线绕	4	高阻	X	小型
	H	合成膜	5	高温	L	测量
	Y	氧化膜	6,7	精密	W	微调
			8	高压	D	多圈
			9	特殊		

(四)序号：序号、额定功率、标称电阻、允许误差

图 b

图 c

(1)热敏电阻器

热敏电阻符号如图 d 所示。

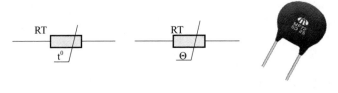

图 d

热敏电阻器是电阻值对温度极为敏感的一种电阻器,也叫半导体热敏电阻器,它可由单晶、多晶以及玻璃、塑料等半导体材料制成;电阻值随温度改变而变化。用 MZ 表示正温度系数(国外用 PTC),用 MF 表示正温度系数(国外用 NTC)。

热敏电阻器对温度灵敏度高、热惰性小、寿命长、体积小、结构简单,可制成各种不同的外形结构。可应用于温度测量、温度控制、温度补偿、液面测定、气压测定、火灾报警、气象探空、开关电路、过荷保护、脉动电压抑制、时间延迟、稳定振幅、自动增益调整、微波和激光功率测量等。

常用热敏电阻的表示方式如图 e 所示。例如:MF72 - 5D - 9,M 代表敏感电阻器,F 代表负温度系数热敏电阻器,7 代表消磁用,2 代表序号,5 代表标称电

5Ω,9 代表电阻器芯片直径,单位 mm。

(一)主称	(二)用途或特征		(三)序号
字母	MF 负温度系数	MZ 正温度系数	
MF MZ 热敏 电阻器	0 特殊 1 普通型 2 稳压型 3 微波测量 4 旁热式 5 测温型 6 控制温度	1 普通型 5 测温型 6 温度控制 7 消磁 9 恒温型	序号额定功率 标称电阻允许 误差尺寸

图 e

(2)光敏电阻器

光敏电阻符号如图 f 所示。

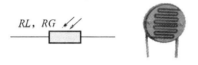

图 f

常用光敏电阻的表示方式如图 g 所示。

(一)主称	(二)用途或特征		(三)序号
字母	数字	含义	
MG 光敏 电阻器	0 1,2,3 4,5,6 7,8,9	特殊用途 紫外光 可见光 红外光	序号尺寸额定 功率标称电阻 允许误差

图 g

光敏电阻器在无光照时,其暗电阻的阻值较大,一般大于 1500kΩ;有光照时,其亮电阻的阻值较小,一般为几千欧,两者的差距较大。

光敏电阻器又称光导管。光敏电阻器是利用半导体的光电效应制成的一种电阻值随入射光的强弱而改变的电阻器。光敏电阻器一般用于光的测量、光的控制和光电转换。通常,光敏电阻器都制成薄片结构,以便吸收更多的光能。当它受到光的照射时,半导体片(光敏层)内就激发出电子–空穴对,参与导电,使电路中电流增强。

检测光敏电阻器时,应将万用表打到电阻挡,根据光敏电阻的亮电阻阻值大小拨至合适的挡位(通常在20kΩ或200kΩ挡均可)。测量时可以先测量光敏电阻器在有光照时的电阻值,然后用一块遮光的厚纸片将光敏电阻器覆盖严密。若光敏电阻器是正常的,则会因无光照而阻值剧增。

若光敏电阻器变质或者损坏,阻值就会变化很小或者不变。另外,在有光照时,若测得光敏电阻器的阻值为零或者为无穷大(数字万用表显示溢出符号"1"或者"OL"),则也可判定该产品损坏(内部短路或者开路)。

(3)压敏电阻器

压敏电阻符号如图 h 所示。

压敏电阻在标称电压范围内,电阻很大(无穷大),当电压超过标称电压范围时,电阻值急剧下降,电阻值很小。如图 i 所示。

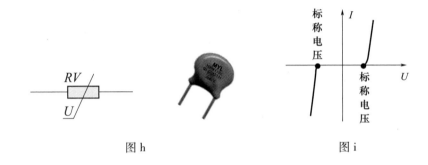

图 h   图 i

常用压敏电阻表示方式如图 j 所示。

(一)主称	(二)用途或特征				(三)
字母	字母	含义	字母	含义	序号
MY 压敏电阻器	B	补偿	N	高能	序号尺寸 额定功率 标称电压 允许误差
	C	消磁	P	高频	
	D	通用	T	特殊型	
	G	过压保护	W	稳压	
	H	灭弧	Y	扬声保护	
	J	家用	Z	消噪	
	L	防雷	无	普通	

图 j

例如:MY31-270/3(270V/3kA 普通压敏电阻器),M 代表敏感电阻器,Y 代表压敏电阻器,31 代表序号,270 代表标称电压为270V,3 代表通流容量为3kA。

(4)贴片电阻器

贴片电阻的特性和表示方式如图 k 所示。

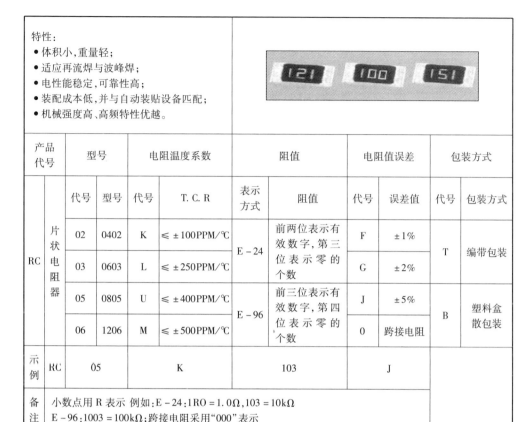

特性：
- 体积小，重量轻；
- 适应再流焊与波峰焊；
- 电性能稳定，可靠性高；
- 装配成本低，并与自动装贴设备匹配；
- 机械强度高、高频特性优越。

产品代号	型号		电阻温度系数		阻值		电阻值误差		包装方式	
	代号	型号	代号	T.C.R	表示方式	阻值	代号	误差值	代号	包装方式
RC 片状电阻器	02	0402	K	≤±100PPM/℃	E-24	前两位表示有效数字，第三位表示零的个数	F	±1%	T	编带包装
	03	0603	L	≤±250PPM/℃			G	±2%		
	05	0805	U	≤±400PPM/℃	E-96	前三位表示有效数字，第四位表示零的个数	J	±5%	B	塑料盒散包装
	06	1206	M	≤±500PPM/℃			0	跨接电阻		
示例	RC	05		K		103		J		
备注	小数点用 R 表示 例如：E-24；1R0=1.0Ω，103=10kΩ E-96：1003=100kΩ；跨接电阻采用"000"表示									

图 k

SMT——表面封装技术；SMC——表面安装无源元件；SMD——表面安装有源元件；SMB——表面安装印刷电路板。

二、超导现象

1. 超导体

某些物质在低温条件下呈现电阻等于零和排斥磁体的性质，这种物质叫做超导体。出现电阻时的温度叫做临界温度。

超导现象是1911年荷兰物理学家昂内斯测量汞在低温下的导电情况时发现的。当温度低于4.2K时，汞的电阻突然下降为零，这就是超导现象。从此揭开了人类认识超导性的第一页，昂内斯因此获得了1913年诺贝尔物理学奖。

2. 超导技术的发展

对超导体的研究，是当今科研领域中最热门的课题之一，其内容主要集中在寻找更高临界度的超导材料和研究超导体的实际应用。

表 a 列出了 20 世纪 70 年代以前陆续发现的一些超导材料。

表 a 部分超导材料

物质	观测年代/年	临界温度/K
Hg(汞)	1911	4.2
Nb(铌)	1930	9.2
V_3Si(钒三硅)	1954	17.1
Nb_3Sn(铌三锡)	1954	18.1
Nb_3Ga(铌三镓)	1971	20.3
Nb_3Ge(铌三锗)	1973	23.2

由此可见,寻找更高临界温度的超导材料进展缓慢,60多年中只提高了19K。但1986年4月,两位瑞士科学家缪勒和柏诺兹取得了新突破,发现钡镧铜化物在30K条件下存在超导性,并因此获得1987年诺贝尔物理学奖。同年12月25日,美国华裔物理学家朱经武等也在这种新的超导物质中观察到了40.2K的超导转变。1987年1~2月,日本、美国的科学家又相继发现临界温度为54K和98K的超导体,但未公布材料成分。1987年2月24日,中国科学院宣布,物理研究所赵忠贤、陈立泉等13位科学家获得了临界温度达100K以上的超导体,材料成分为钇钡铜氧陶瓷,世界为之震动,标志着我国超导研究已跃居世界先进行列。

3. 超导技术的应用

超导技术的应用大致可分为超导输电、强磁应用和弱磁应用三个方面。

(1) 超导输电

用常规导线传输电流时,电能损耗是较为严重的,为了提高输电容量,通常采用的方法是向超高压输电方向发展,但超高压输电时介质损耗增大,效率也较低。由于超导体可以无损耗地传输直流电,而且目前对超导材料的研究已能使交流损耗降到很低的水平,所以,利用超导体制成的电缆,将会节省大量能源,提高输电容量,将为电力工业带来一场根本性的革命。

(2) 强磁应用

生产与科研中常常需要很强的磁场,常规线圈由于导线有电阻,损耗很大,为了获得强磁场,就需提供很大的能源来补偿这一损耗;而当电流大到一定程度,就会烧毁线圈。利用超导体制成的线圈就能克服这种问题而获得强大的磁场。

1987年美国制造出超导电动机,之后,苏联制造出了功率为30万千瓦的超导发电机,日本制造出超导电磁推动船,我国上海建成的世界上第一条磁悬浮列车商业运营线,这些都是超导强磁应用的实例。

（3）弱磁应用

超导弱磁应用的基础是约瑟夫森效应。1962年,英国物理学家约瑟夫森指出"超导结"（两片超导薄膜间夹一层很薄的绝缘层）具有一系列奇特的性质,例如:超导体的电子对能穿过绝缘层（称为隧道效应）;在绝缘层两边电压为零的情况下,产生直流超导电流;而在绝缘层两边加一定直流电压时,会产生特定频率的交流超导电流。从此,一门新的学科——超导电子学诞生了。

电子计算机的发展经历了电子管、晶体管、集成电路和大规模集成电路阶段,运算速度和可靠性不断提高。应用约瑟夫森效应制成的开关元件,其开关速度比半导体集成电路快 10~20 倍,而功耗仅为半导体集成电路的千分之一左右,利用它将能制成运算快、容量大、体积小、功耗低的新一代计算机。

此外,约瑟夫森效应在超导通信、传感器、磁力共振诊断装置等方面也得到广泛应用,必引起电子工业的深刻变革。

三、导线和绝缘材料

1. 导线

导线大致可分为带绝缘保护层和不带绝缘保护层两类。带绝缘保护层的导线叫做绝缘导线,不带绝缘保护层的导线叫做裸线。

绝缘导线的种类有橡铜线、橡铝线、塑铜线、塑铝线、橡套线、塑套线等。照明电路中使用的是绝缘导线,主要品种有:氯丁橡皮绝缘导线,截面积有 $1mm^2$、$1.5mm^2$、$2.5mm^2$ 等,主要用于户内外明电路干线;塑铜线和塑铝线,截面积有 $1mm^2$、$1.5mm^2$、$2.5mm^2$ 等,主要用于户内明电路干线;塑料平行线和塑料绞型线,截面积有 $0.2mm^2$、$0.5mm^2$、$1mm^2$ 等,主要用作连接可移动电器的电源线。

在 220V 交流电压照明电路中使用的电器,每千瓦对应的额定电流约为 4.5A,对一定型号导线的每一种标准截面,都规定了最大的允许持续电流,选用导线时,可查阅电工手册。

2. 绝缘材料

绝缘材料的主要作用是隔离带电的或不同电位的导体,使电流能按指定方向流动。在某些场合,绝缘材料还起机械支撑、保护导体等作用。

绝缘材料在使用过程中,由于各种因素的长期作用,会发生化学变化和物理变化,使其电气性能和机械性能变坏,这种变化叫做老化。影响绝缘材料老化的因素很多,但主要是热的因素,使用时温度过高会加速绝缘材料的老化过程。因此,对各种绝缘材料都规定它在使用过程中的极限温度,以延缓它的老化过程,保证产品的使用寿命。

几种常用绝缘材料的名称、用途及使用注意事项如下所述。

(1) 橡胶

电工用橡胶不是天然橡胶,而是指经过加工的人工合成的橡胶,如制成导线的绝缘皮,电工穿的绝缘鞋、戴的绝缘手套等。测定橡胶的耐压能力是以电击穿强度(kV/mm)为依据的。

使用橡胶制品时要注意防止出现硬伤,如安装电线时由于线皮与其他物体磨、刮而造成损伤,电工用的绝缘鞋和绝缘手套不慎扎伤等,都会降低橡胶的绝缘强度,带电作业时,非常容易造成事故。

(2) 塑料

电工用塑料主要指聚氯乙烯塑料,如制作配电箱内固定电气元件的底板、电气开关的外壳、导线的绝缘皮等。测定塑料绝缘物的耐压能力也是以电击穿强度(kV/mm)为依据。

在500V电压以下,处理导线的接头,可以用塑料带作内层绝缘,外层再包黑胶布,为提高绝缘性能,黑胶布要绕三层。使用塑料制品的电工材料,要注意塑料耐热性差,受热容易变形,应尽量远离热源。

(3) 绝缘纸

电工使用的绝缘纸是经过特殊工艺加工制成的,也有用绝缘纸制成的绝缘纸板。绝缘纸主要用在电容器中作绝缘介质,绕制变压器时作层间绝缘等。

用绝缘纸或绝缘纸板作绝缘材料,制成电工器材后,要浸渍绝缘漆,加强防潮性能和绝缘性能。

(4) 棉、麻、丝制品

棉布、丝绸浸渍绝缘漆后,可制成绝缘板或绝缘布。棉布带和亚麻布带是捆扎电动机、变压器线圈必不可少的材料,黑胶布就是白布带浸渍沥青胶制成的。

使用漆布、漆绸时,由于材料较脆,不宜硬折。

本章小结

1. 电路是由电源、用电器、导线和开关等组成的闭合回路。电路的作用是实现电能的传输、转换和控制。电路有三种状态:通路、开路、短路。

2. 电荷的定向移动形成电流。电路中有持续电流的条件:一是电路为闭合通路;二是电源给电路提供持续的电压。

3. 电流:$I = \dfrac{q}{t}$。

4. 电阻定律:$R = \rho \dfrac{L}{S}$。

5. 欧姆定律:$I = \dfrac{U}{R}$。

6. 电功:$W = UIt = I^2Rt = \dfrac{U^2}{R}t$。

7. 电功率:$P = UI = I^2R = \dfrac{U^2}{R}$。

8. 焦耳定律:$Q = 0.24W = 0.24I^2Rt$。

习题一

一、是非题

1. 电路图是根据电气元件的实际位置和实际连线连接起来的。　　（　　）
2. 直流电路中,有电压的元件一定有电流。　　（　　）
3. 直流电路中,有电流的元件,两端一定有电压。　　（　　）
4. 电阻值大的导体,电阻率一定也大。　　（　　）
5. 电阻元件的伏安特性曲线是过原点的直线时,叫做线性电阻。　　（　　）
6. 欧姆定律适用于任何电路和任何元件。　　（　　）
7. $R = \dfrac{U}{I}$中的 R 是元件参数,它的值是由电压和电流的大小决定的。

　　（　　）

8. 额定电压为220V 的白炽灯接在110V 电源上,白炽灯消耗的功率为原来的1/4。　　（　　）
9. 在线性电阻电路中,电流通过电阻所做的功与它产生的热量是相等的。

　　（　　）

10. 公式 $P = UI = I^2R = U^2/R$ 在任何条件下都是成立。　　（　　）

二、选择题

1. 下列设备中,一定是电源的为(　　)。

A. 发电机　　　　B. 冰箱　　　　C. 蓄电池　　　　D. 白炽灯

2. 通过一个电阻的电流是 5A，经过 4min，通过该电阻的一个截面的电荷量是（　　）。

A. 20C　　　　B. 50C　　　　C. 1200C　　　　D. 2000C

3. 一般金属导体具有正温度系数，当环境温度升高时，电阻值将（　　）。

A. 增大　　　　B. 减小　　　　C. 不变　　　　D. 不能确定

4. 相同材料制成的两个均匀导体，长度之比为 3∶5，截面积之比 4∶1，则电阻之比为（　　）。

A. 12∶5　　　　B. 3∶20　　　　C. 7∶6　　　　D. 20∶3

5. 某导体两端电压为 100V，通过的电流为 2A；当两端电压降为 50V 时，导体的电阻为（　　）。

A. 100Ω　　　　B. 25Ω　　　　C. 50Ω　　　　D. 0Ω

6. 通常电工术语"负载大小"是指（　　）的大小。

A. 等效电阻　　　B. 实际电功率　　C. 实际电压　　D. 负载电流

7. 一电阻元件，当其电流减为原来的一半时，其功率为原来的（　　）。

A. 1/2　　　　B. 2 倍　　　　C. 1/4　　　　D. 4 倍

8. 220V、40W 白炽灯正常发光（　　），消耗的电能为 1kW·h。

A. 20h　　　　B. 40h　　　　C. 45h　　　　D. 25h

三．填空题

1. 电路是由_____、_____、_____和_____等组成的闭合回路。电路的作用是实现电能的_____和_____。

2. 电路通常有_____、_____和_____三种状态。

3. 电荷的_____移动形成电流。它的大小是指单位_____内通过导体截面积的_____。

4. 在一定_____下，导体的电阻与它的长度成正比，而与它的横截面积成_____。

5. 一根实验用的铜导线，它的截面积为 1.5mm²，长度为 0.5m。20℃时，它的电阻为_____Ω；50℃时，电阻为_____Ω。（铜的温度系数为 4.1×10^{-3}/℃，铜 20℃时的电阻率为 1.7×10^{-8}，$R_2 = R_1[1 + \alpha(t_2 - t_1)]$）

6. 阻值为 2kΩ、额定功率为 1/4W 的电阻器，使用时允许的最大电压为_____，最大电流为_____。

7. 某礼堂有 40 盏白炽灯，每盏灯的功率为 100W，则全部灯点亮 2h，消耗的电能为＿＿＿＿。

8. 某导体的电阻是 1Ω,通过它的电流是 1A,那么在 1min 内通过导体截面的电荷量是＿＿＿＿,电流做的功是＿＿＿＿,它消耗的功率是＿＿＿＿。

四．计算与分析题

1. 有一根导线,每小时通过其横截面的电荷量为 900C,问通过导线的电流多大？合多少毫安,多少微安？

2. 有一个电炉,炉丝长 50m,炉丝用镍铬丝,若炉丝电阻为 5Ω,问这根炉丝的横截面积是多大？（镍铬丝的电阻率取 $1.1 \times 10^{-6} \Omega \cdot m$）。

3. 铜导线长 100m,横截面积为 $0.1mm^2$,试求该导线在 50℃ 时的电阻值。（$\rho = 1.7 \times 10^{-8} \Omega \cdot m, \alpha = 4.1 \times 10^{-3} /℃$）

4. 有一个电阻,两端加上 50mV 电压时,电流为 10mA；当两端加上 10V 电压时,电流值是多少？

5. 有一根康铜丝,横截面积为 $0.1mm^2$,长度为 1.2m,在它的两端加 0.6V 电压时,通过它的电流正好是 0.1A,求这种康铜丝的电阻率。

6. 用横截面积为 $0.6mm^2$,长 200m 的铜线绕制一个线圈,这个线圈允许通过的最大电流是 8A,这个线圈两端最多能加多高的电压？（$\rho = 1.7 \times 10^{-8} \Omega \cdot m$）。

7. 一个 1kW、220V 的电炉,正常工作时电流多大？如果不考虑温度对电阻的影响,把它接在 110V 的电压上,它的功率将是多少？

8. 什么是用电器的额定电压和额定功率？当加在用电器上的电压低于额定电压时,用电器的实际功率还等于额定功率吗？为什么？

第二章　简单直流电路

问题引出

　　直流电路和正弦交流电路是生活中用得最多的两种电路。本章学习的直流电路是在上一章的基础上展开的。本章着重学习简单直流电路的基本分析方法及计算。

学习目标

　　1. 理解电动势、电路中端电压、电位的概念,掌握闭合电路的欧姆定律。掌握负载获得最大功率的条件,会计算最大功率。
　　2. 掌握串、并联电路的性质和作用,理解串联分压、并联分流和功率分配的原理,掌握电压表和电流表扩大量程的方法和计算,掌握简单混联电路的分析和计算。
　　3. 了解电桥电路的类型,理解电桥平衡的条件。
　　4. 掌握电路中各点电位以及任意两间电压的计算方法。

第一节　电动势、闭合电路欧姆定律

一、电动势

　　要维持电路中有持续不断的电流,就必须保持电路中有一定的电场存在,如图 2.1.1 所示是最简单的闭合电路。电场力从电源的正极将正电荷通过负载移动到电源负极,正极的正电荷就会不断地和负极上的负电荷中和,使电场减弱以致消失,由于电路中电源的作用,它又把正电荷从负极搬到了正极,保持了电源正负极之间

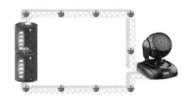

图 2.1.1

的差,即保持了电场在电路中的作用。

显然,电源内的这个力不可能是电场力。根据不同的电源,这个力是不同的,例如电池是化学力、发电机是磁力等,统称此力为局外力。在电源内部,由于局外力的作用,把正电荷移向左面极板,使左面极板堆集了正电荷,这时,右面极板因缺少了正电荷而堆集了负电荷,因此,就在两极板间建立了电场,方向如图所示,电源的两极板分别称为电源的正、负极。由于电场的建立,正电荷就要同时受到电场力和局外力两个力的作用,开始电场较弱;当$F_{电场力} = F_{局外力}$时,电源内正电荷就停止移动,使电源两端保持了一个恒定的电位差。而在电源外部,电场力使正电荷从电源正极经过负载移动到电源负极,与负极板上负电荷中和,使电场力有减小趋势,这时电源内部局外力比电场力大,就把电路从正极移动过来的等量正电荷又搬回正极板,这样就保持了电路中有持续不断的电流存在,虽然,这个电流在电源内部和外部是相等的。例如干电池为1.5V,蓄电池为2V。

不同的电源,局外力在移动同一数量的电荷时所做的功是不同的,因而将其形成的能量转换成电场能量的数量也是不同的。因此,我们引入一个新的物理量——电动势(或电势),来衡量不同电源转换能量的本领。电动势用符号 E 表示,它的定义是:在电源内部局外力将正电荷由负极移到正极所做的功与此电荷电量的比值。即

$$E = \frac{W_{外}}{Q}$$

式中　W——局外力所做的功,单位为 J;

　　　Q——为力移动电荷的电量,单位为 C;

　　　E——为电动势,单位为 V。

电动势方向规定为从电源负极指向正极。

二、闭合电路欧姆定律

图2.1.2所示是一个包含有电源和负载电阻的无分支闭合电路,称为全电路。其中 E 是电源的电动势,r 是电源所具有的内阻,R 是负载电阻,U 是 AB 两点间的电压。电源电动势推动电流,不但要在外电路电阻上产生电压降,而且在电源内阻 r 上也会产生电压降,为分析方便,我们把电源内阻 r 等效到电源外部,这样,在整个电路中总电阻为 $R + r$。

设时间 t 内有电量 q 通过闭合电路的横截

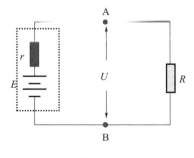

图2.1.2

面。在电源内部，非静电荷力把 q 从负极移到正极所做的功 $W = Eq$，由于 $q = It$，那么 $W = EIt$。电流通过电阻 R 和 r 时，电能转化为热能，根据焦耳定律，得 $Q = I^2Rt + I^2rt$。电源内部其他形式的能转化成的电能，在电流通过的电阻时全部转化为热能，根据能量守恒定律 $W = Q$，即 $EIt = I^2Rt + I^2rt$，所以

$$E = IR + Ir$$

或

$$I = \frac{E}{R + r}$$

闭合电路的欧姆定律：闭合电路内的电流，跟电源的电动势成正比，跟整个电路的电阻成反比。

三、端电压

由于 $IR = U$ 是外电路上的电压降（也叫做端电压），而 $Ir = U_0$ 是内电路上的电压降，所以

$$E = I(R + r) = IR + Ir$$

从式中可以看出：IR 是电源工作时，外部电路两端的端电压；Ir 是电路工作时，电流在电源内阻上产生的电压降；其中电源内阻对负载两端电压影响是很大的。电源用久了，内阻必然增大，U_r 也必然增大，造成端电压降低。内阻太大时，会使电路不能正常工作。所以，在检查电源时，必须加上一定的负载来测量电源的工作电压，这样才能正确判断电源是否满足工作需要。

如图 2.1.3 所示，当固定 E、r 时，改变电阻 R 时，出现如下情况：

$$R\uparrow \to I\downarrow \to U_0\downarrow \to U\uparrow$$

反之，

$$R\downarrow \to I\uparrow \to U_0\uparrow \to U\downarrow$$

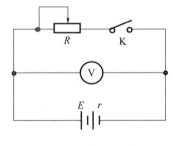

图 2.1.3

这种电源端电压随负载电流的变化规律叫做电源的外特性。端电压随负载电阻的增大而增大，随负载电流的增大而减小，端电压总是小于电源电动势。下面讨论两种特殊情况：

当外电路断开时，$I = 0$，电源内阻上电压 $U_0 = Ir = 0$，端电压 $U = E - U_0 = E$，这表明外电路断开时，电源端电压等于电源电动势。

当外电路短路时，即 $R = 0$，一般电源内阻 r 很小，此时电路中的电流 $I = E/r$ 很大，由于短路电流很大，不但会烧坏电源，还会引发事故。为了防止这类事故，在电路中必须安装保险装置。在实验和工作中，一定要防止短路。

电路测量演示如图 2.1.4 所示。

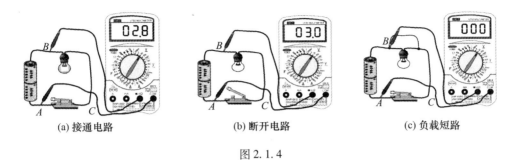

(a) 接通电路　　　　(b) 断开电路　　　　(c) 负载短路

图 2.1.4

【例1】某电源电动势为 1.5V，内阻为 0.12Ω，外接 1.38Ω 电阻，求电路中的电流和电源端电压。

解：由闭合电路欧姆定律，得

$$I = \frac{E}{R_{\text{总}}} = \frac{1.5}{0.12 + 1.38} = 1\text{A}$$

$$U_L = IR_L = 1 \times 1.38 = 1.38\text{A}$$

答：电路中的电流为 1A，电源端电压为 1.38V。

四、电源向负载输出的功率

电源的作用就是向负载提供电能，电源向负载提供了多少电能，可由下面的公式计算出来：

$$U_L = I_2 R_L = \frac{U_2}{R_L}$$

在电子技术中，往往会提出这样一个问题：总希望电路中某负载上能获得很大的功率，比如收音机中的喇叭，因为它获得的功率越大，声音就越大。下面我们就讨论这个问题。

以图 2.1.5 为例

$$U = E - U_0$$
$$UI = EI - U_0 I$$

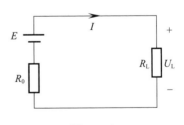

图 2.1.5

UI 是电源向负载输出的功率，$U_0 I$ 是内电路消耗的功率，EI 是电源的总功率。

从闭合电路中可知，电流随负载电阻的增大而减小，端电压随负载电阻的增大而增大，负载获得的功率也与负载电阻有关。

$$P = RI^2 = R\left(\frac{E}{R+R_0}\right)^2 = \frac{RE^2}{(R+R_0)^2}$$

因为，$(R+R_0)^2 = R^2 + 2RR_0 + R_0^2 = (R-R_0)^2 + 4RR_0$。代入并同除以 R 得：

$$P = \frac{RE^2}{(R-R_0)^2 + 4RR_0} = \frac{E^2}{\frac{(R-R_0)^2}{R} + 4R_0}$$

电源电动势 E、内电阻 R_0 与电路无关。当 $R = R_0$ 时，分母值最小，整个分式最大，这时电源输出给负载的功率达到最大值，该最大值为

$$P_m = \frac{E^2}{4R} = \frac{E^2}{4R_0}$$

用 P_m 或 P_{max} 表示功率的最大值。

这也称为负载与电源匹配。此时，电源消耗的功率与负载电阻获得功率一样，各占电源总功率的一半。电源的效率不高，仅有 50%。

【例2】如图 2.1.6(a) 所示电路中，R_L 为多少时获得最大功率？此功率等于多少？

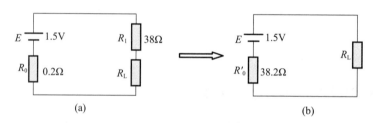

图 2.1.6

解：将电路 2.1.6(a) 图等效为 2.1.6(b) 图

$$R_0' = R_0 + R_1 = 0.2 + 38 = 38.2 \Omega$$

当 $R_0' = R_L = 38.2(\Omega)$ 时，R_L 上获得最大功率。

$$P_{Lm} = \frac{E^2}{4R_L} = \frac{1.5^2}{4 \times 38.2} \approx 14.7 \text{mW}$$

答：负载电阻为 38.2Ω 时获得最大功率，功率为 14.7mW。

【例3】图 2.1.7 所示电路中，当开关 S 扳到 1 时，外电路电阻 $R_1 = 14\Omega$，测得电流 $I_1 = 0.2$A；S 扳到 2 时，$R_2 = 9\Omega$，测得电流 $I_2 = 0.3$A，求电源的电动势和内阻。

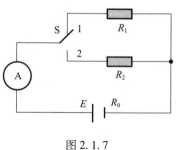

图 2.1.7

解：根据欧姆定律得：

$$\begin{cases} E = R_1 I_1 + R_0 I_1 \\ E = R_2 I_2 + R_0 I_2 \\ R_1 I_1 + R_0 I_1 = R_2 I_2 + R_0 I_2 \end{cases}$$

$$R_0 = \frac{R_1I_1 - R_2I_2}{I_2 - I_1} = \frac{14 \times 0.2 - 9 \times 0.3}{0.3 - 0.2} = 1\Omega$$

$$E = R_1I_1 + R_0I_1 = 0.2(14 + 1) = 3V$$

答：电源电动势为3V，内电阻为1Ω。

1. 怎样维持电路中源源不断的电流流动？
2. 什么叫电动势？它与电压、电位有什么不同？
3. 什么是全电路欧姆定律？电源内阻为什么对端电压影响最大？
4. 什么是端电压？
5. 在什么情况下电源向负载输出的功率最大？

第二节　电池组

一个电池能提供的电压不会超过它的电动势，输出的电流有一个最大限度，超过这个限度，电源就要损坏。但是在许多实际使用中对电压、电流的要求有时要超出电池本身的额定值。此时就要将电池进行组合，这就是电池组。

电池组的基本接法有串联和并联两种。

一、电池

电池是常用的直流电源。如图2.2.1所示。它是一种把化学能转化为电能的装置。包括干电池和蓄电池，如图2.2.1所示。如：日常用的电池有一号电池、二号电池、五号电池、七号电池、500型三用表里用的9V叠层电池等，如表2.2.1所示。

图2.2.1

表 2.2.1　电池型号命名与标识

种类	IEC 型号	美国型号	日本型号	直径/mm	高度/mm	中国型号
普通锌锰电池	R03	AAA	UM-4	10.5	44.5	7 号
	R6	AA	UM-3	14.5	50.5	5 号
	R14	C	UM-2	26.2	50	2 号
	R20	D	UM-1	34.2	61.5	1 号
锌锰电池	LR03	AAA	AM-4	10.5	44.5	7 号
	LR6	AA	M-3	14.5	50.5	5 号
	LR14		AM-2	26.2	50	2 号
	LR20	D	AM-1	34.2	61.5	1 号

例如 HR15/51 表示圆柱密封金属氧化物镍可充单体电池（直径 15mm，高 51mm，一般取整数）。HF18/07/49 表示小方形密封金属氧化物镍可充单体电池（宽 18mm/厚 7mm/高 49mm）。CR 系列扣式锂锰电池；柱状镍氢电池 H-1/4AAA80。

电池的符号如图 2.2.2 所示。

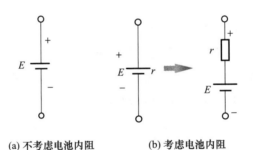

(a) 不考虑电池内阻　　(b) 考虑电池内阻

图 2.2.2

注意：(1) 细长线表示电池的正极用"＋"表示，粗短线表示电池的负极用"－"表示。

(2) 电动势 E，由电池结构决定，其单位和电压相同。

(3) 电源的内阻 r，一般很小。

(4) 每个电池都有一个额定电压和额定电流，使用时不要超过此值。

二、电池的串联

把第一个电池的负极和第二个电池的正极相连接，再把第二个电池的负极和第三个电池的正极相连接，像图 2.2.3 所示这样依次连接起来，就组成了串联电池组。

实际工作中，除了用到单个电池外，多数情况下使用的是多个电池串联。其目的是提高电池的电动势,即提高电压。

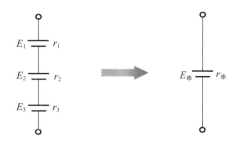

图 2.2.3

1. 串联电池组电动势

串联电池组电动势等于各个电池电动势之和。即 $E_串 = E_1 + E_2 + E_3 = 3E$。

2. 串联电池组内阻

串联电池组内阻等于各个电池内阻之和。即 $r_串 = r_1 + r_2 + r_3 = 3r$。

通过分析串联电池组特点可知,当用电器额定电压高于电池电动势时可以采用串联电池组供电,这样可以提高电源供电电压,但串联电池的数量要合适。

当 n 个相同电池 E 和 r 串联时,$E_串 = nE$,$R_{0串} = nr$。

但串联电池组的总电流仍为单个电池的电流。所以用电器的额定电流必须小于单个电池允许通过的额定电流。

注意:用电器的额定电流应小于单个电池允许通过的额定电流;新旧电池不能混用。因旧电池内阻增大,降低输出电压,内阻消耗的功率增大,同时增加新电池的负担。

【例】某负载的工作电压是 6V,工作电流是 250mA,现有 1 号电池供电,问需几个电池串联?(1 号电池额定电压为 1.5V,额定电流为 300mA)

解:负载的工作电流是 250mA,低于 1 号电池的额定电流,可以使用。工作电压是 6V,而单个 1 号电池的电动势只有 1.5V,需要 $(6 \div 1.5 = 4)$ 4 个 1 号电池,如图 2.2.4 所示。

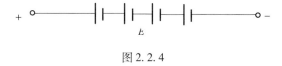

图 2.2.4

答:需 4 个电池串联。

三、电池的并联

把电动势相同的电池正极和正极连接,负极和负极连接,就组成并联电池组。目的是提高电源供电电流(额定电流),并联电池组的电动势为单个电池的电动势,额定电流为单个电池的 n 个电池电流之和。如图 2.2.5 所示。

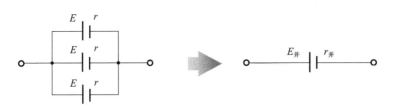

图 2.2.5

1. 并联电池组电动势

并联电池组电动势等于单个电池电动势,即 $E_并 = E$。

2. 并联电池组内阻

并联电池组的内阻的倒数等于各个电池内阻倒数之和。若由几个电动势和内阻相同的电池连成并联电池组,即 $r_并 = \dfrac{r}{n}$。

通过分析并联电池组的特点可知,当用电器额定电流高于电池电动势时可以采用并联电池组供电,这样可以提高电源供电电流。

当 n 个电动势都是 E,内阻都是 r 时,

$$E_并 = E$$

$$r_并 = r/n,但$$

$$I_并 = I_1 + I_2 + I_3 + \cdots I_n$$

注意:电池并联必须电动势相同;电流为 n 个电池电流之和;用电器的额定电压应小于单个电池允许的额定电压;新旧电池不能混用(使新电池电流增大)。

【例1】有一负载,其工作电压是 1.5V,工作电流是 500mA,现采用 1 号电池供电,问需要几个电池?怎样连接?

解:负载工作电压等于电池电动势,但工作电流大于电池的额定电流,因此,采用并联。$500 \div 300 = 1.67 = 2$,所以,需要 2 个电池并联,如图 2.2.6 所示。

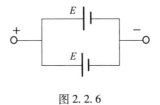

图 2.2.6

四、电池的混联

在实际工作中,有时单独的电池串联和并联都满足不了电路的要求,此时,就要进行电池的混联。

【例2】有一负载其工作电压是 3V,工作电流是 500mA,现采用 1 号电池供电,问需要几个电池?怎样连接?

解:负载工作电压和工作电流都超过单个电池的额定值。负载工作电压 3V,需 2 个电池串联;负载工作电流 500mA,需要电池并联。因此,共需要 4 个电池,两两串联后再并联,如图 2.2.7 所示。

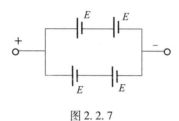

图 2.2.7

从上述例子可知,这就是混联。当电池的电动势和允许通过的最大电流都小于负载的额定电压和额定电流时,可以先组成几个串联电池组,使用电器得到需要的电压,再把几个串联的电池组并联起来,使每个电池实际通过的电流小于允许通过的最大电流。

把几个串联电池组再并联起来组成的电池组,称为混联电池组。

混联后的电池组:电动势要达到要求,一般等于负载电压;电池的电流再达到要求,一般大于负载需要的电流。

1. 什么情况下采用单个电池串联?什么情况下采用单个电池并联?
2. 当两个电池的电动势不同时,只能串联,不能并联,为什么?
3. 什么是电池的额定电流?当电池接入电路时,电流的大小是否一定等于额定放电电流?额定放电电流不同的电池能不能串联和并联使用?为什么?

第三节　电阻串联电路

只有一个电源和一个负载的电路为简单电路。在实际电路中,不只是一个负载,有多个负载,这些负载以不同的需要和要求连接起来。连接方式中有串联电路,并联电路,串、并联都有的混联电路。

一、电路的特点

把电阻一个接一个依次连接起来组成的电路,叫做电阻串联电路。如图 2.3.1 所示。

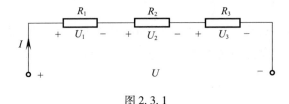

图 2.3.1

实验如图 2.3.2 所示:接上电源后,串联电路中的电流为 0.4A,发现 15W 灯泡要比 25W 灯泡亮。

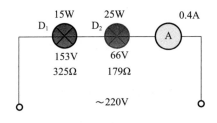

图 2.3.2

测得各电压为:$U_{D_1} \approx 153V$,$U_{D_2} \approx 66V$,$U = U_{D_1} + U_{D_2} \approx 220V$。

测得各电阻为:$R_{D_1} \approx 325\Omega$,$R_{D_2} \approx 179\Omega$,$R \approx 499\Omega$。

结论:流过两个灯泡的电流相同,$R_{D_1} > R_{D_2} \rightarrow U_{D_1} > U_{D_2}$,这就是串联 15W 灯泡比 25W 灯泡亮的原因。

通过以上实验得到如下结论:

1. 电路总电流等于流过各电阻的电流

$$I = I_1 = I_2 = I_3 = \cdots = I_n$$

接通电源后,在电源电压的作用下,整个电路中只有一个电流,在同一时间内移动的电荷数量一定相同,不管是导线还是电阻,电流都相等。

2. 电路总电压等于各电阻两端的电压之和

$$U = U_1 + U_2 + U_3 + \cdots + U_n$$

3. 电路总电阻等于各分电阻之和

$$R = R_1 + R_2 + R_3 + \cdots + R_n$$

因为，$U = RI, U_1 = R_1 I, U_2 = R_2 I, U_3 = R_3 I, U_n = R_n I$，所以

$$IR = IR_1 + IR_2 + IR_3 + \cdots + IR_n$$

同除 I 得：

$$R = R_1 + R_2 + R_3 + \cdots + R_n$$

4. 各个电阻两端电压跟它的阻值成正比

因为 $I = \dfrac{U_1}{R_1}, I = \dfrac{U_2}{R_2}, I = \dfrac{U_3}{R_3}, \cdots, I = \dfrac{U_n}{R_n}$，所以

$$I = \dfrac{U_1}{R_1} = \dfrac{U_2}{R_2} = \dfrac{U_3}{R_3} = \cdots = \dfrac{U_n}{R_n}$$

当两个电阻串联时：

$$I = \dfrac{U}{R}, R = R_1 + R_2, I = \dfrac{U}{R_1 + R_2}$$

$$U_1 = R_1 I = \dfrac{R_1}{R} U = \dfrac{R_1}{R_1 + R_2} U, \quad U_2 = R_2 I = \dfrac{R_2}{R} U = \dfrac{R_2}{R_1 + R_2} U$$

这就是两个电阻的分压公式。

5. 串联电路中总功率等于各电阻消耗的功率之和

则 $\qquad P = P_1 + P_2 + P_3 + \cdots + P_n$

各电阻消耗的功率跟它的电阻成正比。

$$P_1 = R_1 I^2, P_2 = R_2 I^2, P_3 = R_3 I^2$$

$$I^2 = \dfrac{P_1}{R_1} = \dfrac{P_2}{R_2} = \dfrac{P_3}{R_3} = \cdots = \dfrac{P_n}{R_n}$$

二、应用

(1) 用几个电阻串联获得较大的电阻；

(2) 采用几个电阻串联构成分压器，使同一电源提供几种不同数值的电压；

(3) 当负载的额定电压低于电源电压时，用串联电阻的方法将负载接入电源；

(4) 限制和调节电路中电流的大小；

(5) 扩大电压表的量程。

【例1】现有 $1\mathrm{k}\Omega$、200Ω、$1.5\mathrm{k}\Omega$ 的电阻器若干个，现在需要一个 $1.2\mathrm{k}\Omega$ 的电阻和一个 $2.7\mathrm{k}\Omega$ 的电阻，怎样连接可以得到？

解：分析可知：$1.2\mathrm{k}\Omega$ 的电阻可由 $1\mathrm{k}\Omega$ 电阻和 200Ω 电阻串联得到，如图 2.3.3(a) 所示；$2.7\mathrm{k}\Omega$ 的电阻可由 $1\mathrm{k}\Omega$、200Ω、$1.5\mathrm{k}\Omega$ 串联得到，如图 2.3.3(b) 所示。

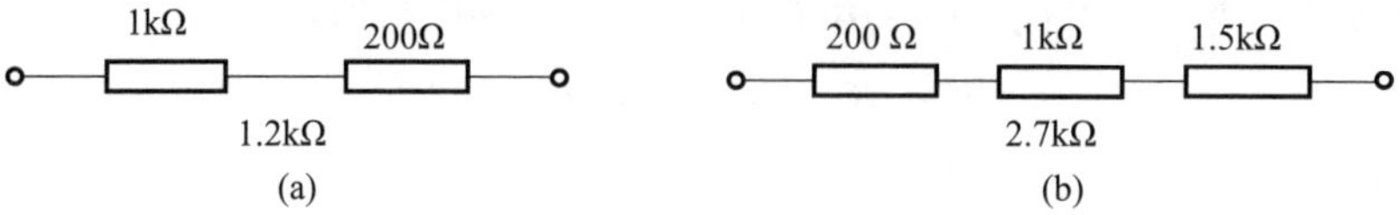

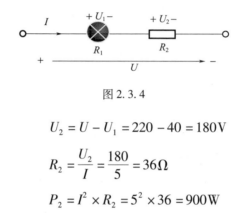

图 2.3.3

$$R = R_1 + R_2 = 1000 + 200 = 1200\Omega = 1.2\text{k}\Omega$$

$$R = R_1 + R_2 + R_3 = 200 + 1000 + 1500 = 2700\Omega = 2.7\text{k}\Omega$$

【例2】一个灯泡额定电压40V，电流5A，怎样接入220V电源，才能保证灯泡正常发光？

解：由于220V>40V，可以通过串联一个电阻来解决这个问题，如图2.3.4所示，其串联电阻必须满足：

图 2.3.4

$$U_2 = U - U_1 = 220 - 40 = 180\text{V}$$

$$R_2 = \frac{U_2}{I} = \frac{180}{5} = 36\Omega$$

$$P_2 = I^2 \times R_2 = 5^2 \times 36 = 900\text{W}$$

答：串联一个36Ω，900W的电阻后可以保证灯泡正常发光。

三、伏特表

常用的伏特表是用微安表或毫安表改装的，如图2.3.5所示。电流表的电阻值 R_g 为几百到几千欧，允许通过的最大电流 I_g 为几十微安到几毫安。每个电流表都有它的 R_g 值和 I_g 值，当通过它的电流为 I_g 时，它的指针偏转到最大刻度，所以 I_g 也叫满偏电流。如果电流超过满偏电流，不但指针指不出数值，还会烧毁电流表。

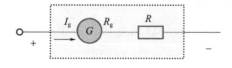

图 2.3.5

电流越大，电流表指针的偏角就越大。根据欧姆定律可知，加在它两端的电压越大,指针的偏角也越大,如果在刻度盘上直接标出电压,就可以用它来测电压。但是不能直接用电流表来测较大的电压。因为,如果给电流表串联一电阻分担一部分电压,就可以用来测较大的电压了。加上串联电阻并在刻度盘上直接标出伏特值,就把电流表改装成了伏特表。

【例3】 若有一电流计,满偏电流为 I_g,电阻为 R_g 时,现要测量外电压 U 的值,需要串上多大的电阻?

分析: 电流表指针偏转到满刻度时,它的电压为 $U_g = I_g R_g$,这是它能承担的最大电压。现在要让它测量最大为 U 的电压,分压电阻 R 就必须分担 $U - U_g$ 的电压。

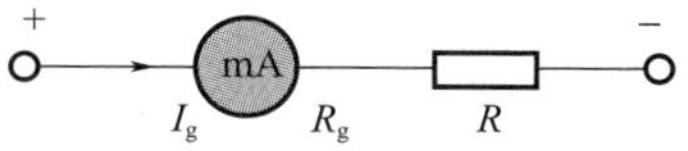

图 2.3.6

解: 要测外电路的电压为 U,设 $U = nU_g$,则 $U_R = U - U_g = (n-1)U_g$,而 $I_R = I_g$。得:

$$\frac{U_R}{R} = \frac{U_g}{R_g}$$

即

$$\frac{(n-1)U_g}{R} = \frac{U_g}{R_g}$$

故

$$R = (n-1)R_g$$

结论: 串上的电阻值越大,它的分压作用就越大,即它的量程就越大;反之,就越小。

【例4】 假设有一个微安表,电阻为 1000Ω,满偏电流为 $100\mu A$,要把它改装成量程为 3V 的电压表,应该串联多大的电阻?

解: 表头最大电压:

$$U_g = R_g I_g = 1000\Omega \times 100 \times 10^{-6}A = 0.1V$$

分压电阻电压: $U_R = 3 - 0.1 = 2.9V$

串联电阻: $R = \dfrac{U_R}{I_g} = \dfrac{2.9}{100 \times 10^{-6}} = 29000\Omega = 29k\Omega$

或

$$R = \frac{U_R}{U_g}R_g = \frac{2.9}{0.1} \times 1000 = 29k\Omega$$

答: 应串联 $29k\Omega$ 的电阻。

说明电路中串联电阻可以起到分压的作用。电压表就是利用这一原理扩大量程的。

1. 画图说明什么是电阻串联电路？
2. 写出电阻串联电路的四个特点？
3. 如何制成分压器？

第四节　电阻并联电路

一、电路的组成

将两个或多个电阻的两端相互连接在一起，使每个电阻都承受同一电压作用，叫做电阻的并联电路。如图 2.4.1 所示。

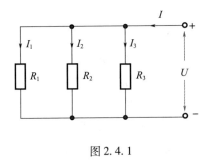

图 2.4.1

二、电路的特点

实验如图 2.4.2 所示：两个灯泡分别为 15W 和 25W 的灯泡，灯亮度不同。

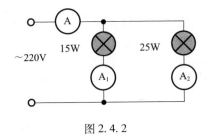

图 2.4.2

测得电流、电压和电阻为：

$I_1 = 0.06A$（灯暗）　　　　$I_2 = 0.26A$（灯亮）　　　　$I = 0.33A$

$U_{15W} = 220V$　　　　　　$U_{25W} = 220V$　　　　　　$U = 220V$

$R_{15W} = 293\ \Omega$ $\qquad\qquad R_{25W} = 58\ \Omega$ $\qquad\qquad R = 48\ \Omega$

通过以上实验得出：

1. 并联电路中总电压等于各分电压

$$U = U_1 = U_2 = U_3 = \cdots = U_n$$

2. 并联电路中总电流等于各电阻上电流之和

$$I = I_1 + I_2 + I_3 + \cdots + I_n$$

3. 并联电路中总电阻的倒数等于各电阻倒数之和

$$\frac{1}{R} = \frac{1}{R_1} + \frac{1}{R_2} + \frac{1}{R_3} + \cdots + \frac{1}{R_n}$$

证明：因为 $I = \dfrac{U}{R}, I_1 = \dfrac{U}{R_1}, I_2 = \dfrac{U}{R_2}, I_n = \dfrac{U}{R_n}$，

$$I = I_1 + I_2 + \cdots + I_n, \frac{U}{R} = \frac{U}{R_1} + \frac{U}{R_2} + \cdots + \frac{U}{R_n}$$

所以 $\dfrac{1}{R} = \dfrac{1}{R_1} + \dfrac{1}{R_2} + \dfrac{1}{R_3} + \cdots + \dfrac{1}{R_n}$。

（1）当两个电阻并联时：

$$\frac{1}{R} = \frac{1}{R_1} + \frac{1}{R_2} \longrightarrow R = \frac{R_1 R_2}{R_1 + R_2}$$

（2）当两个相同电阻并联时：

总电阻为单个电阻的二分之一，即 $R = \dfrac{R_1}{2} = \dfrac{R_2}{2}$。

当两个相同的电阻并联时，其总电阻为单个电阻的二分之一；当有三个相同电阻并联时，其总电阻为单个电阻的三分之一。

（3）当 n 个相同电阻并联时：

$$R = \frac{R_1}{n} = \frac{R_2}{n} = \cdots = \frac{R_n}{n}$$

即　当 n 个相同电阻并联时，其总电阻为单个电阻的 n 分之一。

4. 各电阻的电流与它的阻值成反比

$$R_1 I_1 = R_2 I_2 = U, \frac{I_1}{I_2} = \frac{R_2}{R_1}$$

三、分流公式

当只有两个电阻并联时，如图 2.4.3 所示，可得

总电阻

$$R = \frac{R_1 R_2}{R_1 + R_2},$$

总电压

$$U = U_1 = U_2 = IR$$

$$I_1 = \frac{U}{R_1} = \frac{R}{R_1}I = \frac{R_2}{R_1 + R_2}I,$$

$$I_2 = \frac{U}{R_2} = \frac{R}{R_2}I = \frac{R_1}{R_1 + R_2}I$$

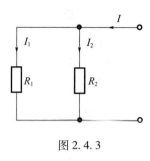

图 2.4.3

总电压在两条支路上的分配关系：

$$I_1 = \frac{R_2}{R_1 + R_2}I \qquad I_2 = \frac{R_1}{R_1 + R_2}I$$

总功率等于各个电阻消耗功率之和，且各电阻消耗功率与其电阻成反比 $P = P_1 + P_2 + \cdots + P_n$，$P_1 R_1 = P_2 R_2 = P_3 R_3 = U^2$

因此，$\frac{P_1}{P_2} = \frac{R_2}{R_1}$，$\frac{P_1}{P_3} = \frac{R_3}{R_1}$，$\frac{P_2}{P_3} = \frac{R_3}{R_2}$。

四、应用

电阻并联电路主要应用有：

(1) 几个电阻并联得到较小的电阻；

(2) 并联分流；

(3) 扩大电流表的量程；

(4) 并联供电。

凡是额定工作电压相同的负载都采用并联的工作方式。这样每个负载都是一个可独立控制的回路，任一负载的正常启动或关断都不影响其他负载的正常使用。下面通过例题来说明。

【例1】 有以下电阻 1Ω、3Ω、5Ω 各若干，通过电阻的并联，实现以下阻值：2.5Ω、1.5Ω、0.5Ω。

解： 分析可知：

两个 5Ω 电阻并联：$R = 5/2 = 2.5Ω$

两个 3Ω 电阻并联：$R = 3/2 = 1.5Ω$

两个 1Ω 电阻并联：$R = 1/2 = 0.5Ω$

【例2】 现有 9kΩ、100kΩ 电阻若干，如何连接才能得到一个阻值为 53kΩ 的电阻，并画出电路图（使用电阻不超过 6 个）。

解:两个100kΩ 电阻并联:$R = \frac{100}{2} = 50\text{k}\Omega$

两个9kΩ 电阻并联:$R = \frac{9}{3} = 3\text{k}\Omega$

再将它们串联得:$R_{ab} = 50 + 3 = 53\text{k}\Omega$。

【例3】如图2.4.4所示,R_2 为多大时3kΩ 电阻上的电流为1.5mA?

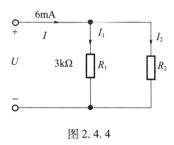

图2.4.4

解法1:$I_2 = I - I_1 = 6 - 1.5 = 4.5\text{mA}$

$$I_2 = \frac{R_1}{R_2 + R_1} I$$

$$R_2 = R_1 \left(\frac{I}{I_2} - 1 \right) = 3 \times 10^3 \times \left(\frac{6 \times 10^{-3}}{4.5 \times 10^{-3}} - 1 \right) = 1\text{k}\Omega$$

解法2:

$$U_1 = I_1 \times R_1 = 1.5 \times 10^{-3} \times 3 \times 10^3 = 4.5\text{V}$$

$$I_1 + I_2 = 6\text{mA}, I_2 = I - I_1 = 6 - 1.5 = 4.5\text{mA}$$

$$R_2 = \frac{U}{I_2} = \frac{4.5}{4.5 \times 10^{-3}} = 1000\Omega = 1\text{k}\Omega$$

答:R 为1kΩ 时,3kΩ 电阻上的电流为1.5mA。

【例4】线路电压为220V,每根输电导线的电阻$R_1 = 1\Omega$,电路中并联了100盏220V、40W 的白炽灯,如图2.4.5所示,求:

(1)只打开其中10盏白炽灯时,每盏白炽灯的电压和功率?

(2)100盏白炽灯全部打开时,每盏白炽灯的电压和功率?

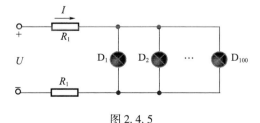

图2.4.5

解：(1) 只打开 10 盏白炽灯时：每盏白炽灯的电阻：

$$R = \frac{U^2}{P} = \frac{220^2}{40} = 1210\,\Omega$$

10 盏白炽灯并联的电阻：

$$R_{并} = \frac{R}{10} = \frac{1210}{10} = 121\,\Omega$$

$$U_L = \frac{R_{并}}{R_{并}+2R_1} \times U = \frac{121 \times 220}{121+2} \approx 216\,\text{V}$$

$$U_{L1} = U_{L2} = \cdots = U_{L10} \approx 216\,\text{V}$$

每盏灯的功率：

$$P = \frac{U_L}{R} = \frac{216^2}{1210} \approx 39\,\text{W}$$

(2) 100 盏白炽灯全部打开时并联电阻：

$$R_{并} = \frac{R}{100} = \frac{1210}{100} = 12.1\,\Omega$$

$$U_L = \frac{R_{并}}{R_{并}+2R_1} \times U = \frac{12.1 \times 220}{12.1+2} \approx 188\,\text{V}$$

$$U_{L1} = U_{L2} = \cdots = U_{L100} \approx 188\,\text{V}$$

每只灯消耗的功率

$$P = \frac{U_L^2}{R} = \frac{188^2}{1210} \approx 29\,\text{W}$$

答：当只打开其中 10 盏白炽灯时，每盏白炽灯的电压为 216V，功率为 39W。当 100 盏白炽灯全部打开时，每盏白炽灯的电压为 188V，功率为 29W。

说明：(1) 并联电阻越多，总电阻越小；

(2) 并联电阻越多，总电流增加，电路消耗增大，负载分压减小，负载获得的功率减小；这就是晚上灯没有深夜亮的原因。

在日常用电特别是家庭用电中，如果负载的额定电压都相同时，一般都将负载(如各种电动机、电灯、收音机等)并联在输电线上，因为通常电源的内阻对端电压的影响很小，并联用电，可以使每一负载直接从电源上取得所需要的电压，这样，单独改变任一负载的工作状态(如接通、断开或调支路的电阻等)，不会影响其他负载的正常工作。在某些场合，当电源内阻较大对端电压的影响较为显著或流过某支路的电流为定值时，为减小流过该支路的电流，可在此支路两端并联一适合的负载从而进行分流。

五、安培表

在微安表或毫安表上并联一个分流电阻,按比例分流一部分电流,这样就可以利用微安表或毫安表测量大的电流,如图 2.4.6 所示。如果在刻度盘上标出安培表的值,就构成了一个安培表。

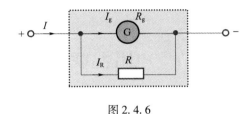

图 2.4.6

分析:电流表指针偏转到满刻度时,通过它的电流值为 I_g,这是它能承担的最大电流。现在要让它测量最大为 I 的电流,则并上的分流电阻 R 就必须分担 $IR = I - I_g$ 的电压。

解:要测外电路的电流为 I,设 $I = nI_g$,

则 $$IR = I - I_g = (n-1)I_g$$

而 $$U_R = U_g$$

得 $$I_R R = I_g R_g$$

即 $$(n-1)I_g R = I_g R_g$$

故 $$R = \frac{1}{n-1} R_g$$

结论:并上的电阻越大,它的分流作用就越小,即它的量程就越小;反之,就越大。

【例 5】 有一只微安表,电阻 $R_g = 1000\Omega$,满偏电流 $I_g = 100\mu A$,现要改装成量程为 1A 的电流表,应并联多大的分流电阻?

解:$R_g = 1000\Omega, I_g = 100\mu A, I = 1A$

$I_R = I - I_g = 1 - 0.0001 = 0.9999 A$

并联电阻与电流成反比:$I_g R_g = I_R R$

$$R = R_g \frac{I_g}{I_R} = 1000 \times \frac{0.0001}{0.9999} \approx 0.1\Omega$$

答:应并联 0.1Ω 的分流电阻。

说明:通过并联电阻,可以使小表头测量大电流,这个电阻叫做分流电阻。电流表的工作原理就是通过不同分流电阻而实现测量不同的电流。

1. 画图说明什么是电阻并联电路？
2. 电阻并联电路的特点是什么？
3. 如何制成分流器？

第五节　电阻混联电路

一、电路组成

既有电阻串联又有电阻并联的电路叫电阻的混联。

电阻混联电路在通信设备中应用很广，形式多种多样，电阻混联电路其串联部分具有串联电路的特点，其并联部分具有并联电路的特点。如图 2.5.1 所示。

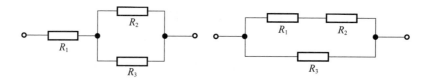

图 2.5.1

对于混联电路的计算，只要按串联和并联的计算方法，一步一步地把电路化简，最后可以求出总的等效电路来。但是，在有些混联电路里，往往不易一下子就看清各电阻之间的连接关系，难以分析，这时就要根据电路的具体结构，按照串联和并联电路的定义和性质，进行电路的等效变换，使其电阻之间的关系一目了然，而后进行计算。

二、混联电路的分析方法

可以按照以下两个步骤去做。

1. 厘清电路串并联关系

因为混联电路电阻较多，初学者很难一眼看出电路的串并联关系，为此必须进行一些等效，方法是：可以将电路中的"一条线"缩短为"一个点"；也可根据情况将电路中的"一个点"拉长为"一条线"。

2. 简化电路

所谓简化电路就是指在搞清楚串并联关系后,进行下一步计算:分别计算出串、并联部分的等效电阻并用等效电阻代替,使电路逐渐简化。

三、应用

【例1】求图2.5.2所示电路等效电阻($R=2\Omega,R_1=4\Omega$)。

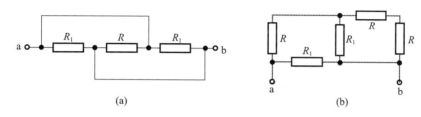

图2.5.2

解:图(a) $R_{ab}=R_1 /\!/ R /\!/ R_1=1\Omega$

图(b): $R_{ab}=R_1 /\!/ \{R+[(R+R) /\!/ R_1]\}=2\Omega$

【例2】现有5Ω和6Ω电阻若干,如何连接可以用较少的电阻得到2Ω、12.5Ω的阻值。

解:三个6Ω并联可得到2Ω电阻;两个5Ω电阻并联后再串联两个5Ω电阻可以。

【例3】如图2.5.3所示,$1k\Omega$电位器两头各串100Ω电阻一只,求当改变电位器滑动触点时,U_2的变化范围。

解:由串联分压原理知道

$U_{2max}=(1000+100)/(100+1000+100)\times 12$

$\approx 11V$

$U_{2min}=100/(100+1000+100)\times 12$

$\approx 1V$

答:U_2变化范围为$1\sim 12V$。

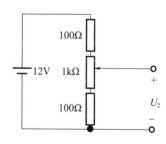

图2.5.3

【例4】如图2.5.4(a)所示,已知每一电阻的阻值$R=10\Omega$,电源电动势$E=6V$,电源内$r=0.5\Omega$。求电路上的总的电流。

已知:$R=10\Omega,E=6V,r=0.5\Omega$。求:$I$。

分析:先将图中的电路进行整理:A点与C点等电位,B点与D点等电位,因此$U_{AB}=U_{AD}=U_{CB}=U_{CD}$,即4个电阻两端的电压都相等,故画出等效电路如图2.5.4(b)所示。

解:根据并联电路的特点得到总的电阻:

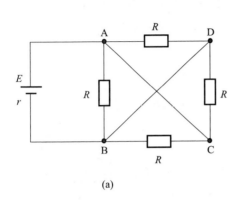
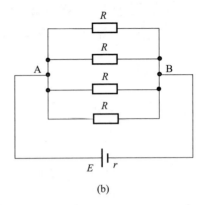

(a)　　　　　　　　　　　　　(b)

图 2.5.4

$$R_{总} = \frac{R}{4} = \frac{10}{4} = 2.5\Omega$$

电路中的总电流是

$$I = \frac{E}{R_{总} + r} = \frac{6}{2.5 + 0.5} = 2A$$

所以,电路上总的电流是 2A。

由以上分析与计算可以看出,混联电路计算的一般步骤为:

(1)首先把电路进行等效变换。也就是把不容易看清串、并联关系的电路,整理、简化成容易看清串、关联的电路(整理电路过程中绝不能把原来的连接关系搞错)。

(2)先计算各电阻串联和并联的等效电阻值,再计算电路的总的等效电阻值(计算时先并后串)。

(3)由电路的总的等效电阻值和电路的端电压计算电路的总电流。

(4)根据电阻串联的分压关系和电阻并联的分流关系,逐步推算出各部分的电压和电流值。

在计算混联电路中,其方法很多。主要是要熟练的运用欧姆定律和电阻串、并联电路中电流、电压之间的关系。根据具体的情况在其串联部分中,用串联电路的特点和电流、电压的关系来计算,在其并联部分要用并联电路的特点和电流、电压的关系来计算,而不能乱用公式,简单的加减。

1. 什么叫电阻混联电路?
2. 写出计算混联电路的方法和步骤?

第六节　电桥电路

电阻的连接分为串联、并联和混联,其实还有一种连接方式,那就是桥式联接,又叫电桥电路。

电桥电路有平衡和不平衡之分,电桥在平衡时应用比较多,所以重点讲平衡电桥,先来看看电桥电路及型式。

一、电桥电路及型式

如图 2.6.1(a)所示就是电桥电路,图 2.6.1(b)和 2.6.1(c)是电桥电路常见的两种型式。

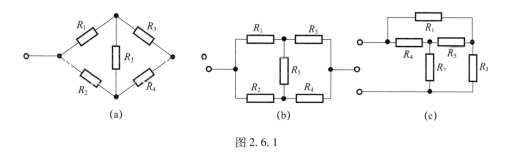

图 2.6.1

二、电桥电路中的桥与臂

在电桥电路的分析与计算中,经常提到"桥"与"臂",下面我们分别介绍,什么叫电桥电路的"桥"？什么叫电桥电路的"臂"。

"桥":R_5 所在的支路,叫电桥电路的"桥"。

"臂":R_1、R_2、R_3、R_4 四个电阻,叫电桥电路的四个"臂"。

三、电桥平衡的条件

1. 电桥平衡的概念

电桥上电流为零,或者说电桥两端电压为零,叫电桥平衡。

2. 电桥平衡的条件

相邻臂的比值相等,或者说,相对臂的乘积相等,即

$$\frac{R_1}{R_2} = \frac{R_3}{R_4}$$

或 $$R_1R_4 = R_2R_3$$

四、平衡电桥的应用

电桥在平衡时,电桥上电流为零,或者说电桥上电压为零,所以,可以认为电桥开路,又可以认为电桥短路,利用这一特点,可以方便地计算出平衡电桥的等效电阻,当然,利用平衡电桥还可以测量电阻,这就是惠斯通电桥,下面通过例题介绍平衡电桥的应用。

【例1】求图2.6.2所示电路中的等效电阻R_{ab}。

解:因为 60/30 = 12/6

所以,根据电桥平衡的特点,可将电路等效,如图2.6.3所示在等效电路中 $R_{ab} = (60+12)//(30+6) = 72//36 = 24\Omega$。

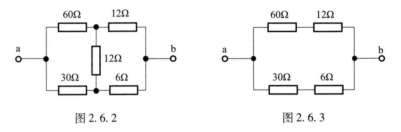

图2.6.2　　　　　　　　图2.6.3

答:电路等效电阻R_{ab}为24Ω。

【例2】图2.6.4示电路,R为15Ω,电桥平衡时,L_1为0.45m,L_2为0.55m,求待测电阻R_x。

解:根据电桥平衡的条件,得

$$R_{L_1}/R_{L_2} = R/R_x$$

又因为 $R_{L_1} = \rho L_1/S; R_{L_2} = \rho L_2/S$

所以 $R_x = (L_2/L_1)R$
$= (0.55/0.45) \times 15$
$\approx 18.3\Omega$

答:待测电阻R_x为18.3Ω。

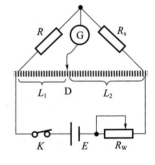

图2.6.4

1. 电桥电路的平衡条件是什么?
2. 在岗位中有哪些运用?

第七节 电路中各点电位的计算

电路中电位的分析不仅在电工的分析计算中运用到,特别在电子电路中,广泛利用测量电路中电位的方法,来分析判断故障部位,如收音机、电视机就常用判断晶体管电位的方法来检修,因此,搞清电路中电位的概念,掌握分析电位的方法,对今后学习设备原理和维修是十分重要的。

一、电位

电场中某一点的电位,等于单位正电荷由该点移到参考点时电场力所做的功。借助这个概念,我们可以把它引入电路中来使用。

为了研究问题的方便,一般认为参考点即为零电位点。零电位可以任意选择,但通常指定大地的电位为零。电路中凡与地相接的点均为零电位,有些设备的机壳虽不一定接地,但有许多元件都要汇集到一个共同点,为方便起见,可规定这一公共点为零电位。

二、电位的计算

在如图 2.7.1 所示电路中,设电源电压 E_1、E_2,各个电阻 R_1、R_2、R_3、R_4 的电流都是已知的,那么,a 点、b 点、c 点、d 点的电位怎样计算呢?

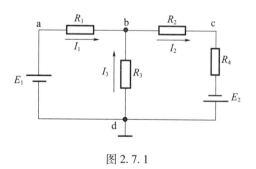

图 2.7.1

选 d 点为零电位点,即 $V_d = 0V$,由电路中各点的概念可得:

a 点:$V_a = E_1$(它与零电位 d 点只差一个电源电压,而 d 点接 E_1 的负极,a 点接 E_2 的正极,故 a 点为高电位点,d 点为低电位点,因此 a 点的电位就等于正的 E_1)。

b 点:$V_b = -I_3 R_3$(对于 b 点,它与零电位 d 点之间仅隔着一个电阻 R_3,而通过 R_3 的电流 I_3 从 d 点流向 b 点,故 b 点的电位比 d 点低,因此 b 点的电位为负,

它等于 R_3 上的电压的负值)。

c 点：$V_C = I_2R_2 - E_2$(再看 c 点,它与 d 点之间隔着一个电源 E_2 和 R_2,c 点接电源的负极,而通过 R_4 的电流是从 c 点流向 d 点,因此点 c 的电位为 $I_2R_2 - E_2$)。

从以上分析,可将电位的计算方法归纳为以下几点：

(1)选择零电位。

(2)确定电位的高低。对于电源,正极电位高于负极电位,不必考虑方向；对于电阻元件,电流从高电位流向低电位。

(3)要计算某点的电位,只要从这一点通过一定的路径绕到零电位点(路径应尽可能简捷),该点电位即等于此路径全部电位的代数和。

前面所分析 a 点、b 点、c 点的电位分别是通过三条最简捷的路径求出,但该电位的大小与所选择的路径无关,也就是同一电位的电压值不因路径的不同而不同,而是完全相同的。如 b 点电位还可以通过另两条路径来计算：$(E_1 - I_1R_1 = I_2R_2 + I_2R_4 - E_2)$,a 点、c 点同样也可通过另两条路径求出。下面举一例做具体说明。

三、应用

【例】如图 2.7.2 所示,求 A 点、B 点的电位。已知：$E_1 = 20\text{V}, E_2 = 8\text{V}, R_1 = 12\Omega, R_2 = 8\Omega, R_3 = 4\Omega, R_4 = 4\Omega$,求：$U_A$、$U_B$。

解：

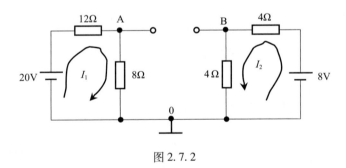

图 2.7.2

$$I_1 = \frac{20}{12+8} = 1\text{A}, I_2 = \frac{8}{4+4} = 1\text{A}$$

$$U_A = I_1 \times 8 = 1 \times 8 = 8\text{V}$$

$$U_B = I_2 \times 4 = 2 \times 4 = 8\text{V}$$

A、B 两点尽管没有接在一起,分别算出 A 点及 B 点电位,电位相同,也就是 A、B 两点之间的电压为零。这种情况下如果用导线将 A、B 短路,也不会产生任何影响,因为两点间没有电压,导线中也不会有电流,此导线接上或去掉都没有关系。如果在 A、B 之间接上任何电阻 R 也不会产生任何影响。

1. 电路中电位的意义是什么？
2. 如何求电路中的某点电位？

知识拓展与应用

常用电池

电池分为原电池和蓄电池两种，都是由化学能转变为电能的器件。原电池是不可逆的，即只能由化学能变为电能（叫做放电），故又叫做一次电池。蓄电池是可逆的，即既可由化学能转变为电能，又可由电能转变为化学能（叫做允电），故又叫做二次电池。因此，蓄电池对电能有储存和释放功能。

1. 蓄电池

常用蓄电池有铅蓄电池、镍镉电池、镍氢电池、锂离子电池等。

铅蓄电池是在一个玻璃或硬橡胶制成的器皿中盛着电解质稀硫酸溶液，正极为二氧化铅板，负极为海绵状铅。在使用时通过正负极上的电化学反应，把化学能转化成电能供给直流负载。

反过来，电池在使用后进行充电，借助于直流电在电极上进行电化学反应，把电能转换成化学能而储存起来。铅蓄电池的优点是：技术较成熟，易生产，成本低，可制成各种规格的电池。缺点是：比能量低（蓄电池单位质量所能输出的能量叫做比能量），难以快速充电，循环使用寿命不够长，制成小尺寸外形比较难。镍镉电池的结构基本同铅蓄电池，电解质是氢氧化钾溶液，正极为氢氧化镍，负极为氢氧化镉。镍镉电池的优点是：比能量高于铅蓄电池，循环使用寿命比铅蓄电池长，快速充电性能好，密封式电池长期使用免维护。缺点是：成本高，有"记忆"效应。由于镉是有毒的，因此，废电池应回收。

镍氢电池的设计源于镍镉电池，主要是以储氢合金代替镍镉电池中负极上使用的镉。镍氢电池的优点是：电量储备比镍镉电池多 30%，质量更轻，使用寿命也更长，并且对环境无污染，大大减小了"记忆"效应。缺点是：价格更高，性能不如锂离子电池好。

锂离子电池几乎没有"记忆"效应,且不含有毒物质,它的容量是同等质量的镍氢电池的1.5~2倍,而且具有很低的自放电率。因此,尽管锂电池的价格相对昂贵,仍被广泛用于数码设备中。

2. 干电池

干电池的种类较多,但以锌锰干电池(即普通干电池)最为人们所熟悉,在实际应用中也最普遍。

锌锰干电池分糊式、叠层式、纸板式和碱性型等数种,以糊式和叠层式应用最为广泛。

锌猛干电池阴极为锌片,阳极为碳棒(由二氧化锰和石墨组成),电解质为氯化铵和氯化锌水溶液。二氧化锰的作用是将碳棒上生成的氢气氧化成水,防止碳棒过早极化。

3. 微型电池

微型电池是随着现代科学技术发展,尤其是随着电子技术的迅猛发展,为满足实际需要而出现的一种小型化的电源装置。它既可制成一次电池,也可制成二次电池,广泛应用于电子表、计算器、照相机等电子设备中。

微型电池分两大类:一类是微型碱性电池,品种有锌氧化银电池、汞电池、锌镍电池等,其中以锌氧化银电池应用最为普遍;另一类是微型锂电池,品种有锂锰电池、锂碘电池等,以锂锰电池最为常见。

4. 光电池

光电池是一种能把光能转换成电能的半导体器件。太阳能电池是普遍使用的一种光电池,采用材料以硅为主。通常将单晶体硅太阳能电池通过串联和并联组成大面积的硅光电池组,可用作人造卫星、航标灯以及边远地区的电源。

为了解决无太阳光时负载的用电问题,一般将硅太阳能电池与蓄电池配合使用。有太阳光时,由硅太阳能电池向负载供电,同时蓄电池充电;无太阳光时,由蓄电池向负载供电。

■■■■■■ 本章小结 ■■■■■■

一、电动势与闭合电路欧姆定律

1. 电动势

在电源内部,单位正电荷由负极移到正极局外力所做的功与该电荷的比值。

$$E = W/q$$

2. 闭合电路欧姆定律

在闭合电路中,电流与电源的电动势成正比,与整个电路的总电阻成反比,即

$$I = \frac{E}{R + R_0}$$

闭合电路中,电源两端的电压为 $U = E - R_0 I$。

3. 负载获得最大功率的条件：$R_L = R_0$

$$P_m = \frac{E^2}{4R_L} = \frac{E^2}{4R_0}$$

二、电池组的串、并联

1. 串联

$$E = E_1 + E_2 + E_3 + \cdots$$

$$R = r_1 + r_2 + r_3 + \cdots$$

2. 并联

几个相同电池：$E = E_1 = E_2 = \cdots = E_n$

$$r = r_1/n$$

三、电阻的连接

1. 串联

电流：$I = I_1 = I_2 = I_3$

电压：$U = U_1 + U_2 + U_3$

电阻：$R = R_1 + R_2 + R_3$

总功率：$P = P_1 + P_2 + P_3$

两个电阻串联分压公式：

$$U_1 = \frac{R_1}{R_1 + R_2} U$$

$$U_2 = \frac{R_2}{R_1 + R_2} U$$

2. 并联

电压：$U = U_1 = U_2 = U_3$

电流：$I = I_1 + I_2 + I_3$

电阻：$1/R = 1/R_1 + 1/R_2 + 1/R_3$

总功率：$P = P_1 + P_2 + P_3$

两个电阻并联分流公式：

$$I_1 = \frac{R_2}{R_1 + R_2}I$$

$$I_2 = \frac{R_1}{R_1 + R_2}I$$

四、电桥平衡的条件

相邻臂之比相等或相对臂乘积相等。

五、电路中电位的计算

电路中某一点的电位就是该点与零电位点之间的电压，是从该点通过一定的路径绕到零电位点路径上全部电压的代数和。

习题二

一、是非题

1. 当外电路开路时，电源端电压等于零。（　　）
2. 短路状态下，电源内阻的压降为零。（　　）
3. 电阻值为 $R_1 = 20\Omega$，$R_2 = 10\Omega$ 的两个电阻串联，因电阻小对电流的阻碍作用小，故 R_2 中通过的电流比 R_1 中的电流大些。（　　）
4. 一条马路上路灯总是同时亮，同时灭，因此这些灯都是串联接入电网的。（　　）
5. 通常照明电路中灯开得越多，总的负载电阻就越大。（　　）
6. 万用表的电压、电流及电阻挡的刻度都是均匀的。（　　）
7. 通常万用表黑表笔所对应的是内电源的正极。（　　）
8. 改变万用表电阻挡倍率后，测量电阻之前必须进行电阻调零。（　　）
9. 电路中某两点的电位都很高，则这两点间的电压也一定很高。（　　）
10. 电路中选择的参考点改变了，各点的电位也将改变。（　　）

二、选择题

1. 在图 2-1 中，$E = 10\text{V}$，$R_0 = 1\Omega$，要使 R_P 获得最大功率，R_P 应为（　　）

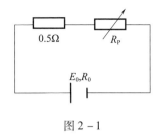

图 2-1

A. 0.5Ω B. 1Ω C. 1.5Ω D. 0

2. 在闭合电路中,负载电阻增大,则端电压将( )。

A. 减小 B. 增大 C. 不变 D. 不能确定

3. 将 $R_1 > R_2 > R_3$ 的三只电阻串联,然后接在电压为 U 的电源上,获得功率最大的电阻是( )。

A. R_1 B. R_2 C. R_3 D. 不能确定

4. 若将上题三只电阻并联后接在电压为 U 的电源上,获得功率最大的电阻是( )。

A. R_1 B. R_2 C. R_3 D. 不能确定

5. 一个额定值为 220V、40W 的白炽灯与一个额定值为 220V、60W 的白炽灯串联接在 220V 电源上,则( )。

A. 40W 灯泡较亮 B. 60W 灯泡较亮
C. 两灯亮度相同 D. 不能确定

6. 两个电阻 R_1、R_2 并联,等效电阻为( )。

A. $1/R_1 + 1/R_2$ B. $R_1 - R_2$
C. $R_1 R_2 / (R_1 + R_2)$ D. $R_1 + R_2 / R_1 R_2$

7. 两个阻值均匀为 555Ω 的电阻,作串联时的等效电阻与作并联时的等效电阻之比为( )。

A. 2:1 B. 1:2
C. 4:1 D. 1:4

8. 电路如图 2-2,A 点的电位为( )。

A. 6V B. 8V
C. -2V D. 10V

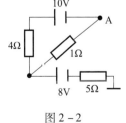

图 2-2

三、填空题

1. 电动势为 2V 的电源,与 9Ω 的电阻接成闭合电路,电源两极间的电压为 1.8V,这时电路中的电流为_____,电源内阻为_____。

2. 在图 2-3 中,当开关 S 扳向 2 时,电压表读数为 6.3V;当开关 S 扳向 1 时,电流表读数为 3A,$R=2\Omega$,则电源电动势为_____,电源内阻为_____。

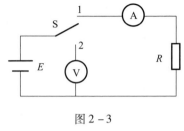

图 2-3

3. 当用电器的额定电压高于单个电池的电动势时,可以用_____电池组供电,但用电器的额定电流必须_____单个电池允许通过的最大电流。

4. 当用电器的额定电流比单个电池允许通过的最大电流大时,可采用_____电池组供电,但这时用电器的额定电压必须_____单个电池的电动势。

5. 有一个电流表,内阻为 100Ω,满偏电流为 3mA,要把它改装成量程为 6V 的电压表,需串_____ Ω 的分压电阻;若要把它改装成量程为 3A 的电流表,则需并_____ Ω 的分流电阻。

6. 两个并联电阻,其中 $R_1=200\Omega$,通过 R_1 的电流 $I_1=0.2A$,通过整个并联电路的电流 $I=0.8A$,则 $R_2=$_____ Ω,R_2 中的电流 $I_2=$_____A。

7. 用伏安法测量电阻,如果待测电阻比电流表内阻_____时,应采用_____。这样测量出的电阻值要比实际值_____。

8. 用伏安法测量电阻,如果待测电阻比电压表内阻_____时,应采用_____。这样测量出的电阻值要比实际值_____。

9. 在图 2-4 中,$R_1=2\Omega$,$R_2=3\Omega$,$E=6V$,内阻不计,$I=0.5A$,当电流从 D 流向 A 时:$U_{AC}=$_____V,$U_{DC}=$_____V;当电流从 A 流向 D 时:$U_{AC}=$_____V,$U_{DC}=$_____V。

10. 在图 2-5 中,$E_1=6V$,$E_2=10V$,内阻不计,$R_1=4\Omega$,$R_2=2\Omega$,$R_3=10\Omega$,$R_4=9\Omega$,$R_5=1\Omega$,则 $V_A=$_____V,$V_B=$_____V,$V_F=$_____V。

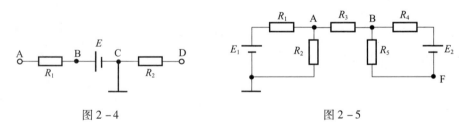

图 2-4   图 2-5

四、问答与计算题

1. 电源的电动势为 1.5V,内电阻为 0.12Ω,外电路的电阻为 1.38Ω,求电路中的电流和端电压。

2. 在图 2-6 所示中,加接一个电流表,就可以测出电源的电动势和内阻。当滑线变阻器的滑动片在某一位置时,电流表和电压表的读数分别是 0.2A 和 1.98V;当改变滑动片的位置后两表的读数分别是 0.4A 和 1.96V,求电源的电动势和内阻。

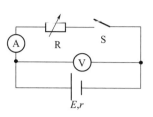

图 2-6

3. 有十个相同的蓄电池,每个蓄电池的电动势为 2V,内阻为 0.04Ω,把这些蓄电池接成串联电池组,外接电阻为 3.6Ω,求电路中的电流和每个蓄电池两端的电压。

4. 有两个相同的电池,每个电池的电动势为 1.5V,内阻为 1Ω,把这两个电池接成并联电池组,外接电阻 9.5Ω,求通过外电路的电流和电池组两端电压。

5. 图 2-7 中,1kΩ 电位器两头各串 100Ω 的电阻一只,求当改变电位器滑动触点时,求 U_2 的变化范围。

6. 有一电流表,内阻为 0.03Ω,测量电阻 R 中的电流时,本应与 R 串联,如果不注意,错把电流表与 R 并联了,如图 2-8 所示,将会产生什么后果?假设 R 两端的电压为 3V。

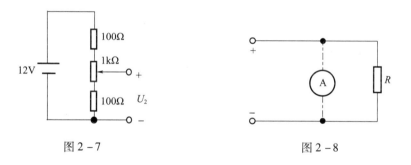

图 2-7

图 2-8

7. 如图 2-9 所示,电源的电动势为 8V,内电阻为 1Ω,外电路有三个电阻,$R_1=5.8\Omega$,$R_2=2\Omega$,$R_3=3\Omega$。求:(1)通过各电阻的电流;(2)外电路中各个电阻上的电压降和电源内部的电压降;(3)外电路中各电阻消耗的功率,电源内部消耗的功率和电源的总功率。

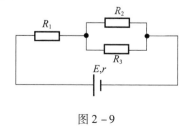

图 2-9

8. 如图 2-10 所示,求电阻组合的等效电阻(已知 $R=2\Omega$, $R_1=4\Omega$)。

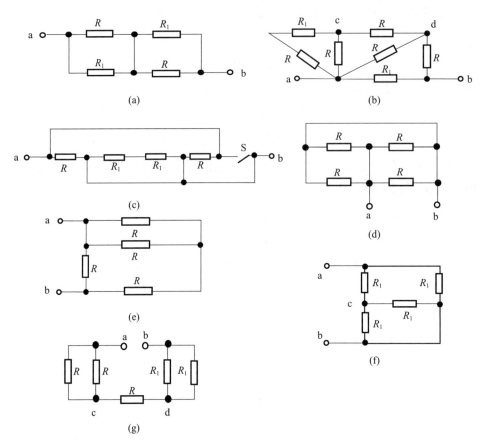

图 2-10

9. 图 2-11 所示是有两个量程的电压表,当使用 a、b 两端点时,量程为 10V,当使用 a、c 两端点时,量程为 100V,已知表的内阻为 500Ω,满偏电流为 1mA,求分压电阻 R_1 和 R_2 的值。

10. 在图 2-12 中,R 为 15Ω,电桥平衡时,L_1 为 0.45m,L_2 为 0.55m,求待测电阻 R_X。

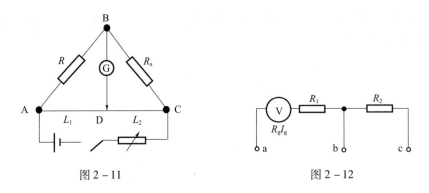

图 2-11　　　　　　图 2-12

11. 在图 2-13 中，$E_1 = 12V$，$E_2 = E_3 = 6V$，内阻不计，$R_1 = R_2 = R_3 = 3\Omega$，求 U_{ab}、U_{ac}、U_{bc}。

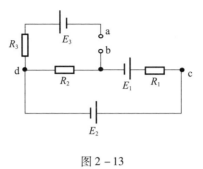

图 2-13

第三章 复杂直流电路

问题引出

　　本章着重介绍复杂直流电路的基本分析和计算方法,其中以支路电流法最为基本,基尔霍夫定律和戴维宁定理是重点。这些分析方法不仅适用于直流电路,而且也适用于交流电路,因此,本章是全书的重点,必须牢固掌握且会熟练应用。

学习目标

　　1. 基尔霍夫定律是分析电路最基本的定律,必须熟练掌握,能运用基尔霍夫定律分析并计算两个网孔的电路。

　　2. 能正确应用叠加定理和戴维宁定理分析和计算两个网孔的电路。

　　3. 建立电压源和电流源的概念,了解它们的特性及等效变换。等效变换是电工技术中常用的分析方法,要注意等效变换的条件和应用场合。

第一节　基尔霍夫定律

　　在电子电路中,常会遇到有两个以上的有电源的支路组成的多回路,如图3.1.1所示,不能运用电阻串、并联的计算方法将它简化成一个单回路电路,这种电路叫复杂电路。

　　要想分析复杂电路,必须研究电路所遵循的一般规律。基尔霍夫定律就是研究电路中电流、电压所遵循的一般规律的。基尔霍夫定律有两条:基尔霍夫电流定律和基尔霍夫电压定律。这两条定律是电路中电流、电压所遵循的普遍规律,在分析复杂直

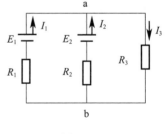

图3.1.1

流电路时经常用到,所以一定要学好它,掌握它。因为在介绍这两条定律时要用到一些电路概念,所以本节讲三个问题,先介绍几个电路概念,然后重点介绍基尔霍夫电流定律和电压定律。

一、几个电路概念

1. 支路

由一个或几个元件(电阻或电源)串联组成的无分支电路交织路。图 3.1.1 所示电路中有三条支路。

2. 节点

由三条或更多数目的支路连接的地方叫节点。图 3.1.1 所示电路中有两个节点。

3. 回路

由支路所构成的闭合路径叫回路。图 3.1.1 所示电路中有三个回路。

4. 网孔

在确定的电路图中不能再分的最简单的回路叫网孔。图 3.1.1 所示电路中有两个网孔。

二、基尔霍夫电流定律

基尔霍夫电流定律又叫节点电流定律,它指出:电路中任意一个节点上,在任一时刻,流入节点的电流之和等于流出该节点电流之和。

$$\sum I_入 = \sum I_出$$

例如,如图 3.1.2 所示,节点 A,因为 $I_入 = I_出$;$I_入 = I_1 + I_4$,$I_出 = I_2 + I_3 + I_5$,所以 $I_1 + I_4 = I_2 + I_3 + I_5$,或 $I_1 + (-I_2) + (-I_3) + I_4 + (-I_5) = 0$。

如果规定流入节点的电流为正,流出节点的电流为负,则基尔霍夫电流定律可写成:流入任一节点的电流的代数和为零,$\sum I = 0$。

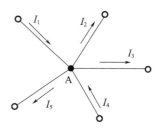

图 3.1.2

基尔霍夫第一定律是"电荷守恒"的反映,它说明电荷不会在任何节点堆积。故流入节点 A 的总电量等于同一时间流出该节点的总电量——物理意义。

基尔霍夫电流定律的推广:基尔霍夫电流定律不仅适用于节点,对于任何一个封闭面同样成立。

封闭面就是里面的东西看不到,可以视为节点。也可以是网络,对外仅显示一些参数,如电流、电压等。

如图 3.1.3 所示,$I_1 = I_2$。

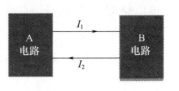

图 3.1.3

事实上,不论电路如何复杂,总是通过两根导线与电源(或电路)连接。导线串联在电路中,上下两根导线电流大小相等,方向相反。若一根导线断了,另一根线电流为零。在已经接地的电力系统中操作时,只要穿绝缘鞋或站在绝缘木梯上,并且不同时触摸不同电位的两根导线,就能保证安全,不会有电流流过人体。所以,一般进行电工的操作时,要穿绝缘鞋,设备仪器桌上要铺绝缘垫,机房地上要铺绝缘地板或绝缘垫。当在不知道导体是否有电时,可以用试电笔测试。一般用手接触导体时,应该先用手背接触一下,不能直接用手心接触。

【例1】求图 3.1.4 所示电路中,电流 I_1、I_2 的大小。

解:(1)电流参考方向如图 3.1.5 所示。

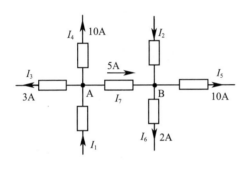

图 3.1.4

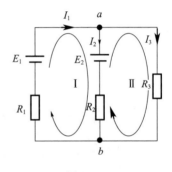

图 3.1.5

对 A 节点:

$$I_1 = I_3 + I_4 + I_7$$
$$= 3 + 10 + 5 = 18\text{A}$$

对 B 节点:

$$I_2 + I_7 = I_5 + I_6$$

即

$$I_2 = I_5 + I_6 - I_7 = 10 + 2 - 5 = 7\text{A}$$

答:I_1 电流为 18A,I_2 电流为 7A。

三、基尔霍夫电压定律

基尔霍夫电压定律又称回路电压定律。它研究的是回路中各部分电压所遵循的一般规律。下面就来介绍一下基尔霍夫电压定律。

从图 3.1.5 电路可见,回路表示了一个复杂电路若干回路中的一个回路,若各支路都有电流,当沿顺时绕行方向,电位有时升高,有时降低,但不管怎么变,从 a 点绕行一周再回到 a 点时,a 点的电位不变。即在任一瞬时,沿任一回路绕行一周,回路各段电压的代数和等于零,$\sum U = 0$。

图 3.1.5 中(电动势按电压考虑):

回路Ⅰ:$I_1R_1 - E_1 + E_2 + I_2R_2 = 0$,即 $I_1R_1 + I_2R_2 = E_1 - E_2$。

回路Ⅱ:$-I_2R_2 - E_2 + I_3R_3 = 0$,即 $-I_2R_2 + I_3R_3 = E_2$。

上式表明:在任意一个闭合回路中,各电阻上的电压降的代数和等于电动势的代数和,即 $\sum Ir = \sum E$。

用基尔霍夫电压定律所列的方程式中,电压与电动势均指的是代数和,因此,必须考虑正、负。

用基尔霍夫电压定律解题的步骤是:

(1)任意规定各支路电流方向;

(2)选定回路绕行方向;

(3)确定电压符号。当电流的方向与绕行方向一致时,在电阻上的电压为正,反之为负。

(4)确定电动势符号。当电动势的方向与绕行方向一致时为正,反之,为负。

基尔霍夫电压定律的推广:基尔霍夫电压定律也适用于电路中任一假想的回路,如图 3.1.6 所示,$U_1 - U_2 + E + U_{ba} = 0$,$U_{ab} = U_1 - U_2 + E$。

基尔霍夫电压定律不仅适用于回路,也适用于部分电路。所谓部分电路就是回路中已知一部分。而未知的部分可以假设出一个电压,从而列出回路电压方程。下面用一个电路来说明,如图 3.1.7 所示。

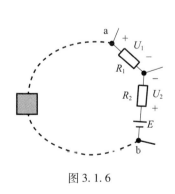

图 3.1.6

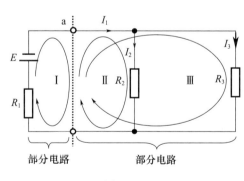

图 3.1.7

回路Ⅰ:$U_{ab} + I_1R_1 + E = 0$ 或 $U_{ab} = -E - I_1R_1$

回路Ⅱ:$U_{ba} + I_2R_2 = 0$ 或 $U_{ab} = I_2R_2$

回路Ⅲ:$U_{ba} + I_3R_3 = 0$ 或 $U_{ab} = I_3R_3$

四、应用

【例2】在如图 3.1.8 所示电路中,已知:$E_1 = 20V$,$E_2 = 4V$,$r_{01} = 0.5\Omega$,$r_{02} = 0.1\Omega$,$R_1 = 2\Omega$,$R_2 = 10\Omega$,$R_3 = 4\Omega$,$R_4 = 8\Omega$,试沿 abcda 回路应用基尔霍夫电压定律写出回路方程式,并写出沿上述绕行方向相反的方程式。

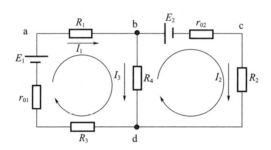

图 3.1.8

解:根据题意,回路是按顺时针方向绕行,E_1 的方向和绕行方向一致,故为正,E_2 的方向和绕行方向相反,故为负;其次各电阻上通过电流的方向和绕行方向都一致,所以各电阻的电压都是正的。

根据基尔霍夫第二定律,列出回路电压方程式如下:

$$E_1 - E_2 = I_1(R_1 + r_{01} + r_{03}) + I_2(R_2 + r_{02})$$

将已知数代入得:$16 = 6.5I_1 + 10.1I_2$

当绕行方向改为逆时针方向时,则 E_1 为负,E_2 为正,回路中各电阻上所通过电流的方向都和绕行方向相反,因此,全部电压降都是负的,根据基尔霍夫第二定律,列出方程式如下:

$$-20 + 4 = -(0.5 + 4 + 2)I_1 - (10 - 0.1)I_2$$

$$-16 = -6.5I_1 - 10.1I_2 \text{ 或 } 16 = 6.5I_1 + 10I_2$$

这就进一步证明,在利用基尔霍夫第二定律列方程式时,不论怎样选择回路的绕行方向,所得结果都是相同的。

【例3】如图 3.1.9 所示电路,列回路电压方程。

解:1. 用 $\sum U = 0$ 列方程

(1)设定各支路的电流方向 I_1、I_2、I_3 如图中方向。

(2)选定回路绕行方向两个回路均按顺时针绕行方向。

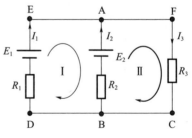

图 3.1.9

(3)列回路电压方程：

回路 Ⅰ：$R_1I_1 - E_1 + E_2 - R_2I_2 = 0$（从 D 点开始）

回路 Ⅱ：$R_2I_2 - E_2 + R_3I_3 = 0$（从 B 点开始）

2. $\sum RI = \sum E$ 列方程

(1)设定各支路的电流方向 I_1、I_2、I_3 如图中方向。

(2)选定回路绕行方向：两个回路均为顺时针方向。

(3)列回路电压方程(电源作电动势来处理，电位升为正方向)

回路 Ⅰ：$R_1I_1 - R_2I_2 = E_1 - E_2$

回路 Ⅱ：$R_2I_2 + R_3I_3 = E_2$

两种方式列回路电压方程结果完全一样。

1. 如何区分简单电路和复杂电路？
2. 什么是支路？什么是节点？什么是网孔？
3. 什么是基尔霍夫节点电流定律，基尔霍夫回路电压定律？如何应用？

第二节　支路电流法

支路电流法是以支路电流作为未知量，应用基尔霍夫两定律列出联立方程，最后解出各支路电流。

一、解题步骤

应用支路电流法来计算复杂电路，通常是在电路中各电动势及电阻都已知的情况下，来求解支路电流，其解题步骤如下：

(1)先假设各支路电流的方向，并标出各电阻元件上的正、负极。回路方向可以任意假设，对于具有两个以上电动势的回路，通常取电动势大的方向为回路方向。电流方向也可参照此法来假设。

(2)用基尔霍夫第一定律列出节点电流方程式。一个具有 n 条支路，m 个节点（$n > m$）的复杂电路，需列出 m 个方程式联立求解。由于 m 个节点只能列出 $m-1$ 个独立方程式，这样还缺 $n-(m-1)$ 个方程，可由基尔霍夫电压定律来补充。

(3)用基尔霍夫第二定律列出回路电压方程式,通过电阻的电流方向与回路绕行方向相同时,电阻上的电压取正,反之为负,电动势按其原标方向与回路绕行方向相同时为正,反之为负。

(4)代入已知的电阻和电动势的数值,解出联立方程式求出支路电流。

(5)确定各支路电流的方向。当支路电流计算结果为正值时,其方向和假设方向相同;当计算结果为负值时,其方向和假设方向相反。

二、应用

【例】如图3.2.1所示电路中,已知电源 $E_1 = 42\text{V}$,$E_2 = 21\text{V}$,电阻 $R_1 = 12\Omega$,$R_2 = 3\Omega$,$R_3 = 6\Omega$,求流过各电阻的电流。

解:

1. 设定电流方向和回路绕行方向。
2. 列节点电流方程。

由基尔霍夫电流定律得节点A:

$$I_1 = I_2 + I_3$$

(B节点的电流方程不独立)

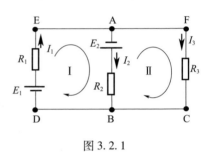

图 3.2.1

3. 列回路电压方程。

由基尔霍夫电压定律得

回路 I:$R_1I_1 + R_2I_2 - E_1 - E_2 = 0$

回路 II:$R_3I_3 - R_2I_2 + E_2 = 0$

还可以列一个大回路的电压方程式,如 $R_1I_1 + R_3I_3 - E_1 = 0$,但它可由以上两个方程相加而得到。所以,一般数学上称此方程不独立。就像节点方程一样,只有两个节点的电路,独立的电流方程只有一个。

4. 代入已知量,解联立方程组,求出未知电流。

$$\begin{cases} I_1 = I_2 + I_3 \\ R_1I_1 + R_2I_2 - E_1 - E_2 = 0 \\ R_3I_3 - R_2I_2 + E_2 = 0 \end{cases}$$

通过上述分析知道:电路中有三条支路,即三个未知电流,又得到了三个方程,只要求解这个三元一次方程组,就能求出三个支路电流来。

$$\begin{cases} I_1 = I_2 + I_3 \\ 12I_1 + 3I_2 = 63 \\ 6I_3 - 3I_2 = -21 \end{cases}$$

$$\begin{cases} I_1 = I_2 + I_3 & ① \\ 4I_1 + I_2 = 21 & ② \\ 2I_3 - I_2 = -7 & ③ \end{cases}$$

由②式得：$I_1 = \dfrac{21 - I_2}{4}$ ④

由③式得：$I_3 = \dfrac{I_2 - 7}{2}$ ⑤

将式④、⑤代入式①，得：

$$\dfrac{21 - I_2}{4} = I_2 + \dfrac{I_2 - 7}{2}$$

$$21 - I_2 = 4I_2 + 2I_2 - 14, \quad -7I_2 = -35, \quad I_2 = 5\text{A}$$

将 I_2 代入④式得：

$$I_1 = \dfrac{21 - I_2}{4} = \dfrac{21 - 5}{4} = 4\text{A}$$

将 I_2 代入⑤式得：

$$I_3 = \dfrac{I_2 - 7}{2} = \dfrac{5 - 7}{2} = -1\text{A}, \quad I_3 \text{与实际方向相反。}$$

答：流过电阻 R_1 的电流为4A，流过电阻 R_2 的电流为5A，流过电阻 R_3 的电流为1A（电流方向与实际方向相反）。

以上用支路电流法求解了一个复杂直流电路，大家一定要非常熟练地掌握这种方法。

1. 如何应用支路法解复杂电路？
2. 应用支路法应注意什么？

第三节　叠加原理

一、叠加原理

叠加原理是线性电路的一种重要的分析方法，它的内容是：在一个包含多个电动势的线性电路中，任意支路的电流或电压都可以认为，在电阻不变的情况下,是各电动势单独作用时产生的电流或电压的代数和。

首先假定在电路内只有某一个电动势起作用,而且电路中所有的电阻都保持不变(包括电源的内阻),对于这个电路我们求出它的电流分布。然后,再假定只有第二个电动势起作用,而所有其余的电动势都不起作用,再进行计算。依次对所有电动势均做出类似的计算,最后再把所得的结果合并起来。

下面通过一个例题来讲解叠加原理在电路中的应用。

二、应用

【例1】如图3.3.1所示,已知$E_1 = E_2 = 17V, R_1 = 2\Omega, R_2 = 1\Omega, R_3 = 5\Omega$,应用叠加原理求各支路中的电流。

解:(1)设E_1单独工作时,如图3.3.2所示,得

$$I_1' = \frac{E_1}{R_1 + \frac{R_2 R_3}{R_2 + R_3}} = \frac{17}{2 + \frac{1 \times 5}{1 + 5}} = \frac{17}{2 + \frac{5}{6}} = \frac{17}{\frac{17}{6}} = 6A$$

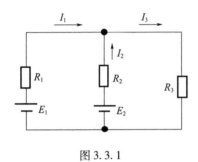
图3.3.1

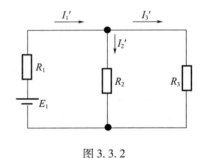
图3.3.2

$$I_2' = \frac{R_3}{R_2 + R_3} I_1' = \frac{5 \times 6}{1 + 5} = \frac{30}{6} = 5A$$

$$I_3' = I_1' - I_2' = 6 - 5 = 1A$$

(2)设E_2工作时:如图3.3.3所示,得

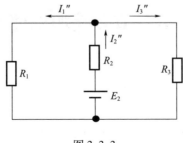
图3.3.3

$$I_2'' = \frac{E_2}{R_2 + \frac{R_1 R_3}{R_1 + R_3}} = \frac{17}{1 + \frac{2 \times 5}{2 + 5}} = \frac{17}{1 + \frac{10}{7}} = \frac{17}{\frac{17}{7}} = 7\text{A}$$

$$I_1'' = \frac{R_3}{R_1 + R_3} I_2'' = \frac{5 \times 7}{2 + 5} = \frac{35}{7} = 5\text{A}$$

$$I_3'' = I_2'' - I_1'' = 7 - 5 = 2\text{A}$$

(3)各支路叠加的电流(代数和)

$$I_1 = I_1' - I_1'' = 6 - 5 = 1\text{A}$$

$$I_2 = I_2'' - I_2' = 7 - 5 = 2\text{A}$$

$$I_3 = I_3' + I_3'' = 1 + 2 = 3\text{A}$$

答：各支路电流为 $I_1 = 1\text{A}, I_2 = 2\text{A}, I_3 = 3\text{A}$。

【例2】如图 3.3.4 所示,已知 $E_1 = E_2 = 1\text{V}, R = 1\Omega$,用叠加定理求 I_2 的数值。

解：

1. 设各支路电流的方向如图 3.3.4 所示,得

$$I_2 = I_1 + I_3$$

2. 当 E_1 作用时,如图 3.3.5 所示。

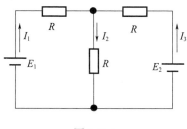

图 3.3.4

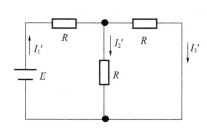

图 3.3.5

$$I_1' = \frac{E}{R + \frac{RR}{R + R}} = \frac{1}{1 + 0.5} = \frac{2}{3}\text{A}$$

$$I_2' = \frac{1}{2} I_1' = \frac{1}{2} \times \frac{2}{3} = \frac{1}{3}\text{A}$$

3. 当 E_2 作用时,如图 3.3.6 所示,得

$$I_3'' = \frac{E}{R + \frac{R}{2}} = \frac{1}{1 + 0.5} = \frac{2}{3}\text{A}$$

$$I_2'' = \frac{1}{2} I_3'' = \frac{1}{2} \times \frac{2}{3} = \frac{1}{3}\text{A}$$

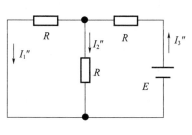

图 3.3.6

$$I_2 = I'_2 + I''_2 = \frac{1}{3} + \frac{1}{3} = \frac{2}{3} \text{A}$$

答：$I_2 = 2/3 \text{A}$。

三、叠加原理解题步骤

综上所述,应用叠加原理求电路中各支路电流的步骤如下：

(1)分别做出由一个电源单独作用时的分图,其余电源用电阻代替。

(2)利用电阻串、并联及欧姆定律,分别计算图中每一支路电流的大小和方向。

(3)求出各电源在各支路产生的电流的代数和,这些电流就是各电源共同作用时,在各支路产生的电流。

最后应注意,叠加定理只能用来求电路中的电压或电流,而不能用来计算功率。

叠加原理只适用于线性电路的电流、电压的叠加,为什么不适用于非线性电路和功率的叠加？

第四节　戴维宁定理

在实际问题中,往往有这样的情况：一个复杂电路,并不需要把所有支路电流都求出来,而只要求出某一支路的电流,在这种情况下,用前面的方法来计算就很复杂,而应用戴维宁定理就比较简便。

一、二端网络

所谓网络是指在电的系统中,由若干个元件组成,用来传输电信号的电路。简单地说：电路系统或电路的一部分就叫做网络。像网一样的组织或系统,如通信网、交通网、电网、因特网、亲戚网、同学网等。

如果对外具有两个引出端的电路,称为二端网络。二端网络分为无源二端网络和有源二端网络。如图3.4.1所示。

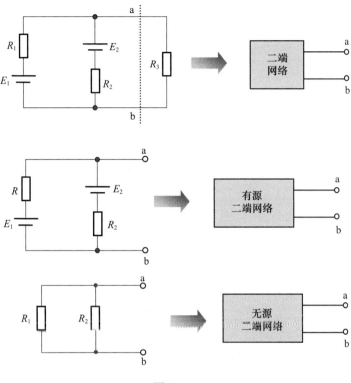

图 3.4.1

二、戴维宁定理

对外电路来说,一个含源线性二端网络可以用一个电源来代替。该电源的电动势 E_0 等于含源线性二端网络的开路电压;内阻 R_0 等于含源线性二端网络内所有电源不作用时,网络两端的输入电阻,这就是戴维宁定理。如图 3.4.2 所示。

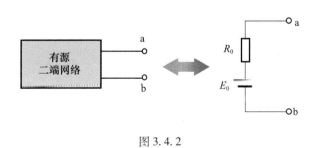

图 3.4.2

$$E_0 = U_{ab\text{开}} \qquad\qquad R_0 = R_{ab}$$

三、解题步骤及应用

根据戴维宁定理,可对任意一个线性有源二端网络进行简化,简化的关键在于正确理解和求出有源二端网络的开路电压和等效电阻,具体步骤根据图来一一分析,其步骤如下。

(1)把电路分为有源二端网络和待求支路两部分;

(2)求出有源二端网络中的开路电源 $U_{ab开}$;

(3)将有源二端网络中的电动势短路变为无源二端网络,求出网络中的等效电阻 R_{ab};

(4)画出等效后的电路,其中:$R_0 = R_{ab}$,$E_0 = U_{ab开}$;求出待求量。

注意:代替有源二端网络的电源极性应与开路电压 $U_{ab开}$ 一致,若求得 $U_{ab开}$ 为正值,则电动势的方向与图中一致;反之,$U_{ab开}$ 为负,则电动势的方向与图中相反。

具体怎样应用,下面以电路图 3.4.3 为例来作进一步的分析。

【例】已知:$E_1 = 7V$,$R_1 = 0.2\Omega$,$E_2 = 6.2V$,$R_2 = 0.2\Omega$,$R_3 = 3.2\Omega$,求 I_3。

解:根据戴维宁定理,得

(1)把电路分为待求支路和有源二端网络两部分,如图 3.4.3 所示。

(2)把待求支路移开,求出有源二端网络的开路电压 $U_{ab开}$,如图 3.4.4 所示。

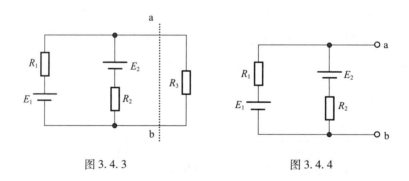

图 3.4.3　　　　　　图 3.4.4

$$U_{ab开} = E_0$$

根据欧姆定律得:

$$I = \frac{E_1 - E_2}{R_1 + R_2} = \frac{7 - 6.2}{0.2 + 0.2} = 0.2A$$

$$U_{ab开} = E_2 + IR_2 = 6.2 + 0.2 \times 0.2 = 6.6V$$

或
$$U_{ab开} = E_1 - IR_1 = 7 + 0.2 \times 0.2 = 6.6\text{V}$$

(3)将网络内电源除去,仅保留电源内阻,求网络两端的等效电阻 R_{ab},如图 3.4.5 所示。

$$R = R_1 /\!/ R_2$$
$$= \frac{R_1 R_2}{R_1 + R_2}$$
$$= \frac{0.2 \times 0.2}{0.2 + 0.2}$$
$$= 0.1\Omega$$

(4)画出其等效电路图 3.4.6,且 $E_0 = U_{ab开}$,$R_0 = R_{ab}$;然后在等效电路两端接入待求支路 R_3。

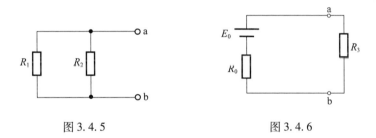

图 3.4.5　　　　　　　　图 3.4.6

$$I_3 = \frac{E_0}{R_0 + R_3} = \frac{6.6}{0.1 + 3.2} = 2\text{A}$$

通过上例的分析可知,在求某一支路的电流时,应用戴维宁定理比前面所学的几种方法都要运算简单、直接。

四、注意事项

在应用戴维宁定理时,应注意以下几点:

(1)等效电源中电动势 E_0 对应与有源二端网络中 $U_{ab开}$ 对应。应用戴维宁定理进行分析和计算时,如果待求支路开路后,有源二端网络仍为复杂电路,可再次运用戴维宁定理直至化成简单电路。

(2)所谓电源不作用,就是把电动势用短路线代替(若为电流源则断开),但必须保留电源内阻。

(3)戴维宁定理只适用线性的有源二端网络。如果有源二端网络中含非线性元件时,则不能用戴维宁定理求解。

(4)戴维宁定理仅仅对外等效,对内不等效。

1. 什么是二端网络？
2. 戴维宁定理适用所有的电路吗？

第五节　两种电源模型的等效变换

电源在电路中的作用就是提供电压或电流。到目前为止，我们认为：电源是电压的提供者，如：1.5V 的一号电池、市电 220V 等。其实，也可以认为电源是电流的提供者，这在电子线路的分析中经常用到，如：三极管的等效电路等。至于电源的内部结构我们可以完全不去考虑。

一、电源的表示

电源有两种：一种是电压源，另外一种是电流源。

1. 电压源

为电路提供一定电压的电源可用电压源来表征，符号如图 3.5.1 所示。

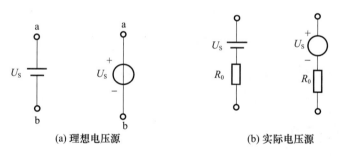

(a) 理想电压源　　　　　　(b) 实际电压源

图 3.5.1

理想电压源无内阻，输出电压恒定不变，即输出的电压大小不随负载的变化而变化，故称为恒压源；实际电压源有内阻，输出电压与负载有关。

实际电压源当内阻很小时，可以近似地认为是恒压源。如，我们说电池电压为 1.5V 就是这个道理。而实际上不同的电池由于存在一定内阻，在工作时其电压还是有一点差别的。

2. 电流源

为电路提供一定电流的电源可用电流源来表征，符号如图 3.5.2 所示。

理想电流源输出电流恒定不变，不随负载的变化而变化，故又称为恒流源。

恒流源在电子线路中经常用到。实际电流源输出电流随负载的变化而变化。

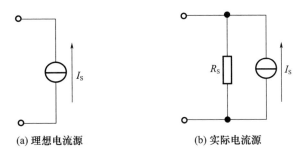

(a) 理想电流源　　　　　　(b) 实际电流源

图 3.5.2

二、电流源与电压源的等效互换

同一个电源可以用电压源表示,也可以用电流源表示。但不管怎样表示,对外电路而言,效果是一样的。所以说同一个电源的两种表示之间是可以相互等效的。下面就来讨论一下电流源和电压源之间的等效关系。

对外电路而言,它们的伏安特性必须是相同的,如图 3.5.3 所示,等效的条件:

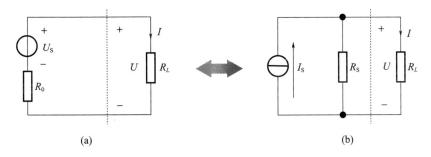

图 3.5.3

图(a)中电压源供电,其输出电压为

$$U = U_S - IR_0 \qquad ①$$

图(b)中电流源供电,其输出电压为

$$U = I_S R_S - IR_S \qquad ②$$

若电路图 3.5.3(a),(b) 两电源等效,则①,②两式必须恒等,所以,电压源和电流源等效互换的条件是:

$$I_S = \frac{U_S}{R_0}, R_0 = R_S$$

$$U_S = R_S I_S, R_0 = R_S$$

综上所述：电流源电压源等效互换的条件是：内阻相等（$R_0 = R_S$），开路电压或短路电流相等（$I_S = U_S/R_0$）。

【例】如图3.5.4所示，通过电流源与电压源的等效变换，求R_L上的电流。

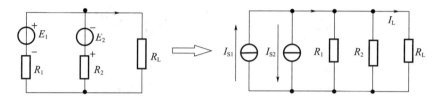

图3.5.4

解：R_L电流方向如图3.5.4所示。将电路图等效，由电流源与电压源等效条件可知：

$$I_1 = \frac{E_1}{R_1} = \frac{12}{20} = 0.6\text{A}$$

$$I_2 = \frac{E_2}{R_2} = \frac{24}{20} = 1.2\text{A}$$

$$I_S = I_1 - I_2 = 0.6 - 1.2 = -0.6\text{A}$$

因R_1与R_2并联，则

$$R_0 = \frac{R_1 R_2}{R_1 + R_2} = \frac{20 \times 20}{20 + 20} = 10\Omega$$

由分流公式得：

$$I_L = \frac{R}{R_L} I_S = \frac{10}{50} \times 0.6 = 0.12\text{A}$$

答：R_L上的电流为0.12mA。

1. 什么是电压源？什么是电流源？
2. 电流源与电压源等效的前提是什么？等效互换的条件是什么？

■ ■ ■ ■ ■ ■ 本章小结 ■ ■ ■ ■ ■ ■

一、几个电路概念（支路、节点、回路、网孔）

由一个或几个元件串联组成的无分支电路，称为支路。

由三条或三条以上支路会聚的点,称为节点。

由支路构成的闭合路径,称为回路。

电路图中不能再分的最简单的回路,称为网孔。

二、基尔霍夫电流定律(KCL)

电路中,任一节点上,任一时刻,流入节点的电流之和,等于流出节点的电流之和。

$$\sum I_入 = \sum I_出 (形式1)$$
$$\sum I = 0 (形式2)$$

三、基尔霍夫电压定律(KVL)

从某点出发绕回路一周回到该点时,各段电压的代数和等于零。

$$\sum U = 0 (形式1)$$
$$\sum RI = \sum E (形式2)$$

四、戴维宁定理

任何一个线性有源二端网络,对外电路来说,都可以用一个电源来代替。该电源的电动势 E_0 等于网络两端的开路电压;其内阻 R_0 等于网络所有电动势为零时的等效电阻。这就是戴维宁定理。

解题步骤如下:

(1)把电路分为含源二端网络和待求支路两部分;

(2)把待求支路断开,求出含源二端网络的开路电压 $U_{ab开}$;

(3)将含源二端网络内各电源除去(电压源短路),仅保留电源内阻,求出网络两端的总电阻 R_{ab};

(4)画出含源二端网络的等效电路。其中:$E_0 = U_{ab开}$,$R_0 = R_{ab}$。接上待求支路,求出待求电流。

五、电压源与电流源等效变换

1. 电压源

由一个恒定电压与内阻串联表示的电源称为电压源。

当电压源内阻为零时,此时电源叫做恒压源。

恒压源的大小恒定,负载对电压无影响。输出电流的大小均由外电路决定。

2. 电流源

由一个恒定电流与电阻并联表示的电源称为电流源。

当电流源内阻为无穷大时,此时电源叫做恒流源。

电流的大小恒定,负载对电流无影响。端电压的大小均由外电路决定。

3. 电压源与电流源等效变换的条件

$$I_S = \frac{U_S}{R_0}, U_S = R_S I_S, R_0 = R_S$$

等效仅对外电路等效,对内电路不等效。等效仅在电压源与电流源之间等效,恒压源与恒流源不能等效。

习题三

一、是非题

1. 基尔霍夫电流定律仅适用于电路中的节点,与元件的性质有关。（　　）
2. 基尔霍夫定律不仅适用于线性电路,而且对非线性电路也适用。（　　）
3. 基尔霍夫电压定律只与元件的相互连线方式有关,与元件的性质无关。（　　）
4. 任一瞬时从电路中某点出发,沿回路绕行一周回到出发点,电位不会发生变化。（　　）
5. 叠加定理仅适用于线性电路,对非线性电路则不适用。（　　）
6. 叠加定理不仅能叠加线性电路中的电压和电流,也能对功率进行叠加。（　　）
7. 任何一个含源二端网络,都可以用一个电压源模型来等效替代。（　　）
8. 用戴维宁定理对线性二端网络进行等效替代时,仅对外电路等效,而对网络内电路是不等效的。（　　）
9. 恒压源和恒流源之间也能等效变换。（　　）
10. 理想电流源的输出电流和电压都是恒定的,是不随负载而变化的。（　　）

二、选择题

1. 在图 3-1 中,电路的节点数为(　　)。

A. 2　　　　　　B. 4　　　　　　C. 3　　　　　　D. 1

2. 上题中电路的支路数为(　　)。

A. 3　　　　　　B. 4　　　　　　C. 5　　　　　　D. 6

3. 在图 3-2 所示中，I_1 与 I_2 的关系是(　　)。

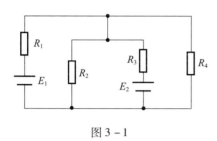
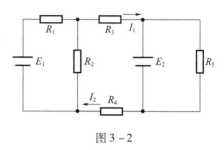

图 3-1　　　　　　　　　　　　　　图 3-2

A. $I_1 > I_2$　　　B. $I_1 < I_2$　　　C. $I_1 = I_2$　　　D. 不能确定

4. 电路如图 3-3 所示，$I = ($　　$)$。

A. -3A　　　　　B. 3A　　　　　C. 5A　　　　　D. -5A

5. 在图 3-4 中，电流 I、电压 U、电动势 E 三者的关系为(　　)。

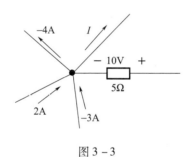
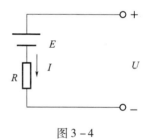

图 3-3　　　　　　　　　　　　　　图 3-4

A. $U = E - RI$　　B. $E = -U - RI$　　C. $E = U - RI$　　D. $U = -E + RI$

6. 在图 3-5 中，$I = ($　　$)$。

A. 4A　　　　　B. 2A　　　　　C. 0　　　　　D. -2A

7. 电路如图 3-6 所示，二端网络等效电路的参数为(　　)。

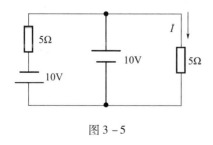
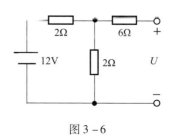

图 3-5　　　　　　　　　　　　　　图 3-6

A. 8V、7.33Ω B. 12V、10Ω C. 10V、2Ω D. 6V、7Ω

8. 电压源和电流源输出端电压(　　)。

A. 均随负载能力的变化而变化

B. 均不随负载而变化

C. 电压源输出端电压不变,电流源输出端电压随负载而变化

D. 电流源输出端电压不变,电压源输出端电压随负载而变化

9. 如图3-7所示,开关S闭合后,电流源提供的功率(　　)。

A. 不变 B. 变小

C. 变大 D. 为零

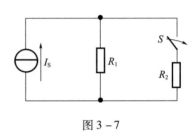

图3-7

三、填空题

1. 由一个或几个元件首尾相接构成的无分支电路叫做_____;三条或三条以上支路会聚的点叫做_____;任一闭合路径叫做_____。

2. 在图3-8中,$I_1 =$ _____ A,$I_2 =$ _____ A。

3. 在图3-9中,电流表的读数为0.2A,电源电动势$E_1 = 12V$,外电路电阻$R_1 = R_3 = 10\Omega$,$R_2 = R_4 = 5\Omega$,则$E_2 =$ _____ V。

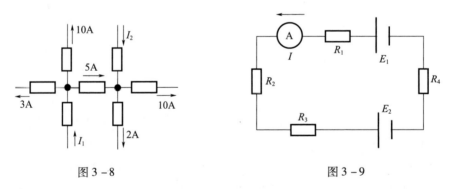

图3-8　　　　　　　　　图3-9

4. 在图3-10中,两节点间的电压$U_{AB} = 5V$,则各支路电流I_1 _____ A,$I_2 =$ _____ A,$I_3 =$ _____ A,$I_1 + I_2 + I_3 =$ _____ A。

5. 在分析和计算电路时,常任意选定某一方向作为电压或电流的_____,当选定的电压或电流方向与实际方向一致时,则为_____,反之则为_____。

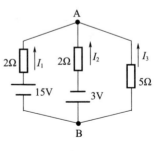

图3-10

6. 一个具有 b 条支路，n 个节点（$b>n$）的复杂电路，用支路电流法求解时，需列出_____方程来联立求解，其中_____个为节点电流方程式，_____个为回路电压方程式。

7. 某一线性网络，其二端开路时，测得这二端的电压为 10V；这二端短接时，通过短路线上的电流是 2A，则该网络等效电路的参数为_____Ω、_____V。若在该网络二端接上 5Ω 电阻时，电阻中的电流为_____A。

8. 两种电源模型之间等效变换的条件是_____，且等效变换仅对等效，而电源内部是_____的。

9. 两种电源模型等效变换时，I_S 与 U_S 的方向应当一致，即 I_S 的_____端与 U_S 的_____极应互相对应。

10. 所谓恒压源不作用，就是该恒压源处用_____替代。恒流源不作用，就是该恒流源处用_____替代。

四、问答与计算题

1. 图 3-11 所示的电路中，已知：$E_1=40V$，$E_2=5V$，$E_3=25V$，$R_1=5Ω$，$R_2=R_3=10Ω$，试用支路电流法求各支路的电流。

2. 图 3-12 所示电路中，已知：$E_1=8V$，$E_2=6V$，$R_1=R_2=R_3=2Ω$，用叠加定理求：①电流 I_3；②电压 U_{AB}；③R_3 上消耗的功率。

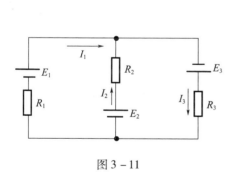

图 3-11

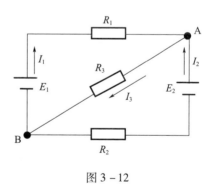

图 3-12

3. 求图 3-13 所示电路中 a、b 两点间的开路电压和相应的网络两端的等效电阻，并作出其等效电压源。

4. 图 3-14 所示电路中，$E_1=10V$，$E_2=20V$，$R_1=4Ω$，$R_2=2Ω$，$R_3=8Ω$，$R_4=6Ω$，$R_5=6Ω$，求通过 R_4 的电流。

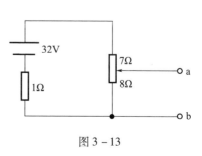

图 3-13

5. 图3-15所示电路中,已知:$E = 12.5\text{V}$,$R_1 = 10\Omega$,$R_2 = 2.5\Omega$,$R_3 = 5\Omega$,$R_4 = 20\Omega$,$R = 14\Omega$,求电流 I。

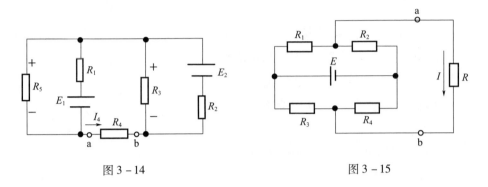

图3-14　　　　　　　图3-15

6. 将图3-16所示点划线框内的含源网络变换为一个等效的电压源。

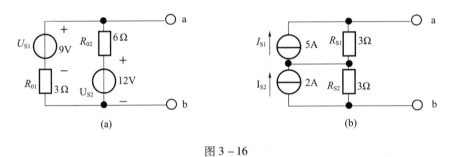

图3-16

7. 图3-17所示电路中,已知:$U_{S1} = 12\text{V}$,$U_{S2} = 24$,$R_1 = R_2 = 20\Omega$,$R_3 = 50\Omega$,用两种电源模型的等效变换,求通过 R_3 的电流。

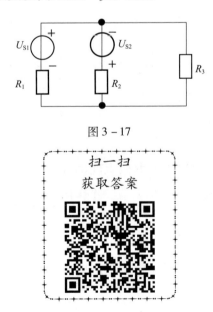

图3-17

第四章 电　容

 问题引出

电容器是电路的基本元件之一，是电工学中的一个基本物理量，它表征电路储存电荷与电能的基本性质，和电阻一样也是电路的基本参数之一。掌握电容和电容器的基础知识，是学好交流电路和电子技术课程的基础。

本章主要介绍电容器的基本概念，电容器的基本结构、种类、用途以及简单检验方法，并讨论电容器串联和并联时等效电容的计算方法，以及分析电容器的充放电过程和电容器中的电场能量。

 学习目标

1. 理解电容器的电容概念和决定平行板电容器的电容大小的因素，并掌握它的计算公式。
2. 了解常用电容器的分类和额定值的意义。
3. 掌握电容器串、并联的性质以及等效电容和安全电压的计算。
4. 理解电容器的贮能特性及其在电路中能量的转换规律；掌电容器中电场能量的计算。
5. 了解 RC 电路过渡过程中电压和电流随时间而变化的规律。能确定时间常数、初始值和稳态值三个要素，并了解其意义。

第一节　电容器和电容

一、电容器

电容器是一种容纳电荷的器件。通俗地说：就是装电的容器。电容器和电

阻器一样,是电路的基本电子元件之一,广泛应用于隔直流、耦合、旁路、滤波、调谐回路、能量转换、控制电路等方面。

由两个很近而又互相绝缘的导体构成,且能储存电荷的器件叫做电容器。

1. 电容器的结构

组成电容器的两个导体叫做极板,极板的两根引出线叫做电极,中间的绝缘物质叫做电介质,如图4.1.1所示。

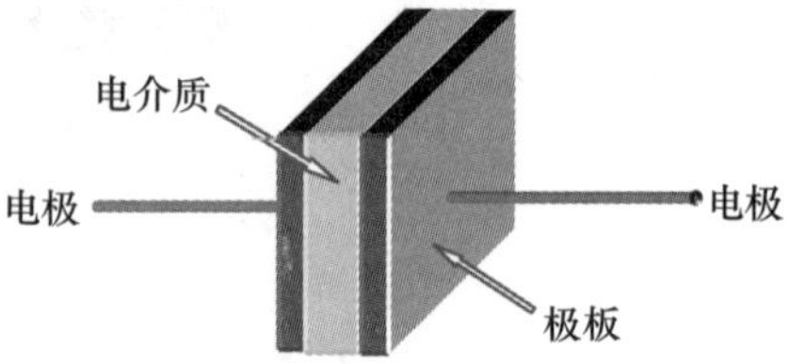

2. 电容符号

电解电容器符号国内是用方框加一条横线表示,方框表示正极性,横线表示负极性;国际上是固定电容器加正号(+),正号表示正极性,另一边为负极性。如图4.1.2所示。

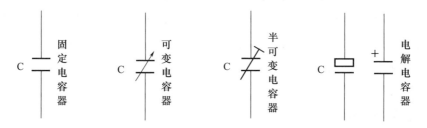

图4.1.1

图4.1.2

常用的电容如图4.1.3所示。

图4.1.3

二、电容(电容量)

1. 电容器的工作特性

当S合上,如图4.1.4所示,电路中有电流,一个极板上带正电荷,另一个极板上带等量的负电荷,此时两极板间存在电场,随着时间推移 $q\uparrow \to U\uparrow$,最终 $U=E$,I 消失,q 和 U 稳定。使电容器带电的过程叫做充电。因此,电容器具有储存电荷的特性。

当用一个电阻(或一根导线)把电容器两个极短接,两极板上的电荷互相中和,电荷消失,如图 4.1.5 所示,电容器上电压等于零。这种使电容器充电后失去电荷的过程叫做放电。也就是说电容器具有释放电荷(电能)的特性。放电后,两极板间就没有电场,电压为零。放电电流方向与充电电流方向相反。

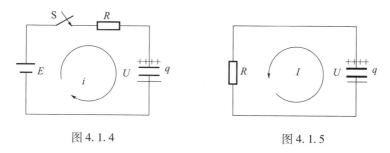

图 4.1.4　　　　　　　　　　图 4.1.5

2. 电容(电容量)

电容器具有储存电能和释放电能的作用。电容量是电容器的一个物理量,它表征电容器储存电荷的本领。

理论和实验证明,当电容器充电时,电容器两个极板间的电压随所带电荷量的增加而增大,二者的比值是一个常数,反映了电容器电容量的大小。

电容量定义:电容器任一极板所储存的电荷量与两极板间电压的比值叫做电容器的电容量,简称电容,用 C 表示,即

$$C = \frac{q}{U}$$

式中　q——电容器一个极板上的电荷量,单位:C(库);

　　　U——电容器两极板间的电压,单位:V(伏);

　　　C——电容量,单位:F(法),辅助单位:mF(毫法),μF(微法),nF(纳法),pF(皮法)。

换算关系:$1F = 10^3 mF = 10^6 \mu F = 10^9 nF = 10^{12} pF$,$1F = 10^{12} \mu\mu F$(微微法)。

三、平行板电容器的计算公式

电容器的电容量是由电容器本身所决定的。

下面具体研究平行板电容器的电容。理论和实验证明:它与平行板面积、两极板间距离和介电常数有关。如图 4.1.6 所示,设平行板电容器的极板面积为 S,极板间距离为 d,电介质的介电常数为 ε。让平行板电容

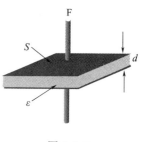

图 4.1.6

器带电后,用静电计来测量两极板间的电压。

(1)若极板间电荷量、极板面积和电介质不变,只改变两极板的距离。距离越大,静电计电压越大。这表明平行板电容器的电容量随两极板距离增大而减小。

(2)若极板间电荷量、两极板间距离和电介质不变,只改变两极板的正对面积。面积越大,静电计的电压越小。这表明平行板电容器的电容量随两极板的正对面积的增大而增大。

(3)若极板间电荷量、两极板间距离和面积不改变,只改变极板间插入的电介质。介电常数增大时,静电计的电压减小。这表明平行板电容器的电容随介电常数增大而增大。

根据理论和实验,平行板电容器的电容,与电介质的介电常数和正对面积成正比,与极板间的距离成反比。

$$C = \frac{\varepsilon S}{d}$$

式中 ε——电介质的介电常数,单位为 F/m;

S——每极板的有效面积,单位为 m^2;

d——两极板间的距离,单位为 m。

电介质的介电常数 ε 由介质的性质决定。真空中的介电常数为 $\varepsilon_0 = 8.86 \times 10^{-12}$ F/m($\varepsilon = \frac{1}{3.6\pi}$ pF/cm)。某种介质的介电常数 ε 与 ε_0 之比叫做相对介电常数,用 ε_r 表示,

$$\varepsilon_r = \frac{\varepsilon}{\varepsilon_0} \text{ 或 } \varepsilon = \varepsilon_r \varepsilon_0$$

则有,

$$C = \frac{\varepsilon S}{d} = \frac{\varepsilon_r \varepsilon_0 S}{d}$$

几种常用电介质的相对介电常数如表4.1.1所示。

表4.1.1 几种常用电介质的相对介电常数

介质名称	相对介电常数 ε_r	介质名称	相对介电常数 ε_r
石英	4.2	聚苯乙烯	2.2
空气	1	三氧化二铝	8.5
硬橡胶	3.5	无线电瓷	6~6.5
酒精	35	超高频瓷	7~8.5
纯水	80	五氧化二钽	11.6

介质名称	相对介电常数 ε_r	介质名称	相对介电常数 ε_r
云母	7		

【例】 一个用圆板制成的平行板电容器,圆板的半径为 3cm,两板的距离为 2mm,中间充满相对介电常数为 6 的电介质,这个电容器的电容为多大?

解: 因为 $S = \pi r^2 = 3.14 \times 310^{-22} = 2.83 \times 10^{-3} m^2$

所以 $C = \varepsilon_0 \varepsilon_r S/d$

$= 8.8610^{-12} \times 6 \times 2.83 \times 10^{-3}/2 \times 10^{-3}$

$\approx 75 \times 10^{-12} F = 75 pF$

答: 电容器的电容为 75pF。

电容是电容器的固有特性,外界条件变化、电容器是否带电或带多少电都不会使电容改变。只有当电容器两极板间的正对面积、极板间的距离或极板间的绝缘材料(即介电常数)变化时,它的电容才会改变。

必须注意到,在实际工作中,电容处处存在。不只是电容器中才有电容,实际上仕何内导体之间都存在着电容。例如,两根传输线之间,每根传输线与大地之间,都是被空气介质隔开的,所以也都存在着电容。一般情况下,这个电容值很小,它的作用可忽略不计。如果传输线很长或所传输的信号频率很高时,就必须考虑这一电容的作用。另外在电子仪器中,导线和仪表和金属外壳之间也存在电容。通常将上述这些电容叫做分布电容,它的数值很小,但有时也会给传输线路或信器设备的正常工作带来干扰。

1. 电容器是怎样的一种元器件?
2. 影响电容器大小的因素有哪些?

第二节 电容器的连接

一、电容器的串联

把几个电容器一个接一个顺次连接组成无分支的电路叫做电容器的串联。如图 4.2.1 所示。如果电容是极性电容,串联时一定要注意其极性,也就是一个电容的负极一定要与下一个电容器的正极相连接,这样正负正负依次连接。

图 4.2.2 所示是三个电容器的串联,接在电压为 U 的电源后,两极板分别带电,电荷量为 $+q$ 和 $-q$,由于静电感应,中间各极板所带的电荷量也等于 $+q$ 和 $-q$,所以,串联时每个电容器带的电荷量都是 q。设各个电容器的电容分别为 C_1、C_2、C_3,电压分别为 U_1、U_2、U_3。

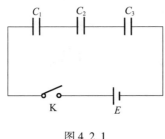

图 4.2.1

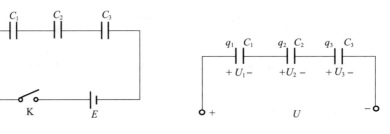

图 4.2.2

1. 电容器串联的特点

(1) 各电容器储存的电量相等。

$$q = q_1 = q_2 = q_3 = \cdots = q_n$$

(2) 总电压等于各电容器电压之和。

$$U = U_1 + U_2 + U_3 + \cdots + U_n$$

而 $\qquad Q = CU, Q_1 = C_1 U_1, Q_2 = C_2 U_2, Q_3 = C_3 U_3$

则有：$CU = C_1 U_1 = C_2 U_2 = C_3 U_3$

因为 $\qquad U_1 = \dfrac{q}{C_1}, U_2 = \dfrac{q}{C_2}, U_3 = \dfrac{q}{C_3}$

$$U = U_1 + U_2 + U_3 = \frac{q}{C_1} + \frac{q}{C_2} + \frac{q}{C_3} = q\left(\frac{1}{C_1} + \frac{1}{C_2} + \frac{1}{C_3}\right)$$

$$\frac{q}{C} = q\left(\frac{1}{C_1} + \frac{1}{C_2} + \frac{1}{C_3}\right)$$

等式两边同除 q,得：

$$\frac{1}{C} = \frac{1}{C_1} + \frac{1}{C_2} + \frac{1}{C_3} + \cdots + \frac{1}{C_n}$$

(3) 等效电容(或总电)的倒数等于各电容的倒数之和。

当 n 个电容量相等的电容器串联时,每个电容量为 C_0,则总电容量为 $C = \dfrac{C_0}{n}$。

当两个电容器串联时,总电容量为 $C = \dfrac{C_1 C_2}{C_1 + C_2}$。

若 $C=C_1=C_2=C_3=C_0$，则 $C=\dfrac{1}{3}C_0$。

当 n 个电容量相等的电容器串联时，且每个电容器容量为 C_0，则总电容 $C=\dfrac{1}{n}C_0$，总的耐压值为单个电容器的 n 倍。因此，若需要的电容器小于各电容器的电容量，可采用电容器的串联组合。

由此得出，电容器串联减小电容量。

2. 串联电容器组的耐压值

（1）相同的电容器串联时：

$$U_{耐串}=nU_{耐}$$

式中　n——串联电容器的个数，

$U_{耐}$——单个电容器的耐压值，

$U_{耐串}$——串联电容器组的耐压值。

（2）不同的电容器串联时：

$$U_{耐串}=q_{\min}/C$$

式中　C——电容器组的电容，

$q_{\min}$——各个电容器中极限电量的最小者，

$U_{耐串}$——串联电容器组的耐压值。

3. 串联电容器组的应用

电容器的串联主要有两个方面的应用：一是由几个容量较大的电容器得到一个容量较小的电容；二是提高耐压值。

注意：串联电容器组的工作电压，要首先考虑最小电荷量的电容器。当一电容器被击穿后，其他电容器有可能也被击穿。

【例1】 将三只电容量为 $200\mu F$，耐压为 $50V$ 的电容器串联，接在 $120V$ 电源上，求电容器组的等效电容多大？电容器组在此电压下工作是否安全？

解法1：（1）串联后的等效电容

$$C_1=C_2=C_3=200\mu F$$

$$C=\dfrac{C_1}{3}=\dfrac{200}{3}\mu F\approx 66.67\mu F$$

（2）电容器组的耐压值

$$q=q_1=q_2=q_3=CU=66.67\times 10^{-6}\times 120\approx 8\times 10^{-3}C$$

$$U_1=U_2=U_3=\dfrac{q}{C_1}=\dfrac{q}{C_2}=\dfrac{q}{C_3}=\dfrac{8\times 10^{-3}}{200\times 10^{-6}}=40V$$

答：电容器组的等效电容为 $66.67\mu F$，电容器组在此电压下工作是安全的。

解法 2：每个电容器允许储存最大电荷量为
$$q = q_1 = q_2 = q_3 = C_1 U_1 = 200 \times 10^{-6} \times 50 = 10 \times 10^{-3} \text{C}$$
总电容量为
$$C = \frac{C_1}{3} = \frac{200}{3} \mu\text{F} \approx 66.67 \mu\text{F}$$
总耐压为
$$U = \frac{q}{C} = \frac{10 \times 10^{-3}}{66.67 \times 10^{-6}} \approx 150 \text{V}$$

答：大于外加电压 120V，电容器组可以安全工作。

此例是三个电容器的耐压值都相同，但实际电路中，常常会遇到电容量和耐压值都不同的电容器串联。

【例 2】现有两个电容器，一个电容器 $C_1 = 2\mu\text{F}$，额定工作电压为 160V，另一个电容器 $C_2 = 10\mu\text{F}$，额定工作电压为 250V，若将这两个电容器串联起来接在 300V 的直流电源上，问：每个电容器上的电压是多少？这样使用是否安全？

解：总电容：$C = \dfrac{C_1 C_2}{C_1 + C_2} = \dfrac{2 \times 10}{2 + 10} \approx 1.67 (\mu\text{F})$

总电量：$q = q_1 = q_2 = CU = 1.67 \times 10^{-6} \times 300 \approx 5 \times 10^{-4} \text{C}$

各电容器上的电压：$U_1 = \dfrac{q}{C_1} = \dfrac{5 \times 10^{-4}}{2 \times 10^{-6}} = 250 \text{V}$

大于 C_1 的耐压，不能正常工作。

$$U_2 = \frac{q}{C_2} = \frac{5 \times 10^{-4}}{10 \times 10^{-6}} = 50 \text{V}$$

一旦 C_1 击穿，300V 的电压都加在 C_2 上，也不能正常工作。

串联电容器组的耐压计算步骤：先将电容器的电容和耐用压相乘，得出各电容器所允许储存的电量，选择其中最小的一个（用 $q_{\min}$ 表示）作为电容器组贮存电容的限度，串联电容器组的耐压值 $U_{耐}$ 就等于这一电量 $q_{\min}$ 除以电容器组的总电量，即

$$U_{耐} = \frac{q_{\min}}{C}$$

所以，计算这两个串联电容器组的耐压值就先要计算各电容器所允许储存的电量，分别为：
$$q_1 = U_1 C_1 = 160 \times 2 \times 10^{-6} = 320 \mu\text{C}$$
$$q_2 = U_2 C_2 = 250 \times 10 \times 10^{-6} = 2500 \mu\text{C}$$

比较二者，得：

$$U_{耐} = \frac{q_{\min}}{C_{总}} = \frac{320 \times 10^{-6}}{1.67 \times 10^{-6}} \approx 192\text{V}$$

答：小于工作电压 300V，不能正常工作。

因此，当电容量与耐压值都不相同的电容器串联时，必须注意不要使任何一个电容器上的电压超过其耐压值。

二、电容器的并联

我们可以这样给它下一个宏观定义：把几个电容器并列连接起来组成有分支的电路，叫做电容器的并联。如果电容器是有极性电容，并联连接时则要把正极端接在一起，把负极端接在一起。

现以三个电容器的并联连接为例进行分析。如图 4.2.3 所示，这三个电容器的电容分别是 C_1、C_2、C_3，把这三个并联的电容器组接在电压为 U 的电源上。

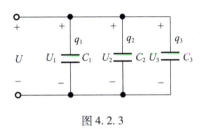

图 4.2.3

1. 电容器并联的特点

（1）容器上的电压都相等。

$$U = U_1 = U_2 = U_3 = \cdots = U_n$$

与此同时，每个电容器仍然同单独使用一样，在电源的直接作用下，独立地储存各自所能储存的电量；也就是由电源向各电容器所转移的电量之和；就是电容器组所能储存的总电量。

（2）总电量等于各电容储存电量之和。

$$q = q_1 + q_2 + q_3 + \cdots + q_n$$

虽然电容器并联时加在每个电容器的电压相同，但由于各电容器的容量 C_1、C_2、C_3 不同，那各电容器上的电荷如何分配呢？

（3）等效电容（总电容）等于各电容之和。

因为：$q = q_1 + q_2 + q_3$，$q_1 = C_1 U$，$q_2 = C_2 U$，$q_3 = C_3 U$

所以，

$$C = \frac{q}{U} = \frac{q_1 + q_2 + q_3}{U} = \frac{C_1 U + C_2 U + C_3 U}{U} = \frac{U(C_1 + C_2 + C_3)}{U} = C_1 + C_2 + C_3$$

可以理解为：电容器并联之后，相当于两极板的面积增大了，所以总的电容增大了，并且比其中任何一个电容器的电容都大，因此，若需要的电容器大于各电容器的电容时，可以采用电容器的并联组合。

若 $C = C_1 = C_2 = C_3 = C_0$ 时，则 $C = 3C_0$。

当 n 个电容量相等的电容器并联,且每个电容器的容量为 C_0 时,$C = C_1 = C_2 = C_3 = \cdots = C_0$,则总电容为 $C = nC_0$。

因此得出结论:电容器并联增大电容。

2. 并联电容器组的耐压值

(1)相同的电容器并联时:

$$U_{耐并} = U_{耐}$$

式中　$U_{耐}$——单个电容器的耐压值,

　　　$U_{耐并}$——并联电容器组的耐压值。

(2)不同的电容器并联时:

$$U_{耐并} = U_{\min}$$

式中　$U_{\min}$——各个电容器中耐压值的最小者,

　　　$U_{耐并}$——并联电容器组的耐压值。

电容器并联后,并联组中任何一个电容器的耐压值都不能低于外加电压,否则该电容器会击穿。并联电容器的耐压值就等于各电容器中耐压最小的电容器。

3. 并联电容器组的应用

电容器并联可以用来增大电容。

【例3】电容分别为 $20\mu F$,$50\mu F$ 的两个电容器并联后,接在 100V 的电路上,它们共储存有多少电荷量?每个电容器的耐压值应大于多少?

解:(1)总电荷量

$$q_1 = C_1 U = 20 \times 10^{-6} \times 100 = 2 \times 10^{-3} C$$

$$q_2 = C_2 U = 50 \times 10^{-6} \times 100 = 5 \times 10^{-3} C$$

$$q = q_1 + q_2 = 2 \times 10^{-3} + 5 \times 10^{-3} = 7 \times 10^{-3} C$$

(2)并联电容器组的耐压值

$$C = C_1 + C_2 = 20 + 50 = 70 \mu F$$

$$U = \frac{q}{C} = \frac{7 \times 10^{-3}}{70 \times 10^{-6}} = 100V$$

答:它们所带的电量为 7mC,每个电容器的耐压值应大于 100V。

【例4】如图 4.2.4 所示,电容 $C_1 = 0.2\mu F$,$C_2 = 0.3\mu F$,$C_3 = 0.8\mu F$,$C_4 = 0.2\mu F$。求开关通断时,A、B 两点间的等效电容是多大?

解:开关断开时:

$$C_{AB} = \frac{C_1 C_2}{C_1 + C_2} + \frac{C_3 C_4}{C_3 + C_4}$$

$$= \frac{0.2 \times 0.3}{0.2 + 0.3} + \frac{0.8 \times 0.2}{0.8 + 0.2}$$

$$= 0.28 \mu F$$

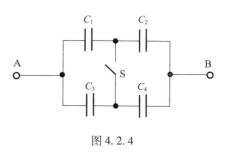

图 4.2.4

开关接通时：

$$C_{AB} = \frac{(C_1 + C_3)(C_2 + C_4)}{C_1 + C_3 + C_2 + C_4}$$

$$= \frac{(0.2 + 0.8)(0.3 + 0.2)}{0.2 + 0.3 + 0.8 + 0.2} \approx 0.33 \mu F$$

答：开关通断时，A、B 两点间的等效电容为 $0.33\mu F$。

这就要求大家注意：应用电容器并联增大电容时，不能只注意电容，而不考虑耐压。并联电容器组中的任何一个电容器的耐压值都不能低于外加电压，否则该电容器就会被击穿，所以，并联电容器组的耐压值就等于各电容器中耐压值的最小值。

1. 什么情况下采用电容器串联？电容器串联时应注意什么？
2. 什么情况下采用电容器并联？电容器并联时应注意什么？

第三节　电容器的充电和放电

一、电容器的充电

图 4.3.1 所示的电路中，C 是一个电容量很大的未充电的电容器。当 S 合向接点 1 时，电源向电容器充电（忽略电源内阻），从电流表上可观察到充电电流开始指示最大，然后逐渐减小。从电压表上看出电容器两端的电压在上升。经过一定时间后，电流表指示为零，电压表指示最大，等于电源电动势。

为什么电容器在充电时，电流会由大变小，最后变为零？

开关刚合上瞬间，电容器的极板和电源之间存在着较大的电压，所以，开始充电电流较大。随着极板电荷的积聚，两者之间的电压逐渐减小，电流也逐渐减小。电容器充满电后，$U_C = E$，极板和电源之间的电压为零，电容器中储存电荷为 $q = CE$，充电曲线如图 4.3.2(a) 所示，充电电流 i 与电容器两端的电压 U_C 随时间变化的曲线如图 4.3.2(b) 所示。

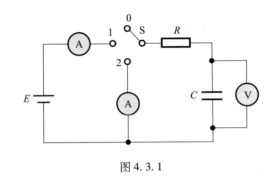

图 4.3.1

图 4.3.2

图中给出了充电过程中 U_c、i 随时间的变化情况:U_c 是按指数规律上升的,i 是按指数规律下降的,且 U_c、i 开始变化较快,以后逐渐减弱,直至无限接近最终值。

当电路中电阻一定时,电容量越大,则达到同一电压所需要的电荷就越多,因此,所需要的时间就越长。若电容量一定,电阻越大,充电电流就越小,因此充电到同样的电荷值所需要的时间就越长,R 与 C 的乘积叫做电路的时间常数,用 τ 表示为

$$\tau_充 = RC$$

$\tau_充$ 称为充电时间常数,单位:秒(s),$1s = 1\Omega \cdot F$。

当达到 $(3 \sim 5)\tau$ 后,电容器充电完毕。

τ 的意义:电容器充电时两端电压上升到终值的 63%,或充电电流下降到初值的 37% 所经历的时间。

二、电容器的放电

在图 4.3.1 所示的电路中,当 S 合向接点 2 时,电容器便开始放电。指示灯开始最亮,然后逐渐变暗,最后灯不亮。电流表、电压表开始指示最大然后逐渐减小,最后到零,说明放电过程结束。

放电开始的瞬间 ($t = 0$),因电容器两端电压不能突变。故电容两端电压 U_c

具最大值,此时放电电流最大,其值为 U/R。这时,电量变化率及电压变化率也最大。随着放电的继续,电容器极板上正、负电荷中和,两极板上电压逐渐减小,放电电流也逐渐减小。放电结束,两极板正、负电荷全部中和,两极板电压为零,电路中电流为零,放电结束,电容器两端电压 U_C 与放电电流 i 随时间的变化曲线如图 4.3.3 所示。

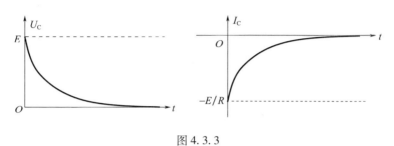

图 4.3.3

电容器放电时,电压 U_C 与电流 i 都是按指数规律下降的。放电的快慢与充电快慢一样,决定于电路的时间常数 τ,即

电容器放电的快慢同样取决于 RC 的大小,即

$$\tau_{放} = RC$$

τ 的意义:放电时,电容器两端电压或放电电流下降到初值的 37% 所经历的时间。

当电容器极板上所储存的电荷发生变化时,如图 4.3.4 所示,电路中就有电流流过。

$$I = \frac{q}{t} \rightarrow i = \frac{\Delta q}{\Delta t}$$

$$q = CU \rightarrow q = Cu_C$$

$$\Delta q = C\Delta u_C$$

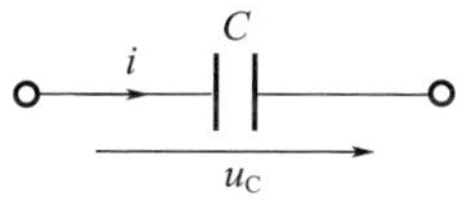

图 4.3.4

所以

$$i = \frac{\Delta q}{\Delta t} = C\frac{\Delta u_C}{\Delta t}$$

上式说明:电容器上变化的电荷,引起电压的变化,电路中就有电流。

三、电容器质量的判别

1. 用万用表的电阻挡测量

指针式万用表 $R \times 100$ 或 $R \times 1k$ 挡判别较大的电容器的质量。测量时万用表先向右偏转,再向左偏转到某一位置,即电容器的漏电阻,说明电容器是好的,如图 4.3.5 所示。

如果指针偏转到零位置之后不再回去,说明电容器内部短路。

如果指针偏不偏转,说明电容器内部开路,或者电容量很小,充放电电流很小,不足以使指针偏转。

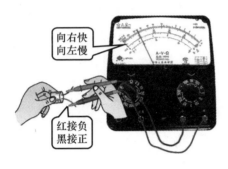

图 4.3.5

数字式万用表判别较大的电容器的质量。测量时万用表指示从零变到"1",或某一数值,说明电容器是好的。

如果指示在零位置不变,说明电容器内部短路。

如果指示在"1",说明电容器内部开路,或者因为电容量很小。

2. 用数字万用表专用端测量

20 μF 以下的电容,将电容器两脚直接插入 C_X(或 CAP)插孔,万用表直接显示读数,如图 4.3.6 所示。

方法:数字表选择合适的量程,电容器插入电容测量端口,直接读出电容量的数值。

图 4.3.6

1. 电容器充、放电有什么特性?它的时间常数有何意义?
2. 电容器内有电流流过吗?

第四节　电容器中的电场能量

根据能量守恒定律和转换定律可知:能量是不会自生自灭的,它只能从一种形态转换成另一种形态。因此,电容器放电所放出的电能,必定是它充电时储存起来的,这说明电容器充电后,不仅储存了电荷,同时也储存了电能。

电容器充电时，电源要把电荷从一个极板转移到另一个极板，必须克服电容电压而做功，电容器储存的电能，等于整个充电过程中，电源克服电容电压所做的功。

如第三节中在图 4.3.1 实验的充放电过程中：充电开始的瞬间，电容电压为零，电源对电容器充电时所做的功也等于零，随着电荷的积累，电容电压不断升高，电源对电容器充以等量电荷所做的功也就越来越大。

这样，在整个充电过程中，电源对电容器所做的总功，就不能取充电终结时的电压与充入的总电量的乘积，而应该取电容电压的平均值 $U_{均}$ 与总电量 q 的乘积。这个数值也就是电容器中储存的能量 W_C。

电源给电容器充电过程中，两极板上有电荷积累，电荷与两极板间的电压成正比。结果如图 4.4.1 所示。

根据电能的公式 $W=qU$，每一时刻每一小等份的电荷量为 Δq，就有电压为 u_C，此时电源对电容器所做的功为 $W_1 = \Delta q \times u_C$，这就是电容器储存的能量增加的数值。把各个不同的电压下充入 Δq 所做的功加起来，就是电

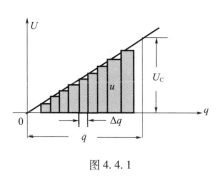

图 4.4.1

源输入电荷量为 q 时所做的总功，最后电压稳定在 U_C。所以，电容器中储存的能量为一个三角形：

$$W_C = \frac{1}{2}qU_C$$

因为 $q=CU_C$，代入得：

$$W_C = \frac{1}{2}CU_C^2$$

式中　W_C——电场能量，单位 J；

　　　C——电容量，单位 F；

　　　U_C——电容器两极板电压，单位 V。

结论：电容器中储存的电场能量与电容器的电容成正比，与电容器两极板之间电压的平方成正比。

电容器与电阻器都是电路中的基本元件，但它们在电路中所起的作用却不相同。电容器是一个储能元件，理想的电容器是不消耗能量的。而电阻器是消耗能量的，它把电能转化为热能而消耗掉。

【例1】 求图 4.4.2 所示电路中电容器两端的电压。已知：$E=6V$，$R_1=5\Omega$，

$R_2 = 15\Omega, C = 10\mu F$。

解：电容 C 充电完毕开路，所以，电容器上电压和 R_2 上电压相等，即

$$U_C = U_2 = \frac{R_2}{R_1 + R_2} \times E = \frac{15}{5+15} \times 6 = 1.5V$$

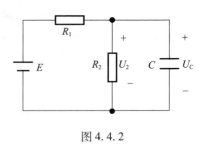

图 4.4.2

答：电容器两端的电压为 1.5V。

【**例 2**】设有一闪光灯，内有电容器 $C = 300\mu F$，充电电压为 50V，充电后的电能在 1/125s 时间内释放出来，使灯泡发出强光，求闪光灯瞬间的电功率。

解：充电后电容器储能为：

$$W_C = \frac{1}{2}CU^2 = \frac{1}{2} \times 300 \times 10^{-6} \times 50^2 = 0.375J$$

放电时的功率为：

$$P = \frac{W_C}{t} = \frac{0.375}{1/125} \approx 47W$$

答：闪光灯的瞬时功率为 47W。

从上例可以看出，利用电容器能够储存能量的性质，有时可以把它直接作为能源。使充电后的电容器储存的能量在短时间内释放出来。通过特别的灯泡可以获得短时间的强光。摄影中的闪光灯和激发设备中的脉冲氙灯就是根据这个原理制成的。

1. 在工作、生活中有哪些设备要用电容器？各有什么作用？

■■■■■ 知识拓展与应用 ■■■■■

一、最早问世的旧式电容器

1746 年，荷兰莱顿大学的物理学教授彼得·冯·马森布罗克发明了收集电荷的"莱顿瓶"。

他看到好不容易收集起的电却很容易在空气中逐渐消失，他想寻找一种保存电的方法。有一天，他用一支枪管悬在空中，将起电机与枪管连接，另用一根

铜线从枪管中引出,浸入一个盛有水的玻璃瓶中,他让助手一只手握着玻璃瓶,马森布罗克在一旁使劲摇动起电机。这时他的助手不小心将另一只手与枪管碰上,他的助手猛然感到一次强烈的电击,大喊了起来。马森布罗克与助手互换了一下,让助手摇起电机,他自己一手拿水瓶子,另一只手去碰枪管。"告诉你一个新奇但是可怕的实验事实,但我警告你无论如何也不要再重复这个实验。把容器放在右手上,我试图用另一只手从充电的铁柱上引出火花。突然,我的手受到了力量很大的打击,使我的全身都震动了………手臂和身体产生了一种无法形容的恐惧感。一句话,我以为我命休矣。"

虽然马森布罗克不愿再做这个实验,但他由此得出结论:把带电体放在玻璃瓶内可以把电保存下来。只是当时搞不清楚起保存电作用的究竟是瓶子还是瓶子里的水,后来人们就把这个蓄电的瓶子称作"莱顿瓶",这个实验称为"莱顿瓶实验"。这种"电震"现象的发现,轰动一时,极大地增加了人们对莱顿瓶的关注。

马森布罗克的警告起了相反的作用,人们在更大规模地重复进行着这种实验,有时这种实验简直成了一种娱乐游戏。人们用莱顿瓶作火花放电杀老鼠的表演,有人用它来点酒精和火药,有人利用它帮助乡村农户屠宰牲畜,还有一些人则用它"恶作剧",让人在毫无防备的情况下触电出洋相。其中规模最壮观的一次示范表演是法国人诺莱特在巴黎圣母院前进行的。诺莱特邀请了法国国王路易十五的皇室成员现场观看表演。他调来了700名修道士,让他们手拉手排成一行,全长约275m,队伍十分壮观。让排头的修道士用手拿住莱顿瓶,排尾的修道士手握莱顿瓶的引线,接着让莱顿瓶起电,结果700名修道士在一瞬间同时遭受电击,人们惊恐万分,道袍飞舞,皇帝看到这种情形乐不可支,在场的人无不为之目瞪口呆。诺莱特向人们解释了电的巨大威力。后来人们知道,电以光的速度传输,修道士松开手至少在0.1s以后,因而"莱顿瓶"通过人体放电,无人能够幸免。

二、电容器的应用

(一)常用电容器的种类

1. 固定电容器

固定电容器的电容量是固定不可变的。按所用介质的不同,可分为云母电容器、纸质电容器、油浸纸质电容器、金属化纸介电容器、陶瓷电容器、有机薄膜电容器、电解电容器、钽电解电容器、钛电解电容器和铌电解电容器等。

图 a

2. 可变电容器

可变电容器的电容量在一定范围内随意变动。一般空气可变电容器是由两组铝片组成，一组是固定不动的叫定片，另一组附有转柄可以转动的叫动片。它通过改变定片与动片之间的相对面积，面积增大时（动片全部旋转进入），容量变大，反之减小。例如：空气可变电容器和聚苯乙烯薄膜电容器。

常用可变电容器有空气、真空和固定介质三种电容器。

图 b

3. 半可变电容器

半可变电容器电容量变化范围较小，有时也叫微调电容器。它是由两片或两片小型金属弹簧片中间夹有介质组成。用螺钉调节金属片之间的距离，可在很小范围内改变它的电容量。通常用陶瓷、云母和空气作为介质。

图 c

(二) 电容器的性能指标

电容器的性能指标主要有标称容量、允许误差、额定工作电压、绝缘强度、损耗、温度系数以及绝缘电阻等。

1. 标称容量

电容器上所表明的电容值,称为电容器的标称容量。

2. 允许误差

电容器实际值偏离标称容量所允许的范围。

用实际值和标称值之差再除以标称值乘百分数为允许误差。

$$误差 = \frac{实际值 - 标称值}{标称值} \times 100\%$$

用等级表示：±1%（00级）、±2%（0级）、±5%（Ⅰ级）、±10%（Ⅱ级）和±20%（Ⅲ级）等五个等级（不包括极性电容器）。

用字母表示：A±1.25%、D±0.5%、F±1%、G±2%、H±3%、J±5%、K±10%、L±15%、M±20%。

小于10pF的电容其误差：B±0.1pF、C±0.2pF、D±0.5pF、F±1pF。一般极性电容器的误差较大,在-20% ~ +100%。

电容器的误差有的用百分数表示,有的用误差等级表示,一般电容器的允许误差范围较大,如铝电解电容器的允许误差范围是-20% ~ +100%。

3. 额定工作电压（耐压）

电容器安全工作时,加在电容器上的最大直流电压。若是交流电,其最大值不得超过额定工作电压。

另外,电容器还有绝缘电阻,它表明电容器漏电的大小。绝缘电阻越大,漏电流越小,性能就越好。一般小容量电容器的绝缘电阻大,而电解电容器的绝缘电阻较小,所以漏电较大。我们已经知道,电介质中的电场强度超过一定数值时,电介质将被击穿成为导体,因此,对一个电容器来说,两极板间所能承受的电压将受到限制。

当电容器的介质的击穿强度为 $E_{击穿}$,厚度为 d 时,如果介质是均匀的,则此电容器的击穿电压为

$$U_{击穿} = E_{击穿} d$$

为了避免电容器在使用时被击穿,通常在电容器上标有额定工作电压（习惯上叫耐压）及试验电压。

额定工作电压即电容器长期工作时所能承受的最大电压。

试验电压即加到电容器两端很短时间（几秒钟）,使电容器不致击穿的最大电压。

额定工作电压通常为试验电压的 $\frac{1}{1.5} \sim \frac{1}{3}$ 倍。

电容的耐压能力除与介质和结构有关外,还与周围客观条件有关。

4. 绝缘强度

电容器的绝缘强度表示电容器能够承受加在它的两个极板上的电压而不致被击穿的能力,前面提到的介质击穿场强 $E_{击穿}$,就是表征电容器中介质耐压能力的物理量。

5. 损耗

电容器在电场作用下,由于介质极化及漏电流的作用,会将一部分电能转换为热能。这些热能一部分消耗在电容器中,使它的温度升高;另一部分则散发到周围空间。发生在电容器中的上述能量损耗叫做电容器的损耗。

6. 绝缘电阻

电容器的绝缘电阻 R_j 就是加到电容器两端的直流电压 U 与漏电电流 I 的比值。

(三)电容器的标识

1. 直标法

把电容器的型号、规格直接用数字和字母标注在电容器的外壳上。如,电容器的标识为 CJ3 - 400 - 0.01 - Ⅱ,其意义为密封金属化纸介电容器,额定直流工作电压是 400V,容量是 0.01μF,误差为 10%。

图 d

图 d(a)C 代表电容;Y 代表云母;3 代表密封;1 代表序号。电容量 47μF;耐压 250V;误差 0.5%。

图 d(b)电容量 4.7μF;耐压 25V。

2. 文字符号法

用数字和文字符号有规律的组合表示电容量。电容量的单位有 P、N、μ、m、F 等。当有小数时,用 R 或 P 表示。普通电容器的单位是 pF,电解电容器的单位是 μF。如:

$$2P2 = 2.2pF, 2\mu 2 = 2.2\mu F$$

$$P10 = 0.1pF, R56 = 0.56\mu F$$

3. 数码法

常用三位数字表示容量的大小,单位为 pF。其中第一、第二位表示有效数字,第三位表示倍乘数,即有效数字后"零的个数"。

图 e   图 f

100→普通电容为 10pF,电解电容为 $10\mu F$。

010→普通电容为 1pF,电解电容为 $1\mu F$。

101→普通电容为 100pF,电解电容为 $100\mu F$。

注意:当第三个数字是 9 时是个特例。如"229"表示容量不是 $22\times10^9 pF$,而是 $22\times10^{-1} pF = 2.2 pF$。

4. 色标法

和电阻的表示方法相同,单位一般为 pF。第一、二条色环表示电容量,第三条颜色表示有效数字后零的个数。

表 a 色标法颜色的意义

黑	棕	红	橙	黄	绿	蓝	紫	灰	白
0	1	2	3	4	5	6	7	8	9

小型电解电容器的耐压也有用颜色表示的,颜色在靠近正极引出线的根部,表示的意义如下:

黑	棕	红	橙	黄	绿	蓝	紫	灰
4V	6.3	10V	16V	25V	32V	40V	50V	63V

表 b 用字母表示产品的材料

CC	高频瓷	CZ	纸介	CD	铝电解
CT	低频瓷	CJ	金属化纸	CA	钽电解
CI	玻璃釉	CB	聚苯乙烯等非极性有机薄膜	CN	铌电解
CO	玻璃膜	CL	涤纶等极性有机薄膜	CG	合金电解
CY	云母	CQ	漆膜	CE	其他材料电解
CV	云母纸	CH	复合介质		

电容器偏差标志符号：+100% -0—H、+100% -10%—R、+50%—10%—T、+30% -10%—Q、+50% -20%—S、+80% -20%—Z。

表 c　用数字表示产品的特征

数字	瓷介电容器	云母电容器	有机电容器	电解电容器
1	圆形	非密封	非密封	箔式
2	管形	非密封	非密封	箔式
3	叠形	密封	密封	烧结粉非固体
4	独石	密封	密封	烧结粉固体
5	穿心	—	穿心	—
6	支柱	—	—	—
7	—	—	—	无极性
8	高压	高压	高压	—
9	—	—	特殊	特殊

（四）贴片电容的参数

（1）贴片电容的尺寸（0201、0402、0603、0805、1206、1210、1808、1812、2220、2225）（单位：mm）。

（2）贴片电容的材质（COG、X7R、Y5V、Z5U、RH、SH）。

（3）要求达到的精度（±0.1PF、±0.25PF、±0.5PF、5%、10%、20%）。

（4）电压（4V、6.3V、10V、16V、25V、50V、100V、250V、500V、1000V、2000V、3000V）。

（5）容量（0pF~47μF）。

（6）端头的要求（N 表示三层电极）。

（7）包装的要求（T 表示编带包装，P 表示散包装）。

例如 0805CG102J500NT。0805 是贴片电容的尺寸大小，08→长度为 0.08 英寸，05→宽度为 0.05 英寸（1 英寸 = 24.50mm）；CG 表示生产电容要求用的材质，合金电解电容；102 指电容容量，前面两位是有效数字、后面的 2 表示有多少个零，$102 = 10 \times 10^2$，也就是 = 1000pF；J 是要求电容的容量值达到的误差精度为 5%，介质材料和误差精度是配对的；500 是要求电容承受的耐压为 50V，500 前面两位是有效数字，后面是指有多少个零；N 指端头材料，现在一般端头都是指三层电极（银/铜层）、镍、锡；T 指包装方式，T 表示编带包装，B 表示塑料盒散包装。

例如 CC3216CH151K101WT。CC 是贴片电容；3216 是 3.2×1.6mm；CH 是温度特性；151 是 150pF；K 是误差 10%；101 是耐压 100V；WT 是包装。

电容器的用途极其广泛，但由于应用不同，因而对它的要求也就不同。尽管如此，选择电容器的总的原则还是一样的，即容量和耐压要满足要求，性能要稳定，根据需要和可能，尽量采用漏电小、损耗小、价格低和体积小的电容器。

本章小结

1. 任何两个相互靠近又彼此绝缘的导体，都可以看成是一个电容器。
2. 电容器所带电荷量与它两极板的电压的比值，叫做电容器的电容。

$$C = q/U$$

3. 平极电容器的电容量与极板面积 S 和介质的介电常数 ε 成正比，与极板间的距离成反比。

$$C = \frac{\varepsilon S}{d} = \frac{\varepsilon_0 \varepsilon_r S}{d}$$

4. 电容器串联、并联的特点。

	串联	并联
总电容量	$\frac{1}{C} = \frac{1}{C_1} + \frac{1}{C_2} + \cdots + \frac{1}{C_n}$ 两个电容器串联时：$C = \frac{C_1 C_2}{C_1 + C_2}$；当 n 个容量均为 C_0 电容器串联时：$C = \frac{C_0}{n}$	$C = C_1 + C_2 + \cdots + C_n$ 当 n 个容量均为 C_0 的电容器并联时：$C = nC_0$
电量	各电容器中的电量相等，且等于总电量。 $Q = Q_1 = Q_2 = \cdots = Q_n$	总电量为各电容上电量之和。 $Q = Q_1 + Q_2 + \cdots + Q_n$
电压	电容器串联后可承受较高的电压。电压分配与电容量成反比。 $U_1 = \frac{C_2}{C_1 + C_2} U$ $U_2 = \frac{C_1}{C_1 + C_2} U$	各电容器上的电压相等。 $U = U_1 = U_2 = \cdots = U_n$

5. 电容器是储能元件。其电场能量为

$$W_C = \frac{1}{2} C U_C^2$$

6. 当电容器两极板上所储存的电荷恒定不变时，电路中没有电流流过；当电容器两极板上所储存的电荷量发生变化时，电路中有电流流过。

7. 由于能量的积累和释放只能是逐渐变化,所以在充放电过程中,电容器的端电压不能突变。

8. 电容器具有隔直流通交流的作用。

习题四

一、是非题

1. 平行板电容器的电容量与外加电压的大小是无关的。　　　　　(　　)

2. 电容器必须接在电路中使用才会带有电荷量,故此时才会有电容量。
　　　　　　　　　　　　　　　　　　　　　　　　　　　　(　　)

3. 若干只不同容量的电容器并联,各电容器所带电荷量均相等。　(　　)

4. 电容量不相等的电容器串联后接在电源上,每只电容器两端的电压与它本身的电容量成反比。　　　　　　　　　　　　　　　　　　(　　)

5. 电容器串联后,其耐压总是大于其中任一电容器的耐压。　　　(　　)

6. 电容器串联后,其等效电容总是小于其中任一电容器的电容量。(　　)

7. 若干只电容器串联,电容量越小的电容器所带的电量也越少。　(　　)

8. 两个 $10\mu F$ 的电容器,耐压分别为 10V 和 20V,则串联后总的耐压值为 30V。　　　　　　　　　　　　　　　　　　　　　　　　　　(　　)

9. 电容量大的电容器储存的电场能量一定多。　　　　　　　　　(　　)

二、选择题

1. 平行板电容器在极板面积和介质一定时,如果缩小两极板间的距离,则电容量将(　　)。

　　A. 增加　　　　　　　　　　B. 减小
　　C. 不变　　　　　　　　　　D. 不能确定

2. 某电容器两端的电压为 40V 时,它所带的电荷量是 0.2C,若它两端的电压降到 10V 时,则(　　)。

　　A. 电荷量保持不变　　　　　B. 电容量保持不变
　　C. 电荷量减少一半　　　　　D. 电容量减小

3. 一空气介质的平行板电容器,充电后仍与电源保持相连,并在极板中间放入 $\varepsilon_r = 2$ 的电介质,则电容器所带电荷量将(　　)。

A. 增加一倍　　　B. 减小一半　　　C. 保持不变　　　D. 不能确定

4. 两个电容器并联,若 $C_1 = 2C_2$,则 C_1、C_2 所带电荷量 q_1、q_2 的关系是(　　)。

A. $q_1 = 2q_2$　　　B. $2q_1 = q_2$　　　C. $q_1 = q_2$　　　D. 无法确定

5. 若将上题两电容器串联,则(　　)

A. $q_1 = 2q_2$　　　B. $2q_1 = q_2$　　　C. $q_1 = q_2$　　　D. 无法确定

6. 1μF 与 2μF 的电容器串联后接在 30V 的电源上,则 1μF 电容器的端电压为(　　)。

A. 10V　　　B. 15V　　　C. 20V　　　D. 30V

7. 两个相同的电容器并联之后的等效电容,跟它们串联之后的等效电容之比为(　　)。

A. 1∶4　　　B. 4∶1　　　C. 1∶2　　　D. 2∶1

8. 两个电容器,$C_1 = 30\mu F$,耐压 12V;$C_2 = 50\mu F$,耐压 12V,将它们串联后接到 24V 的电源上,则(　　)。

A. 两个电容器都能正常工作　　　B. C_1、C_2 都将被击穿

C. C_1 被击穿,C_2 正常工作　　　D. C_2 被击穿,C_1 正常工作

三、填空题

1. 某一电容器,外加电压 20V,测得 $q = 4 \times 10^{-8}$ C,则电容量 $C = $ _____,若外加电压升高为 40V,这时所带电荷量为 _____ C。

2. 以空气为介质的平行板电容器,若增大两极板的正对面积,电容量将 _____;若增大两极板间的距离,电容量将 _____;若插入某种介质,电容量将 _____。

3. 两个空气平行板电容器 C_1 和 C_2,若两极板正对面积之比为 6∶4,两极板间距离之比为 _____。

4. 两个电容器,$C_1 = 20\mu F$,耐压 100V;$C_2 = 30\mu F$,耐压 100V,串联后接在 160V 的电源上,C_1、C_2 两端电压分别为 _____ V,_____ V,等效电容为 _____ μF。

5. 图 4-1 所示电路中,$C_1 = 0.2\mu F$,$C_2 = 0.3\mu F$,$C_3 = 0.8\mu F$,$C_4 = 0.2\mu F$,当开关 S 断开时,A、B 两点间的等效电容为 _____ μF;当开关 S 闭合时,A、B 两点间

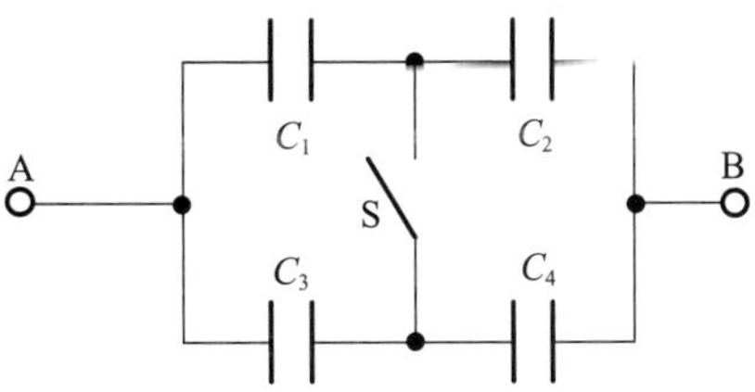

图 4-1

的等效电容为_____μF。

6. 电容器在充电过程中,充电电流逐渐_____,而两端电压逐渐_____;在放电过程中,放电电流逐渐_____,而两端电压逐渐_____。

7. 有一电容为 $100\mu F$ 的电容器,若以直流电源对它充电,在时间间隔 20s 内相应的电压变化量为 10V,则该段时间内充电电流为_____;电路稳定后,电流为_____。

8. 用万用表判别较大容量电容器的质量时,应将万用表拨到_____挡,通常倍率使用_____或_____。如果将表棒分别与电容器的两端接触,指针有一定偏转,并很快回到接近始于起始位置的地方,说明电容器_____;若指针偏转到 0 位置之后不再回去,说明电容器_____。

9. 电容器和电阻器都是电路中的基本元件,但它们在电路中作用是不同的。从能量上来看,电容器是一种_____元件,而电阻器则是_____元件。

10. 图 4-2 所示电路中,$U=10V, R_1=40\Omega, R_2=60\Omega, C=0.5\mu F$,则电容器极板上所带的电荷为_____,电容器储存的电场能量为_____J。

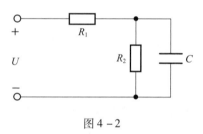

图 4-2

四、问答与计算题

1. 有两个电容器,一个电容较大,另一个电容较小,如果它们所带的电荷量一样,那么哪一个电容器上的电压高?如果它们充得的电压相等,那么哪一个电容器带的电荷量多?

2. 有人说"电容器带电多电容就大,带电少电容就小,不带电则没有电容"。这种说法对吗?为什么?

3. 在下列各情况下,空气平行板电容器的电容量、两极板间电压、电容器的带电荷量各有什么变化?

(1)充电后保持与电源相连,将极板面积增大一倍。

(2)充电后保持与电源相连,将两极板间距离增大一倍。

(3)充电后与电源断开,再将两极板间距离增大一倍。

(4)充电后与电源断开,再将极板面积缩小一半。

(5)充电后与电源断开,再在两极板间插入相对介电常数为4的电介质。

4. 平行板电容器极板面积是 15cm², 两极板相距 0.2mm。试求:①当两极板间的介质是空气时的电容;②若其他条件不变而把电容器中的介质换成另一种介质,测出其电容为 132μμF,这种介质的相对介电常数。

5. 一个平行板电容器,两极板间是空气,极板的面积为 50cm², 两极板间距为 1mm。求:①电容器的电容;②如果两极板间的电压是 300V,电容器带的电荷量为多少?

6. 两个相同的电容器,标有"100pF、600V"串联后接到 900V 的电路上,每个电容器带多少电荷量?加在每个电容器上的电压是多大?电容器是否会被击穿?

7. 把"100pF、600V"和"300pF、300V"的电容器串联后接到 900V 的电路上,电容器会被击穿吗?为什么?

8. 现有两个电容器,其中一个电容为 0.25μF,耐压为 250V;另一个电容为 0.5μF,耐压为 300V,试求:①它们串联之后的耐压值;②它们并联之后的耐压值。

9. 电容为 3000pF 的电容器带电荷量 1.8×10^{-6} C 后,撤去电源,再把它跟电容为 1500pF 的电容器并联,求每个电容器所带的电荷量。

10. 一个 10μF 的电容器已被充电到 100V,欲继续充电到 200V,问电容器可增加多少电场能量?

扫一扫
获取答案

第五章　磁场和磁路

 问题引出

随着现代科学技术的迅速发展,"磁"越来越得到广泛的应用。例如:用收音机听广播,用电视机观看节目,打电话等。在电信设备中更是离不开磁,如电感元件、变压器、继电器、电铃等。

本章进一步讲述磁场对电的作用。这些知识是电磁学的重要组成部分,也是学习后面几章(电磁感应、变压器、和交流电动机)的基础。

 学习目标

1. 了解直线电流、环形电流和通电螺线管电流的磁场,以及磁场方向与电流方向的关系,掌握安培定则。
2. 理解磁感应强度、磁通、磁导率和磁场强度的概念,以及均匀磁场的性质。
3. 掌握磁场对电流作用力的公式和左手定则,了解匀强磁场对通电线圈的作用。
4. 了解铁磁性物质的磁化及磁化曲线、磁滞回线以及对其性能的影响。
5. 了解磁动势和磁阻的概念和磁路欧姆定律。

第一节　电流的磁效应

一、磁性与永磁体

我们的祖先早在两千多年前就发现了"磁石召铁"现象,公元 11 世纪,科学家沈括利用这一现象发明了指南针。磁现象的应用非常广泛,小到变压器、耳

机、喇叭、话筒、家用电器,大到军用装备、载人航天系统等。随着超导磁体、钕铁硼永磁体等新材料的应用,使磁的磁场更强、性能更好、功耗体积更小、稳定性更高。

物体能够吸引铁、钴、镍等物体的性质,称为磁性。具有磁性的物体,称为磁体。磁铁就是磁体的一种,有天然磁体和人造磁体。目前,常用的磁铁都是人造磁铁,其常用的形状有条形、马蹄形、针形等几种,如图5.1.1所示。由于人造磁铁和天然磁铁的磁性能长期保持,故称为永久磁铁,又称为永久磁体。

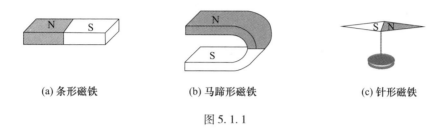

(a) 条形磁铁　　　　(b) 马蹄形磁铁　　　　(c) 针形磁铁

图 5.1.1

二、磁场方向和磁力线

磁场是一种特殊物质,看不见摸不着,但又客观存在。所以,存在于磁体周围空间的一种特殊物质叫磁场。

进一步的观察和实验可以发现:不同的磁体产生的磁场不同,同一个磁体在不同的位置产生的磁场也不同,具体表现在大小上有差别,方向上不同。

磁场有大小和方向,磁场的方向可用小磁针来判断,磁场方向和放在该点的小磁针的北极所指的方向一致,如图5.1.2所示。

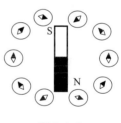

图 5.1.2

为了形象描绘磁铁周围的磁场情况,用一组有方向的曲线来表示磁场的大小和方向,这组曲线称为磁力线,如图5.1.3所示,为条形磁铁和马蹄形磁铁的磁力线。

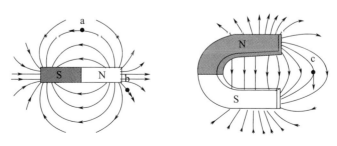

图 5.1.3

磁铁的特性有：

(1) 磁铁周围存在磁场，且磁极的磁性最强，称为磁极。

(2) 磁体能自由转动时，停稳后总是一端指南，一端指北。指南的一端为南极，用 S 表示，指北的一端为北极，用 N 表示，如图 5.1.4 所示。

(3) 磁极间有作用力（磁场力），同性磁极相互排斥；异性磁极相互吸引。

(4) 磁极不能单独存在，如图 5.1.5 所示。

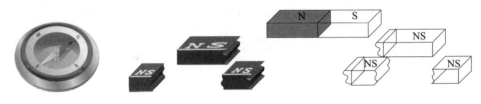

图 5.1.4　　　　　　　　　图 5.1.5

(5) 磁感线密集的地方表示磁场强，磁感线稀疏的地方表示磁场弱。磁场方向：磁铁内部从 S 极指向 N 极；磁铁外部从 N 极指向 S 极。

三、电流的磁场

磁铁并不是磁场的唯一来源。1820 年，丹麦物理学家奥斯特做了一个实验，如图 5.1.6 所示。

把一根导线平行地放在小磁针的上方。

(1) 当导线无电流时，小磁针静止在某一位置。

(2) 当电流从左流向右时，小磁针发生了偏转，N 极指向里且停止在垂直于导线的位置。

(3) 当电流从左流向右时，小磁针也发生偏转，N 极指向外且停止在垂直于导线的位置。

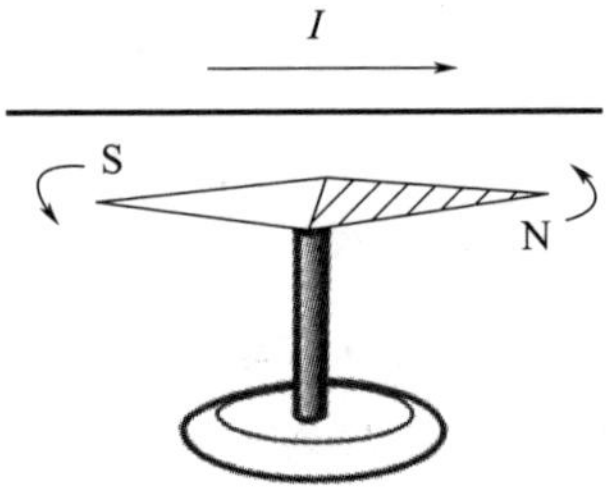

图 5.1.6

(4) 如果导线中电流中断，小磁针又恢复原来的位置。

实验表明：不仅磁铁能够产生磁场，电流也能产生磁场。这种电流产生磁场的特性叫电流的磁效应。

1. 载流直导线产生的磁场

用右手握住直导线，大拇指伸直并指向电流方向，四指所指的方向就是磁力线的环绕方向，这一关系称为安培定则（也叫右手螺旋法则），如图 5.1.7 所示。

2. 载流线圈的磁场

用右手握住螺线管，让弯曲的四指指向电流方向，大拇指

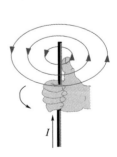

图 5.1.7

所指的方向就是螺线管内部磁力线方向,或者说是螺线管北极,这一关系称为安培定则(也叫右手螺旋法则),如图5.1.8所示。

3. 通电环形线的磁场

通电环形导线产生的磁场方向与螺线管一样,它是螺线管的一个特例。其方向用安培定则来判定:四指指向电流方向,大拇指指向环内的磁场方向,如图5.1.9所示。

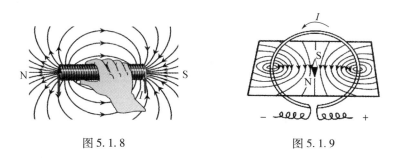

图5.1.8　　　　　　　图5.1.9

下面通过例题来说明如何利用安培定则判断磁场方向。为了方便分析磁场,作图时常用下面的符号来表示电流和磁场的方向。

"·"表示磁力线出,"⊙"表示电流流出,"　"表示磁力线入,"⊕"表示电流流入。

【例1】当电流通过线圈时,小磁针的北极指向我们,如图5.1.10所示,试确定线圈中电流的方向。

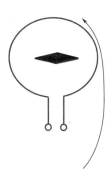

图5.1.10

解:小磁针的指向说明了该点磁场方向,磁场方向和电流间又符合安培定则,从而可以确定电流方向为逆时针方向。

【例2】载流线圈磁场方向如图5.1.11,确定电源极性。

解:根据以上判断方法,可知电源极性如图5.1.11所示。

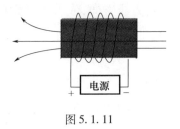

图 5.1.11

1. 什么是磁体？磁体有何区分？
2. 如何描述磁场？
3. 产生磁场的导体有哪些？各有什么特点？

第二节　磁场的主要物理量

一、磁感应强度

磁场不仅有方向，而且有强弱的不同。巨大的电磁铁能吸引起成吨的钢铁，小的磁铁只能吸引起小铁钉，怎样来描述磁场的强弱和方向呢？磁场的基本特性是对其中的电流有磁场力的作用，研究磁场的强弱，可以从分析通电导线在磁场中的受力情况着手，找出表示磁场强弱的物理量。

如图 5.2.1 所示，把一段通电导线垂直放入永久磁铁的磁场中，实验表明：

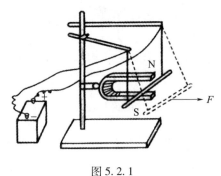

图 5.2.1

（1）通电导线在磁场中受到磁场力而运动。

（2）导线长度 l 一定时，电流 I 越大，导线受到的磁场力 F 也越大；电流一定时,导线长度越长,导线受到的磁场力也越大。通电导线受到的磁场力与通过的电流、导线的长度成正比,且二者的比值是一个恒量。

(3)不同的点,其比值不一样。说明磁场强弱不一样。

在磁场中垂直于磁场方向的通电导线,所受磁场力 F 与电流 I 和导线长度 l 乘积 Il 的比值,叫做通电导线所在处的磁感应强度。用 B 表示,有

$$B = \frac{F}{Il}$$

式中　B——磁感应强度,单位:特斯拉(T);

　　　F——磁场力,单位:N;

　　　I——电流,单位:A;

　　　l——导线的长度,单位:m。

辅助单位为高斯(G),$1T = 10^4 G$。

如变压器为 0.9~1.7T;电机为 0.5~1.8T;电磁铁为 0.2~1.5T;继电器为 0.6~1.5T;永磁铁附近为 0.4~0.7T;地表面附近约为 0.5×10^{-4}T;超导材料高达 1000T。

磁感应强度的大小除通过公式计算外,还可以通过专用的仪器高斯计来测量,也可以看磁感线的疏密程度判定磁感应强度的大小。

磁感应强度是一个向量,既有大小,又有方向。磁感应强度的方向就是该点磁感线的切线方向;可以用小磁针来判断,小磁针 N 极所指的方向就是该点的磁感应强度的方向。

磁场中各点的磁感应强度是不一样的。如果在某一区域范围内,磁场中各点的磁感应强度的大小和方向完全相同,这种磁场叫匀强磁场。匀强磁场中的磁感线是大小相等、方向相同、等距离的平行直线,如图 5.2.2 所示。

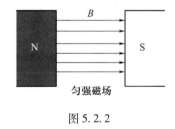

图 5.2.2

二、磁通

在磁场中,磁感应强度可以用磁感线的疏密程度来表示磁场强度的强弱。若磁感线密,则磁感应强度就强;反之,若磁感线疏,则磁感应强度就弱。所以再引入一个磁通的物理量。

在匀强磁场中,通过与磁场方向垂直的某一截面积 S 的磁感线总数称为通过该截面的磁通量,简称磁通,用 Φ 表示,有

$$\Phi = BS$$

式中　B——磁感应强度,单位:特(T);

　　　S——面积,单位:米^2(m^2);

　　　Φ——磁通,单位:韦伯(Wb)。

辅助单位:麦克斯韦(Mx),换算关系:1Wb = 10^8Mx。

将公式变换为:$B = \dfrac{\Phi}{S}$,这就表示单位面积通过的磁通量,又称为磁通密度。所以磁感应强度也叫磁通密度。磁通密度的单位为:Wb/m^2,则有 1T = Wb/m^2 = V·s/m^2。

【例1】在磁感应强度为 0.2T 的均匀磁场中,有一面积为 40cm^2 的平面,当平面与磁力线夹角为 0°、30°、90° 时,求通过此平面的磁通各为多少?

解:由 $\Phi = BS\cos\beta$,得:

1. 当 $\alpha = 0°$ 时,$\beta = 90° - 0° = 90°$

$\Phi = BS\cos\beta = 0.2 \times 0.004 \times \cos 90° = 0$Wb

2. 当 $\alpha = 30°$ 时,$\beta = 90° - 30° = 60°$

$\Phi = BS\cos\beta = 0.2 \times 0.004 \times \cos 60° = 4 \times 10^{-4}$Wb

3. 当 $\alpha = 60°$ 时,$\beta = 90° - 60° = 30°$

$\Phi = BS\cos\beta = 0.2 \times 0.004 \times \cos 30° = 8 \times 10^{-4}$Wb

三、磁导率

磁场中各点磁感应强度的大小不仅与电流的大小和导体的形状有关,而且与磁场内媒介质的性质有关,这一点可通过下面的实验来验证,如图 5.2.3 所示。

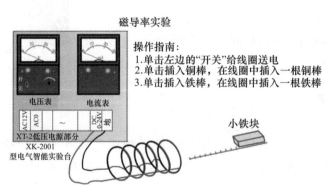

图 5.2.3

先用一个插有铁棒的通电线圈去吸引铁钉,然后把通电线圈中的铁棒换成铜棒再去吸引铁钉,便会发现两种情况下吸力大小不同,前者比后者大得多。这表明不同的媒介质对磁场的影响是不同的,影响的程度与媒介质的导磁性质有关。

磁导率 μ 就是用来表示媒介质导磁性能的物理量,不同的媒介质有不同的磁导率,它的单位为 H/m(亨/米)。由实验可测定,真空中的磁导率是一个常数,用 μ_o 表示,即

$$\mu_o = 4\pi \times 10^{-7} \text{H/m}$$

空气、木材、玻璃、铜、铝等物质的磁导率与真空的磁导率非常接近。

由于真空中的磁导率是一个常数,所以,将其他媒介质的磁导率与它对比很方便。任一媒介质的磁导率与真空的磁导率的比值叫做相对磁导率,用 μ_r 表示,即

$$\mu_r = \mu / \mu_o$$

或

$$\mu = \mu_o \mu_r$$

相对磁导率是没有单位的。根据各种物质导磁性能的不同,可把物质分为三种类型,即反磁性物质、顺磁性物质和铁磁性物质。

$\mu_r < 1$ 的物质叫做反磁性物质,也就是说,在这类物质中所产生的磁场比真空中弱一些。$\mu_r > 1$ 的物质叫做顺磁性物质,也就是说,在这类物质中所产生的磁场比真空中强一些。铁磁性物质的 $\mu_r \gg 1$,而且不是一个常数,在其他条件相同的情况下,这类物质中所产生的磁场要比真空中的磁场强几千甚至几万倍,因而在电工技术方面应用很广。铁、钢、钴、镍及某些合金都属于这一类物质。

顺磁性物质和反磁性物质的相对磁导率都接近于1,因而除铁磁性物质外,其他物质的相对磁导率都可认为等于1,并称这些物质为非铁磁性物质。表5-1列出了几种常用的铁磁性物质的相对磁导率。

表 5-1　几种常用铁磁性物质的相对磁导率

材料	相对磁导率	材料	相对磁导率
钴	174	已经退火的铁	7000
未经退火的铸铁	240	变压器硅钢片	7500
已经退火的铸铁	620	在真空中熔化的电解铁	12950
镍	1120	镍铁合金	60000
软铁	2180	C 型铂膜合金	115000

四、磁场强度

我们知道,由于磁感应强度的大小,不仅与产生磁场的电流的大小以及载流导体的几何形状有关,而且还与磁场中的磁导率有关,这样在分析和计算磁场时

就十分复杂。为了计算方便,常用磁场强度这个物理量。

磁场中某点的磁感应强度 B 与磁介质的磁导率 μ 之比,称为磁场强度,用符号 H 表示,有

$$H = \frac{B}{\mu}$$

式中　H——磁场强度,单位 A/m(或奥斯特);

B——磁感应强度,单位 T;

μ——磁导率,单位 H/m,或 $\Omega \cdot s/m$(欧·秒/米)。

磁场强度是描述磁场强弱的物理量,也是一个向量,且与磁介质无关,在均匀的媒介质中,它的方向是和磁感应强度方向一致的。

前面分析了磁场中的四个物理量(B、Φ、μ、H),它们之间的关系可用下式来表示:

$$\Phi = BS = \mu HS = \mu_0 \mu_r HS$$

【例2】地球表面附近某处磁场中,磁感应 $B = 0.5G$,求该处的磁场强度。

解:空气中的 $\mu = \mu_0 = 4\pi \times 10^{-7} H/m$

$$I = \frac{B}{\mu} = \frac{0.5 \times 10^{-7}}{4\pi \times 10^{-7}} = 40 A/m$$

答:该处的磁场强度为 40A/m。

1. 电场与磁场有何相同与不同?
2. 描述磁场的物理量有哪几个?
3. 磁感应强度与磁场强度有何不同?

第三节　磁场对电流的作用力

一、磁场对载流导体的作用力

把一小段通电导线垂直放入磁场中,如图 5.3.1 所示,根据通电导线受的力 F、导体中的电流 I 和导线长度 l 定义了磁感应强度 $B = \frac{F}{Il}$。把这个公式变形,就得到磁场对通电导线的作用力:

$$F = BIl$$

式中　B——磁感应强度,单位 T;

　　　F——磁场力,单位 N;

　　　I——电流,单位 A;

　　　l——导线的长度,单位 m。

严格来说,此公式仅适用于一小段通电导线和匀强磁场。若导线较长时,导线所在处各点的磁感应强度一般并不相同,就不能用此公式。不过,如果磁场是匀强磁场,此公式就适用于长的通电导线。

电流在导体中流过,而导体的形状多种多样,任何形状的导体都可以看成是由无数条很短的导体组成的,只要知道了磁场对载流直导体的作用力,其他问题很容易解决,下面看看磁场对载流直导线是怎样作用的。

实验证明,电流方向、磁场方向、导体受力方向三者之间存在一定的关系,可以这样判定:伸出左手,使大拇指与四指垂直,磁力线穿过手心,四指指向电流方向,大拇指所指的方向就是载流导体的受力方向,这一关系由称为左手定则,如图 5.3.2 所示。

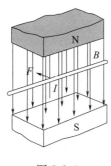
图 5.3.1

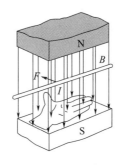
图 5.3.2

如果电流的方向与磁场方向不垂直,通电导线受到的作用力怎样?

电流方向与磁场方向垂直时,通电导线受力的力最大,其值由公式 $F = BIl$ 给出;电流方向与磁场方向平行时,通电导线不受力,即所受的力为零,不难求出通电导线在磁场中任意方向上所受的力。当电流方向与磁场方向有一个夹角时,可以把磁感应强度 B 分解为两个分量:一个是与电流方向平行的分量 $B_1 = B\cos\theta$,另一个是与电流方向垂直的分量 $B_2 = B\sin\theta$,如图 5.3.3 所示。前者对通电导线没有作用力,通电导线受到的作用力完全是由后者决定的,即 $F = B_2Il$,代入 $B_2 = B\sin\theta$,即得

$$F = BIl\sin\theta$$

式中 θ——电流与磁感应强度的夹角；

B——磁感应强度，单位 T；

I——流入导体的电流，单位 A；

l——导线的长度，单位 m；

F——作用力，单位 N。

当 $\theta = 0°$ 时，$\sin\theta = 0°$，$F = 0$，通电导体与磁场平行。

当 $\theta = 90°$ 时，$\sin 90° = 1$，$F = BIl$ 最大，通电导体与磁场垂直。

当 $\theta = 0° \sim 90°$ 时，$0 < \sin\theta < 1$，F 在零至最大之间，通电导体与磁场成 θ 角。

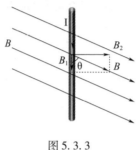

图 5.3.3

二、应用

1. 扬声器

扬声器又称为喇叭，种类很多，常用的是动圈式。动圈式扬声器主要由以下几部分组成，即永久磁铁、音圈和纸盆等组成，如图 5.3.4 所示。

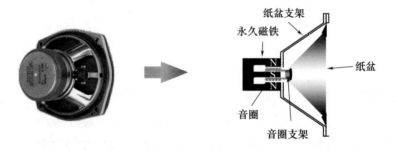

图 5.3.4

当音频电流通过音圈时，音圈受到磁场力的作用和纸盆一起左右运动，从而发出了声音，将电能转变为声能。

2. 三用表表头工作原理

磁电式仪表由马蹄形磁铁、刻度盘、活动线圈、铁芯、指针、两个螺旋弹簧等组成，如图 5.3.5 所示。

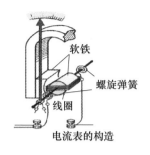
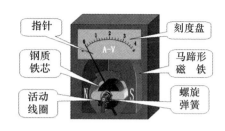

图 5.3.5

载流线圈在匀强磁场中,由于受到磁场力的作用产生力偶,形成一个转动力矩 M_1(磁力矩),与电流成正比,$M_1 = K_1 I$,使线圈绕竖直轴转动。同时使螺旋弹簧扭紧,于是弹簧又产生一个阻碍线圈转动的反力矩 M_2,与偏转角度成正比,$M_2 = K_2 \theta$。当 $M_1 = M_2$ 时,线圈合力矩为零,处于平衡状态而静止不动。即 $K_1 I = K_2 \theta$,$\theta = KI$,$K = K_1/K_2$ 是一个恒量。

当线圈平面与磁感线平行时,力臂最大,线圈受磁力矩最大。当线圈平面与磁感线垂直时,力臂为零,线圈受磁力矩为零,如图 5.3.6 所示。

测量时偏转的角度与电流成正比,电流表的刻度是均匀的。因此,电流越大,指针偏转的角度就越大,故可用指针偏转的角度的大小来衡量电流的大小。这就是表头的工作原理。利用永久磁铁来使通电线圈偏转,达到测量目的的仪表叫磁电式仪表。

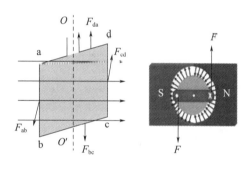

图 5.3.6

这种仪表的优点:刻度均匀,准确度高,灵敏度高,可以测微小的电流;缺点:价格较贵,对过载很敏感,电流超过允许值很容易烧坏电流表。

【例】说明图 5.3.7 中载流导体的受力方向。

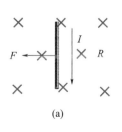
(a)

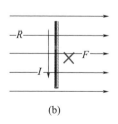
(b)

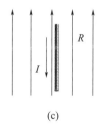
(c)

图 5.3.7

解：图(a)中受力方向向左；图(b)中受力方向向外；图(c)中不受力。

1. 磁场对通电导体的作用力大小？方向？
2. 磁场对通电导体的作用力有何应用？

第四节　铁磁性物质的磁化

一、磁化的概念

什么叫磁化呢？

如图 5.4.1 所示，当我们把一个铁钉靠近磁体时，铁钉也可吸引其他的铁制物体，说明铁钉被磁化了，磁化后的铁钉具有和磁铁一样的性质，同样具有了磁性。因此，得出：没有磁性的物质，由于受磁场的作用，而具有磁性的现象叫做该物质被磁化。物体磁化后便成了磁体。只有铁磁性物质才能被磁化，非铁磁性物质是不能被磁化的。如图 5.4.2 所示。

图 5.4.1

(a) 无磁场作用情况

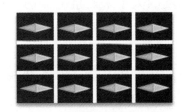

(b) 有磁场作用情况

图 5.4.2

铁磁性物质能够被磁化的内因，是因为铁磁性物质是由许多被称为磁畴的磁性小区域所组成的，每一个磁畴相当于一个小磁铁，在无外磁场作用时，磁畴排列杂乱无章，磁性互相抵消，对外不显磁性。但在外磁场的作用下，磁畴就会沿着磁场的方向作取向排列，形成附加磁场，从而使磁场显著增强。有些铁磁性物质在去掉外磁场以后磁畴的一部分或大部分仍然保持取向一致，对外仍显示磁性，这就成了永久磁铁。

铁磁性物质被磁化的性能,广泛应用于电子和电气设备中。例如变压器、继电器、电机等,采用相对磁导率高的铁磁性物质做绕组的铁芯,可使同样容量的变压器、继电器和电机的体积大大缩小,重量大大减轻,半导收音机的天线线圈绕在铁氧体磁棒上可以提高收音机的灵敏度。

各种铁磁性物质,由于其内部结构不同,磁化后的磁性各有差异,下面通过分析磁化曲线来了解各种磁性物质的特性。

二、铁磁性物质的磁化

知道了磁化的概念后,我们来分析一下铁磁性物质是怎样被磁化的。先来看看什么叫铁磁质?

磁化最常用的是电磁铁磁化,因为它便于控制,如图 5.4.3 所示就是磁化装置的原理图。在电源电流的作用下,线圈产生磁场,要磁化的物体由于处于该磁场中因而被磁化。改变电位器 R_W 的位置,电路中电流发生变化,磁场强度发生变化,磁路中磁感应强度随之发生变化,物体被磁化的程度也就随之变化。

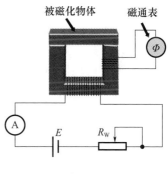

图 5.4.3

三、磁化曲线

铁磁性物质的 B 随 H 而变化的曲线叫磁化曲线。如图 5.4.4 所示给出了铁磁性物质的磁化曲线。可以将磁化曲线分为四段来解释:0~1 段 B 的上升比较缓慢;1~2 段 B 直线上升;2~3 段 B 上升缓慢;3 段以后 B 的上升逐渐变慢,最后几乎不再增大。

四、磁滞回线

上面讨论的磁化曲线,只反映了铁磁性物质在外磁场由零逐渐增强的磁化过程。但在实际中,铁磁性物质是工作在交变磁场中,是反复交变磁化的过程,如图 5.4.5 所示。ab——剩磁;bc——退磁;cd——反向磁化;de——剩磁;ef——退磁;fa——磁化。

剩磁:H 值为零时,B 还保留一定的值。

矫顽磁力:克服剩磁所加的磁场强度。

磁滞现象:磁感应强度落后于磁场强度的变化。

经过多次循环,得到一个封闭磁的对称原点的闭合曲线称为磁滞回线。磁滞回线说明物体磁化后将保留一定的剩磁。

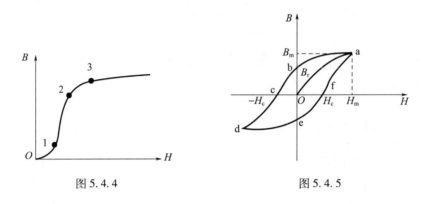

图 5.4.4　　　　　　　　　图 5.4.5

五、铁磁性物质的分类

不同的铁磁性材料的磁滞回线是有差别的,剩磁大的材料磁滞回线"肥";剩磁小的材料磁滞回线"瘦",所以我们可以根据磁滞回线的形状来区分磁介质。

1. 软磁性物质

磁滞回线窄而陡,回线包围的面积小而"瘦"(狭长),如图 5.4.6 所示。

(1)特点:

①磁滞损耗小;

②剩磁与磁矫顽力小;

③易磁化,易退磁。

(2)用途:

制造电机、变压器、仪表和电磁铁的铁芯。

2. 硬磁性物质

磁滞回线宽而平,包围的面积比较大而"肥"(宽而短),如图 5.4.7 所示。

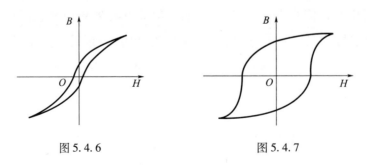

图 5.4.6　　　　　　　　　图 5.4.7

（1）特点：

①磁滞损耗大；

②剩磁与矫顽磁力大；

③易形成较强的恒稳磁场。

（2）用途：

永久磁铁、通信设备。

3. 矩磁性物质

矩形磁滞回线，呈"矩形"，包围的面积最大，如图 5.4.8 所示。

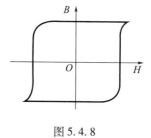

图 5.4.8

（1）特点：

①易磁化，迅速饱和；

②剩磁为饱和值 $B_{剩} = B_{饱}$。

（2）用途：

可用作为计算机中的记忆磁芯、存储器等。

1. 什么叫磁化？铁磁性物质磁化的过程有何特点？
2. 铁磁性物质分为几类？有什么应用？

第五节　磁路的基本概念

一、磁路的基本概念

通常我们把铁磁性材料做成一定的形状，以使磁通主要集中在一定的路径内。如图 5.5.1 所示。

集中在一定路径上的磁通叫做主磁通。主磁通经过的路径叫做磁路，磁路通常是由铁性材料及空气隙组成。不经过磁路的磁通叫做漏磁通。在实际中，漏磁通很少，可忽略不计。

磁路经过的闭合路径叫做磁路。磁路也像电路一样，分为有分支磁路和无分支路两种，如图 5.5.2 所示。在无分支磁路中，通过每一个横截面的磁通都相等。

电工基础

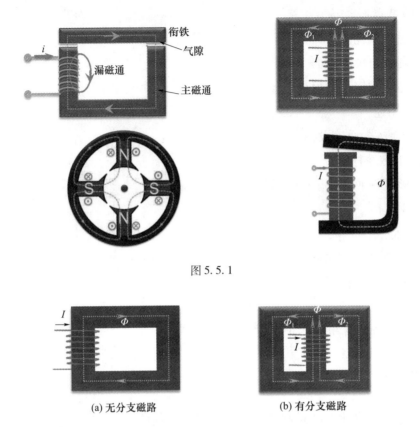

图 5.5.1

(a) 无分支磁路　　　　(b) 有分支磁路

图 5.5.2

二、磁路欧姆定律

1. 磁动势

通电线圈要产生磁场,但磁场的强弱与什么因素有关呢？电流是产生磁场的原因,电流越大,磁场越强,磁通越多；通电线圈的每一匝都要产生磁通,这些磁通是彼此相加的(可用右手螺旋法则判定),线圈匝数越多,磁通也就越多。因此,线圈所产生磁通的数目,随着线圈匝数和所通过的电流的增大而增加。换句话说,通电线圈产生的磁通与线圈匝数和所通过的电流的乘积成正比。用符号 E_m 表示,单位是 A(安)。如果用 N 表示线圈的匝数,I 表示通过线圈的电流,则磁动势可写成：

$$E_m = NI$$

2. 磁阻

电路中有电阻,电阻表示电流在电路中所受到的阻碍作用。与此类似,磁路中也有磁阻,表示磁通通过磁路时所受到的阻碍作用,用符号 R_m 表示。

与导体的电阻相似,磁路中磁阻的大小与磁路的长度 l 成正比,与磁路的横截面积 S 成反比,并与组成磁路的材料的性质有关。

$$R_m = \frac{l}{\mu S}$$

式中　μ——磁导率,单位:H/m;

　　　l——磁路的长度,单位:m;

　　　S——磁路的横截面积,单位 m^2;

　　　R_m——磁阻,单位:1/H。

3. 磁路的欧姆定律

由上述可知,通过磁路的磁通与磁动势成正比,而与磁阻成反比,即

$$\Phi = \frac{E_m}{R_m}$$

单位:1/亨。

上式与电路的欧姆定律相似,磁通对应于电流,磁动势对应于电动势,磁阻对应于电阻,故叫做磁路的欧姆定律。

通过以上分析可知,磁路中的某些物理量与电路中的某些物理量有对应关系,同时磁路中的某些物理量与电路中的某些物理量之间也有相似的关系。图 5.5.3 给出了相对应的两种电路和磁路,表 5.5.1 列出磁路与电路对应和物理量及其关系式。

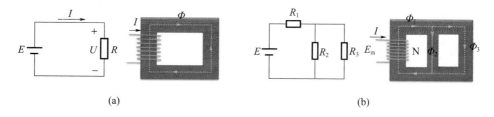

图 5.5.3

表 5.5.1　磁路与电路物理量比较

电路	磁路
电流 I	磁通 Φ
电阻 $R = \rho \dfrac{l}{S}$	磁阻 $R_m = \dfrac{l}{\mu S}$
电阻率 ρ	磁导率 μ
电动势 E	磁动势 $E_m = NI$
电路欧姆定律 $I = \dfrac{U}{R}$	磁路欧姆定律 $\Phi = \dfrac{E_m}{R_m}$

1. 什么是磁路？磁路与电路有何不同之处？有何相同之处？

知识拓展与应用

永久磁铁的充磁

仪表或仪器设备中的永久磁铁退磁后，将使其性能降低或工作失灵，可设法充磁。一般来说，永久磁铁的材料都是硬磁材料，它的特点是剩磁大，所以，只要有足够的充磁磁源进行几次充磁，通常都能使永久磁铁达到磁饱和，恢复磁性的方法最好是用充磁机进行充磁，如果没有充磁机，也可用下述简易方法来充磁。

1. 接触充磁法

充磁的磁源是一根磁性很强的永久磁铁，将它与被充磁铁的相反极性的两极分别接触，并连续摩擦几下，充磁就结束了。

这个方法的充磁效果较差，但作为临时充磁很实用。应特别注意的是，接触极性必须是异极性，否则将会使永久磁铁的磁性减弱。

2. 通电充磁法

如果永久磁铁上还绕有线圈，如耳机之类的永久磁铁，可采用 6V 干电池（如属高阻抗耳机，电压可适当提高），正极接入线圈的一端，然后用另一端碰触电池负极，如果永久磁铁的磁性增强，则再碰触几下即可；如磁性减弱，则要调换极性再充。

3. 加绕线圈充磁法

体积较大的长柱形永久磁铁失磁后，可用漆色线在永久磁铁上绕 200 圈左右，然后将该线圈的一端接上 6V 电池负板，线圈的另一头与电池的正极碰触几下，永久磁铁就能达到充磁的目的，但必须先测试永久磁铁的磁场方向是否与线圈所产生的磁场方向相一致。

本章小结

1. 通电导线的周围和磁铁的周围一样，存在着磁场。磁场具有力和能的性质,它和电场一样是一种特殊物质。磁场可以用磁力线描述它的强弱和大小。磁场内部是 S 极指向 N 极,外部是 N 极指向 S 极。

2. 通电导线周围的磁场方向用安培定则(右手螺旋法则)判定。对通电直导线:大拇指指向电流方向,四指指向磁场方向。对通电螺线管:大拇指指向磁场方向,四指指向电流方向。

3. B、Φ、H、μ 为描述磁场的四个物理量。

描述磁场的四个主要物理量是磁感应强度 B(磁场强弱和方向)、磁通 Φ(磁场的磁通量)、磁场强度 H(磁场强弱和方向,便于计算)和磁导率 μ(媒介质导磁性能);它们的国际单位分别是 T、Wb、A/m 和 H/m。

(1)磁感应强度 B 是描述磁场力的效应,当通电导线与磁场垂直时,其大小为

$$B = F/Il$$

单位是 $\dfrac{\text{N}}{\text{A} \cdot \text{m}} = \dfrac{\text{J/m}}{\text{A} \cdot \text{m}} = \dfrac{\text{J}}{\text{A} \cdot \text{m}^2} = \dfrac{\text{V} \cdot \text{s}}{\text{m}^2} = \text{T}$。

通电线圈中 $B = \mu NI/L$。

(2)在匀强磁场中,通过与磁感线方向垂直的某一截面的磁感线的总数,叫做穿过这个面的磁通量,即

$$\Phi = BS$$

单位 $\text{V} \cdot \text{s} = \text{Wb}$,$1\text{Wb} = 10^8 \text{M}_x$。

(3)磁导率 μ 是用来表示媒介质导磁性能的物理量。任一媒介质的磁导率与真空磁导率的比值叫做相对磁导率,即 $\mu_r = \mu/\mu_0$。

$$\mu_0 = 4\pi \times 10^{-7} \text{H/m}$$

(4)磁场强度为 $H = B/\mu$,或 $H = NI/l$(因通电线圈中 $B = \mu NI/l$)。

4. 通电导线在磁场中受到磁场力的作用,作用力的方向用左手定则判定:伸出左手,使大拇指跟其余四指垂直,且都跟掌心在一个平面内,让磁力线垂直穿过手心,四指指向电流方向,大拇指所指的方向就是通电导线的受力方向。大小为 $F = BIL\sin\theta$。通电线圈放在匀强磁场中将受到力矩作用,常用的电流表就是根据这一原理制成的。

5. 铁磁性物质都能够磁化。磁化曲线、磁滞回线都是磁场强度与磁感应强度的关系曲线。

6. 磁路经过的闭合路经叫做磁路。磁通、磁动势和磁阻之间的关系为:

$$\Phi = \dfrac{E_m}{R_m}$$

$$R_\mathrm{m} = \frac{l}{\mu S}$$

$$E_\mathrm{m} = NI$$

习题五

一、是非题

1. 磁体上的两个极,一个叫做 N 极,另一个叫做 S 极,若把磁体截成两段,则一段为 N 极,另一段为 S 极。( )
2. 磁感应强度是矢量,但磁场强度是标量,这是两者之间的根本区别。( )
3. 通电导体周围的磁感应强度只取决于电流的大小及导体的形状,而与媒介质的性质无关。( )
4. 在均匀磁介质中,磁场强度的大小与媒介质的性质无关。( )
5. 通电导线在磁场中某处受到的力为零,则该处的磁感应强度一定为零。( )
6. 两根靠得很近的平行直导线,若通以相同方向的电流,则它们互相吸引。( )
7. 铁磁性物质的磁导率是一个常数。( )
8. 铁磁性物质在反复交变磁化过程中,H 的变化总是滞后于 B 的变化,叫做磁滞现象。( )
9. 电磁铁的铁芯是由软磁性材料制成的。( )
10. 同一磁性材料,长度相同,截面大则磁阻小。( )

二、选择题

1. 判定通电导线或通电线圈产生的磁场的方向用( )。
   A. 右手定则   B. 右手螺旋法则
   C. 左手定则   D. 楞次定律
2. 如图 5-1 所示,两个完全一样的环形线圈相互垂直地放置,它们的圆心位于共同点 O 点,当通以相同大小的电流时,O 点处的磁感应强度与一个线圈单独产生的磁感应强度之比是( )。

A. 2∶1　　　　B. 1∶1　　　　C. $\sqrt{2}$∶1　　　　D. 1∶$\sqrt{2}$

3. 下列与磁导率无关的物理量是(　　)。

A. 磁感应强度　　B. 磁通　　C. 磁场强度　　D. 磁阻

4. 铁、钴、镍及其合金的相对导磁率是(　　)。

A. 略小于 1　　B. 略大于 1　　C. 等于 1　　D. 远大于 1

5. 如图 5-2 所示,直线电流与通电矩形线圈同在纸面内,线框所受磁场力的方向为(　　)。

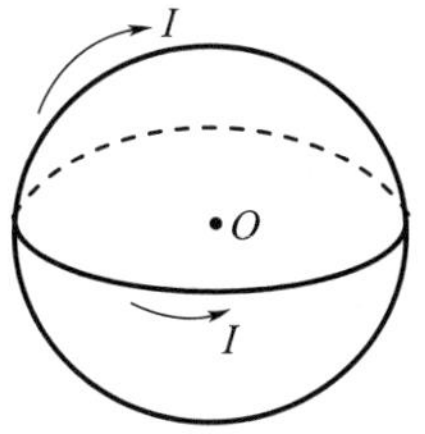

图 5-1 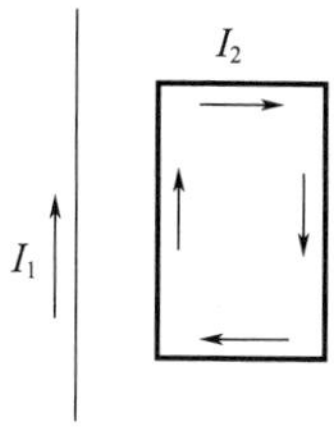　　　　　　　　　　　图 5-2

A. 垂直向上　　B. 垂直向下　　C. 水平向左　　D. 水平向右

6. 在均匀磁场中,原来载流导线所受的磁场力为 F,若电流增加到原来的两倍,而导线的长度减少一半,这时载流导线所受的磁场力为(　　)。

A. F　　　　B. $F/2$　　　　C. $2F$　　　　D. $4F$

7. 如图 5-3 所示,处在磁场中的载流导线,受到的磁场力的方向应为(　　)。

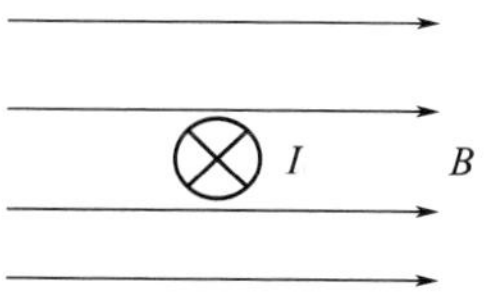

A. 垂直向上　　　　　　B. 垂直向下

C. 水平向左　　　　　　D. 水平向右

图 5-3

8. 空心线圈被插入铁芯后(　　)。

A. 磁性将大大增强　　　　B. 磁性将减弱

C. 磁性基本不变　　　　　D. 不能确定

9. 为减小剩磁,电磁线圈的铁芯应采用(　　)。

A. 硬磁性材料　　　　　　B. 非磁性材料

C. 软磁性材料　　　　　　D. 矩磁性材料

10. 铁磁性物质的磁滞损耗与磁滞回线面积的关系是(　　)。

A. 磁滞回线包围的面积越大,磁滞损耗也越大

B. 磁滞回线包围的面积越小,磁滞损耗越大

C. 磁滞回线包围的面积越大小与磁滞损耗无关

D. 以上回答均不正确

三、填空题

1. 磁场与电场一样，是一种_____，具有_____和_____的性质。

2. 磁感线的方向：在磁体外部由_____指向_____；在磁体内部是_____指向_____。

3. 如果在磁场中每一点的磁感应强度大小_____，方向_____，这种磁场叫匀强磁场。在匀强磁场中，磁感线是一组_____。

4. 描述磁场的四个主要物理量是_____、_____、_____和_____；它们的符号分别是_____、_____、_____和_____；它们的国际单位分别是_____、_____、_____和_____。

5. 在图 5-4 中，当电流通过导线时，导线下面的磁针 N 极转向读者，则导线中的电流方向为_____。

6. 图 5-5 中，电源左端应为_____极，右端应为_____极。

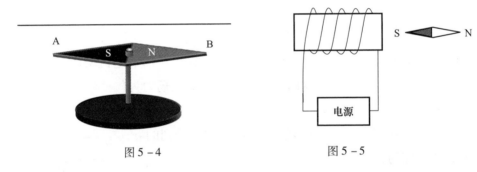

图 5-4　　　　　　　　　图 5-5

7. 磁场间相互作用的规律是同名磁极相互_____，异名磁极相互_____。

8. 载流导线与磁场平行时，导线所受磁场力为_____；载流导线与磁场垂直时，导线所受磁场力为_____。

9. 铁磁性物质在磁化过程中，_____和_____的关系曲线叫做磁化曲线。当反复改变励磁电流的大小和方向，所得闭合的 B 与 H 的关系曲线叫做_____。

10. 所谓磁滞现象，就是_____的变化总是落后于_____的变化；而当 H 为零时，B 却不等于零，叫做_____现象。

四、问答与计算题

1. 在图 5-6 所示的匀强磁场中，穿过磁极极面的磁通 $\Phi = 3.84 \times 10^{-2}$ Wb，磁极边长分别是 4cm 和 8cm，求磁极间的磁感应强度。

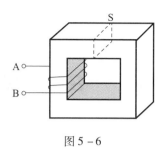

图 5-6

2. 在上题中,若已知磁感应强度 $B=0.8$T,铁芯的横截面积是 20cm^2,求通过铁芯截面中的磁通。

3. 有一匀强磁场,磁感应强度 $B=3\times10^{-2}$T,介质为空气,计算该磁场的磁场强度。

4. 已知硅钢片中,磁感应强度为 1.4T,磁场强度为 5A/cm,求硅钢片的相对磁导率。

5. 在均强磁场中,垂直放置一横截面积为 12cm^2 的铁芯,设其中的为磁通为 4.5×10^{-3}Wb,铁芯的相对磁导率为 5000,求磁场的磁场强度。

6. 把 30cm 长的通电直导线放入匀强电场中,导线中的电流是 2A,磁场的磁感应强度是 1.2T,求电流方向与磁场方向垂直时导线所受的磁场力。

7. 有一空心环形螺旋线圈,平均周长 30cm,截面的直径为 6cm,匝数为 1000 匝。若线圈中通入 5A 的电流,求这时管内的磁通。

8. 求在长度为 80cm,截面直径为 4cm 的空心螺旋线圈中产生 5×10^{-5}Wb 的磁通所需的磁动势。

第六章　电磁感应

 问题引出

在丹麦科学家奥斯特发现电流磁效应后的十年里,科学家们坚信既然电流能产生磁场,那么磁场也一定能产生电流。1831年,英国科学家法拉第经过多次实验,终于发现了有磁场产生电流的条件和规律,这就是电磁学中的最重大发现之一,为后面建立完整的电磁理论奠定了坚实的基础。本章在上一章内容的基础上,通过对典型实验的分析,总结出感应电流产生的条件、楞次定律和电磁感应定律。这部分内容是电磁学的重要组成部分,也是学习交流电的基础。

通过这一章的学习,应该多注意培养自己分析、思考问题的能力,着重培养自己怎样抽象出隐藏在具体现象背后的规律性的东西;并运用规律有步骤地去分析、解决实际问题。

 学习目标

1. 理解电磁感应现象,掌握产生感应电流的条件,熟练掌握楞次定律和右手定则。

2. 理解感应电动势的概念,熟练掌握电磁感应定律以及感应电动势的计算公式。

3. 理解自感系数和互感系数的概念,并了解自感现象和互感现象及其在实际中的应用。

4. 理解互感线圈的同名端概念,并会判别同名端。

5. 理解电感器的储能特性及在电路中能量的转换规律,了解磁场能量的计算。

第一节　电磁感应现象

通过上一章的学习,我们知道磁体周围存在磁场,通电导体也能产生磁场,这就是通常所说的电生磁。那么磁能不能生电呢?产生感应电流的条件究竟是什么?下面用三个实验来探究这个问题。

实验一:如图6.1.1所示,实验包括三部分:磁场、导体构成的闭合回路、电流表。当导体向左或向右运动时电流表指针就摆动,表明回路中有感应电流。导体静止或上下运动时电流表指针不动,表明导体中没有电流。

实验结果说明:只要导体做切割磁力线运动时,回路中就有感应电流产生。

在实验一中,导体运动,就有感应电流产生;如果导体不动,让磁场运动,会不会在电路中产生电流呢?请看下面的实验。

实验二:如图6.1.2所示,将条形磁铁插入或拔出线圈时,电流表指针摆动,说明回路中有感应电流产生。磁铁不动,线圈上下移动时电流表指针也摆动,说明回路中也有感应电流产生。当磁铁与线圈静止不动时,电流表指针不摆动,说明线圈中无电流。

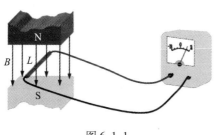

图6.1.1

图6.1.2

如果导体和磁场不发生相对运动,而让穿过闭合电路的磁场发生变化,电路中会不会产生电流呢?请看下面的实验。

实验三:如图6.1.3所示,将线圈B插入线圈A里面,当线圈A中的电流变化时,电流表指针摆动,说明线圈B中有电流。当线圈A中的电流不变时,电流表指针不动,说明线圈B中无电流。

通过以上三个实验,不难发现三个结

图6.1.3

果中存在共性的东西。不论用什么方法,只要穿过闭合电路的磁通发生变化,闭合电路中就有电流产生。这种利用磁场产生电流的现象叫做电磁感应现象,产生的电流叫做感应电流。

产生电磁感应现象的条件是什么?

第二节　感应电流的方向

在上一节的实验中,当穿过闭合电路中的磁通发生变化时,我们观察到电路中电流表的指针有时偏向这边,有时偏向那边。这表明在不同的情况下,感应电流的方向是不同的。那么,怎样确定感应电流的方向呢?

一、右手定则(直导体中感应电流的方向)

当闭合电路中的部分导体在磁场中做切割磁感线运动时,产生感应电流(电动势)的方向用右手定则判定。如图 6.2.1 所示,伸出右手,大拇指与四指在同一平面内且垂直,让磁力线穿过手心,大拇指指向导体运动方向,四指所指的方向就是导体中感应电流的方向。

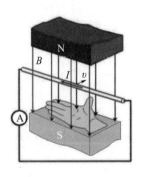 

图 6.2.1

二、楞次定律(线圈中感应电流的方向)

一般地说,如果导线和磁场之间有相对运动时,用右手定则判定感受应电流的方向比较方便;如果感应电流的产生仅是由于"穿过闭合电路的磁通发生了变化",则用楞次定律来判定感应电流的方向。

下面就来分析讨论：

（1）条形磁铁S极插入线圈，如图6.2.2(a)所示，此时，原磁通$\Phi_原$增加，电流表指针向左摆，说明感应电流由电流表负端流入，正端流出，由右手螺旋定则判出，感应电流产生的磁通$\Phi_感$的方向与原磁通$\Phi_原$方向相反。感应电流的方向向下。

（2）条形磁铁S极拔出线圈，如图6.2.2(b)所示，此时，原磁通$\Phi_原$减少，电流表指针向右摆，说明感应电流由电流表正端流入，负端流出，由右手螺旋定则判出，感应电流产生的磁通$\Phi_感$的方向与原磁通$\Phi_原$方向相同。感应电流的方向向上。

（3）条形磁铁N极插入线圈，如图6.2.2(c)所示，此时，原磁通$\Phi_原$增加，电流表指针向右摆，说明感应电流由电流表正端流入，负端流出，由右手螺旋定则判出，感应电流产生的磁通$\Phi_感$的方向与原磁通$\Phi_原$方向相反。感应电流的方向向上。

（4）条形磁铁N极拔出线圈，如图6.2.2(d)所示，此时，原磁通$\Phi_原$减少，电流表指针向左摆，说明感应电流由电流表负端流入，正端流出，由右手螺旋定则判出，感应电流产生的磁通$\Phi_感$的方向与原磁通$\Phi_原$方向相同。感应电流的方向向下。

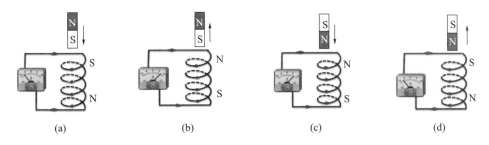

图 6.2.2

综上所述，当原磁通增加时，感应电流的磁场方向跟磁铁的磁场方向相反，阻碍原磁通的增加；当原磁通减少时，感应电流的磁场方向跟磁铁的磁场方向相同，阻碍原磁通的减少。总之，感应电流产生的磁通总是阻碍原磁通的变化，这一电磁感应定律称为楞次定律。

注意：阻碍是楞次定律的核心，阻碍不一定是方向相反。当磁通增加时阻碍是方向相反；当磁通减小时阻碍是方向相同。

阻碍线圈中原磁通量的变化，简称为"增反减同"；阻碍导体的相对运动，简称为"来拒去留"；阻碍原电流的变化，就是自感现象。

下面参照例子把右手定则的内容深入理解一下。

【例1】根据图6.2.3中已知条件,确定:(a)感应电动势的方向;(b)标出运动方向;(c)标出感应电流方向。

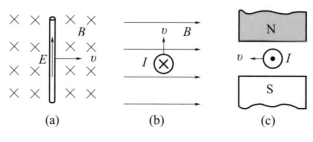

图 6.2.3

解:根据右手定则可判断出(a)感应电动势的方向向上;(b)运动方向向上;(c)感应电流的方向由里向外。

【例2】如图6.2.4所示,线圈向上运动,永久磁铁不动。判定线圈a、b两端感应电动势的方向。

解:(1)原磁场 $\Phi_{原}$ 方向下,且变化增加;

(2)感应磁通 $\Phi_{感}$ 的方向上;

(3)用安培定则,感应电流a端入b端出。

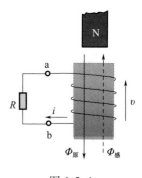

图 6.2.4

【例3】判断图6.2.5中有无感应电流(用右手定则和楞次定律)。

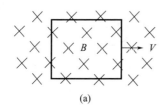
(a)

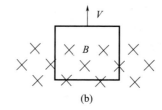
(b)

图 6.2.5

解:图(a)中,因为金属框向右运动时,回路内磁通不变,故没有感应电流;图(b)中,金属框向上运动时,磁通减小,故有感应电流产生。

判定通电直导线与线圈中感应电流的方向用什么方法?

第三节 电磁感应

一、感应电动势

由前面的分析知道,只要导体做切割磁感线运动,或穿过闭合回路内的磁通发生变化,回路中就会产生感应电流。换句话说,要使闭合电路中有电流流过,这个电路中必有电动势。在电磁感应现象中,只要切割磁感线运动的导体或磁通发生变化的线圈,就会产生感应电动势,这个感应电动势也相当于电源。

通过电磁感应现象产生的电动势称为感应电动势。在电磁感应现象中,不管外电路是否闭合,只要具备产生电磁感应现象的条件——穿过电路的磁通发生变化,电路中就有感应电动势。如果外电路是闭合的,电路中就有感应电流。若外电路是断开的,则电路中没有电流,但感应电动势仍然存在。

二、切割磁感线的感应电动势

1. 直导体运动方向跟磁场方向垂直

如图 6.3.1 所示,abcd 是一个矩形线圈,处于均匀磁场中,线圈平面与磁场垂直,导体 ab 垂直于磁场向右做切割磁感线运动时,ab 两端产生感应电动势。其方向从 a 端到 b 端,感应电流的方向也是从 a 端到 b 端。导体在磁场中同时受到的作用力为 F,方向用左手定则向左。其大小为 $F = BIl$。要使导体匀速做切割磁感线运动,必须有一个大小相等、方向相反的外力 $F_{外力}$ 作用在导体上,来反抗磁场力 F 做功,即 $F_{外力} = F$。

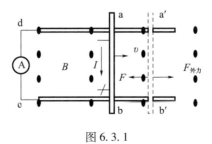

图 6.3.1

如果导体在时间 t 内运动的距离为 $L_{aa'} = vt$,则外力做功为

$$W_1 = F_{外力}$$

$$L_{aa'} = F$$

$$L_{aa'} = Blvt$$

而在时间 t 内感应电流所做的功为

$$W_2 = EIt$$

根据能量守恒定律,$W_1 = W_2$,因此有

$$BIlvt = EIt$$

因此得到感应电动势大小为

$$E = Blv$$

式中　E——感应电动势,单位 V;

　　　B——磁感应强度,单位 T;

　　　l——导体的长度,单位 m;

　　　v——导体的运动速度,单位 m/s。

2. 直导体运动方向跟磁场方向不垂直

如图 6.3.2 所示,导体的运动方向分解为互相垂直的两个分量 v_1 和 v_2,平行于磁场方向的分量($v_1 = v\cos\theta$)不切割磁感线,不产生感应电动势;只有垂直于磁场方向的分量($v_2 = v\sin\theta$)切割磁感线,才会产生感应电动势,则

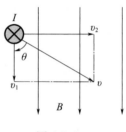

图 6.3.2

$$E = Blv_2 = Blv\sin\theta$$

即运动直导体感应电动势的大小与磁感应强度 B、导体的长度 l、运动的速度 v 以及运动方向与磁感线夹角 $\sin\theta$ 成正比。式中:θ 为运动方向 v 与磁场方向 B 的夹角。

如果闭合回路的电阻为 R,则感应电流为 $I = E/R$。

【例1】在图 6.3.1 中设匀强磁场的磁感应强度为 0.1T,切割磁感线的导线长度为 40cm,向右匀速运动的速度为 5m/s,整个线框的电阻为 0.5Ω。求:

(1)感应电动势的大小;

(2)感应电流的大小和方向;

(3)使导线匀速向右运动所需的外力;

(4)外力做功的功率;

(5)感应电流的功率。

解:(1)感应电动势为

$$E = Blv = 0.1 \times 0.4 \times 5 = 0.2\text{V}$$

(2) 感应电流为

$$I = \frac{E}{R} = \frac{0.2}{0.5} = 0.4\text{A}$$

方向为从 a→b→电流表→a。

(3) 外力为

$$F = BIl = 0.1 \times 0.4 \times 0.4 = 0.016\text{N}$$

(4) 外力做功的功率为

$$P = Fv = 0.016 \times 5 = 0.08\text{W}$$

(5) 感应电流的功率为

$$P = EI = 0.2 \times 0.4 = 0.08\text{W}$$

可以看到,$P = P'$,这正是能量守恒定律所要求的。由于线圈上纯电阻,电流的功率完全用来产生热,所以,发热功率也一定等于 P 或 P',简单的计算得出,情况正是这样。

三、电磁感应定律(磁通变化)

前面讲了,运动导体产生感应电动势,大小为

$$E = Blv\sin\theta$$

当 $\theta = 90°$ 时,感应电动势最大;当 $\theta = 0°$ 时,感应电动势为零。

式中:lv 是导体在运动中单位时间内所扫过的面积,$lv\sin\theta$ 是这个面积在垂直于磁场方向上的投影,$Blv\sin\theta$ 是运动导体单位时间内切割磁感线的数目,即单位时间内穿过线圈回路的磁通的变化量。在线圈中,线圈的磁通发生变化,也会产生感应电动势。

英国物理学家法拉第总结出:当穿过线圈的磁通发生变化时,产生感应电动势的大小与磁通的变化率成正比,这就是法拉第电磁感应定律,即

$$E = \frac{\Delta\Phi}{\Delta t}$$

式中:$\Delta\Phi = \Phi_2 - \Phi_1$,表示磁通的变化量,$\Delta\Phi$ 单位为韦伯;$\Delta t = t_2 - t_1$,表示时间的变化量,Δt 单位为秒;$\frac{\Delta\Phi}{\Delta t}$ 表示单位时间内线圈中磁通的变化量,也叫磁通的变化率,单位为伏。

法拉第电磁感应定律对所有的电磁感应现象都成立,这也是确定感应电动势大小的最普遍的规律。

当线圈为 N 匝时,如图 6.3.3 所示,由于每匝

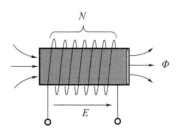

图 6.3.3

线圈内磁通变化都相同,而整个线圈又是由 N 匝线圈串联组成,因此线圈中的感应电动势就是单匝时的 N 倍,即

$$E = N\frac{\Delta\Phi}{\Delta t}$$

$N\Phi$ 表示磁通与线圈匝数的乘积,叫做磁链,用 Ψ 表示。$\Psi_2 = N\Phi_2$,为变化后的磁链;$\Psi_1 = N\Phi_1$,为变化前的磁链;$\Delta\Psi = \Psi_2 - \Psi_1$,磁链的变化量。

$$E = \frac{N\Phi_2 - N\Phi_1}{\Delta t} = \frac{\Psi_2 - \Psi_1}{\Delta t} = \frac{\Delta\Psi}{\Delta t}$$

所以,感应电动势等于磁链的变化率。

【例2】 在一个 $B = 0.01\text{T}$ 的匀强磁场里,放一个面积为 0.001m^2 的线圈,匝数为 500 匝。在 0.1s 内,把线圈平面从平行于磁感线的方向转过 90°,变成与磁感线方向垂直。求感应电动势的平均值。

解:在 $\Delta t = 0.1\text{s}$,磁通从 0 到最大:$\Phi_1 = 0$,Φ_2 最大。

$$\Phi = BS = 0.01 \times 0.001 = 1 \times 10^{-5}\text{Wb}$$

磁通的平均变化率为

$$\frac{\Delta\Phi}{\Delta t} = \frac{\Phi_2 - \Phi_1}{\Delta t} = \frac{1 \times 10^{-5} - 0}{0.1} = 1 \times 10^{-4}\text{Wb/s}$$

感应电动势的平均值为

$$E = N\frac{\Delta\Phi}{\Delta t} = 500 \times 1 \times 10^{-4} = 0.05\text{V}$$

答:感应电动势的平均值为 0.05V。

从上面两例可看出,在应用 $E = Blv\sin\theta$ 时,如果 v 是一段时间内的平均速度,那么 E 就是这段时间内感应电动势的平均值。如果 v 是某一时刻的瞬时速度,那么 E 就是那个时刻感应电动势的瞬时值。公式 $E = N\frac{\Delta\Phi}{\Delta t}$ 中的 $\Delta\Phi$ 是时间 Δt 内磁通的变化量,$\frac{\Delta\Phi}{\Delta t}$ 是指时间 Δt 内磁通的平均变化率,因此,E 也应是时间 Δt 内感应电动势的平均值。

四、应用

1. 电感器

电感器是一种储能元件,能把电能转换成磁能。它和电阻器、电容器一样都是电子设备中重要组成元件,如图 6.3.4 所示。通常按电感的形式分为固定电感器、可变电感器、微调电感器;按磁体性质分为空心线圈、磁芯线圈、铜心线圈;

按结构特点分为单层线圈、多层线圈、蜂房线圈。常见的有变压器线圈、荧光灯镇流器线圈、收音机天线线圈、继电器线圈等。

图 6.3.4

线圈每匝之间存在分布电容,使有效电感量下降,解决的方法有线圈绕成蜂房式或分段绕法。

2. 动圈式话筒

喇叭是一种将电能转换为机械能的设备,它是利用导体切割磁感线产生感应电动势这一原理制成的。

动圈式话筒又称电动式话筒,是目前大型语言放大器中使用较广的一种,它主要由膜片、音圈、永久磁铁等几部分组成,如图 6.3.5 所示。

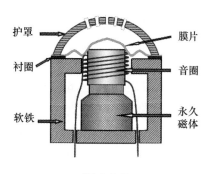

图 6.3.5

当声波传到膜片上时,膜片按声波的频率和强弱振动,并把这种振动传递给音圈,使音圈沿垂直磁场方向振动。音圈在磁场中做切割磁感线运动,从产而生感应电流,这个感应电流的大小按声波的频率和强弱变化,把它输入扩大器中进行放大。最后,由扬声器还原成声音。

1. 产生感应电流的条件是什么?
2. 感应电动势的大小、方向如何确定?

第四节 自感应现象

在电磁感应现象中,有一种叫做自感现象的特殊情形,现在来研究这种现象。

一、自感现象

在图 6.4.1 所示的实验中,先合上开关 S,调节变阻器 R 的电阻,使同样规格的两个灯泡 HL_1 和 HL_2 的明亮程度相同。再调节变阻器 R_1 使两个灯泡都正常发光,然后断开开关 S。

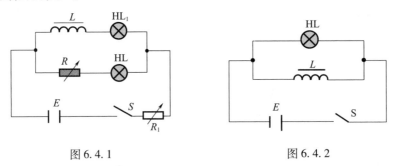

图 6.4.1 图 6.4.2

再接通电路时可以看到,跟变阻器 R 串联的灯 HL_2 立刻正常发光,而跟有铁芯的线圈 L 串联的指示灯 HL_1 却是逐渐亮起来的。为什么会出现这样的现象呢?原来在接通电路的瞬间,电路中的电流增大,穿过线圈 L 的磁通也随着增加。根据电磁感应定律,线圈中必然会产生感应电动势,这个感应电动势阻碍线圈中电流的增大,所以,通过 HL_1 的电流只能逐渐增大,灯 HL_1 只能逐渐亮起来。

现在再来看图 6.4.2 所示的实验,把指示灯 HL 和带铁芯的电阻较小的线圈 L 并联在直流电路里。接通电路,灯 HL 正常发光后,再断开电路,这时可以看到,断电的那一瞬间,灯突然发出很强的亮光,然后才熄灭。这是由于电路断开的瞬间,通过线圈的电流突然减弱,穿过线圈的磁通也很快地减少,因而在线圈中产生感应电动势。尽管这时电源已经断开,但线圈 L 和灯泡 HL 组成了闭合电路,在这个电路中有感应电流通过,所以灯泡不会立即熄灭。这种由于线圈中的电流变化而在线圈本身引起感应电势的现象叫做自感现象。在自感现象中产生的感应电势,称为自感电动势。

二、自感量(电感)

当电流通过单匝线圈时,线圈内就要产生磁通,而且都从本线圈中穿过。这种由于线圈中电流产生,又都从该线圈穿过的磁通,称为自感磁通,用 Φ_L 表示。

为了表明各个线圈或回路产生自感磁链的能力,我们将线圈或回路的自感磁链 Ψ_L 与电流 I 的比值叫做线圈或回路的自感量,也称电感量(或电感),用 L 表示,即

$$L = \frac{\Psi_L}{I}$$

若线圈为 N 匝,且穿过线圈每一匝的自感受磁通都一样,则根据定义,可得此线圈的电感为

$$L = \frac{\Psi_L}{I} = \frac{N\Phi}{I} = \frac{\mu N^2 S}{l}$$

式中:Ψ_L 表示线圈的自感磁链,单位和磁通相同,韦伯(Wb);I 为电流,单位安培(A);L 为线圈的电感量,单位亨(H),辅助单位有毫亨(mH)、微亨(μH)。

单位换算:

$$1H = 1000mH, 1mH = 1000\mu H$$

线圈在电路中的符号如图 6.4.3 所示。

(a) 空芯线圈　　(b) 铁芯线圈　　(c) 铁粉芯线圈　　(d) 铁粉芯可调线圈

图 6.4.3

常见的线圈如图 6.4.4 所示。

图 6.4.4

三、自感电势

自感现象是电磁感应现象的表现形式之一,所以,用楞次定律、法拉第定律讨论自感电势的方向和大小也是适用的。

如图 6.4.5 所示电路中,当 K 闭合时,当电流 i 由零逐渐增大时,线圈中的原磁通自零增大,根据楞次定律,线圈中要产生自感电势 e_L 阻止原磁通增加,自

感电势的方向必然与原电流 i 的方向相反。在图 6.4.6 中，当线圈中电流 i 从有到无，原磁通也减少到零，根据楞次定律，线圈又要产生自感电势 e_L，阻止原磁通减小，故 e_L 的方向必然与电流 i 的方向相同。

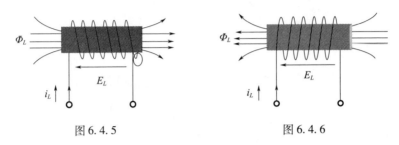

图 6.4.5   图 6.4.6

由此可知，用来判定自感电动势方向的楞次定律可简述为：线圈中自感电动势的作用总是阻碍原电流的变化。

根据法拉第定律，由线圈自感磁链 Ψ_L 的变化所产生的自感电势 e_L 的大小为

$$e_L = \left|\frac{\Delta \Psi}{\Delta t}\right|$$

将 $\Psi_L = Li$ 代入上式，当 L 为常数时：

$$e_L = L\left|\frac{\Delta i}{\Delta t}\right|$$

由此可把法拉第定律推广为：线圈中的自感电势的大小等于线圈电感量与线圈中电流变化率绝对值的乘积。

法拉第第一楞次定律：自感电动势的大小与自感量和线圈的电流的变化率成正比，用数学表达式表示成

$$e_L = -L\frac{\Delta i}{\Delta t}$$

式中：$\Delta i = i_2 - i_1$ 为流过线圈电流的变化量；$\Delta i/\Delta T$。为线圈中电流的变化率，单位：安/秒；L 为线圈的电感量。

其物理意义：当电流由小变大时（增加），$\Delta i > 0$，自感电动势与电流方向相反，所以，有负号；当电流由大变小时（减小），$\Delta i < 0$，自感电动势与电流方向相同，所以，无负号。

四、自感现象的应用

自感现象在各种电器设备和无线电技术中有广泛的应用。如：日光灯的镇流器就是利用线圈自感现象的例子。如图 6.4.7 所示是荧光灯的电路图，它主要由灯管、镇流器和启辉器组成。

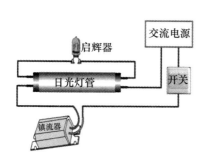 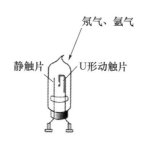

图 6.4.7

镇流器是一个铁芯线圈。启辉器是一个充有氖气的小玻璃泡,里面装两个电极、一个静触片和一个用双金属片制成的 U 形触片。灯管内充有稀薄的水银蒸气,管壁涂有荧光粉。当水银蒸气导电时,发出紫外线,使荧光粉发出柔和的光。由于激发水银蒸气导电所需的电压要比 220V 电源电压高得多,所以,启动时要有一个高于 220V 的电压。当荧光灯点燃正常发光后,灯管电阻变得很小,电流过大就会烧坏灯管,这就要进行限流降压。此时的镇流器就起到了降压限流的作用。

电子镇流代替了铁芯镇流器,如图 6.4.8 所示。

图 6.4.8

LED 灯代替了日光灯管,整流电源代替镇流器,如图 6.4.9 所示。

图 6.4.9

自感也有不利的一面,在自感系数很大而电流又很强的电路中(大型电动机的定子绕组),在切断电源的瞬间,由于电流在很短的时间内发生很大的变化,就会产生很高的自感电动势,在断开处形成电弧,这不仅会烧坏开关,甚至可能危及人员安全。因此,切断这类电路时必须采取特制的安全开关。还有在通信设备中用自感应的地方很多,但如果在不需要自感应的地方出现了自感应,就会使机器工作出现不正常情况,或使测试结果不准确,因此有时应设法减免电感。减免的方法是尽量减少回路的自感磁链。

五、磁场能量

电感线圈和电容一样都是电路中的储能元件。

当电感中有电流时,电感中也存储了一定的能量,这种能量是以磁的形式存储,称为磁场能量,表达式为

$$W_L = \frac{1}{2}LI^2$$

式中　L——线圈的电感量,单位 H;

　　　I——流过线圈中的电流,单位 A;

　　W_L——线圈储存的磁场能量,单位 J。

上式说明:线圈中储存的磁场能量与线圈的电感量 L 成正比,与线圈中电流 I 的平方成正比。

磁场能量和电场能量在电路中的转化是可逆的。随着电流的增大,线圈的磁场增强,储入的磁场能量就增多;随着电流的减小,磁场减弱,磁场能量通过电磁感应的作用,又转化为电能。

【例题】一个线圈的电流在 1/1000s 内有 0.02A 的变化时,产生 50V 的自感电动势,求线圈的自感系数。如果这个电路中电流的变化率为 40A/s,那么自感电动势多大?

解:$\Delta t = 1/1000 = 1 \times 10^{-3}\text{s}, \Delta I = 0.02\text{A}, E_L = 50\text{V}$

因为 $E_L = L\dfrac{\Delta I}{\Delta t}$

所以 $L = E_L \times \dfrac{\Delta t}{\Delta I} = 50 \times \dfrac{1 \times 10^{-3}}{0.02} = 2.5\text{H}$

$E_L = L\dfrac{\Delta I}{\Delta t} = 2.5 \times 40 = 100\text{V}$

答:自感电动势 100V。

额定电流(如电感量相同的线圈并联)是各线圈额定电流之和。因此,线圈串联可提高电感量,并联可增大额定电流。

1. 产生自感现象的条件是什么?
2. 在日常中还有哪些自感现象?
3. 自感电动势的大小、方向如何确定?

第五节 互感应现象

一、互感现象

假如两个线圈靠得很近,如图 6.5.1 所示,当第一个线圈中有电流 i_1 通过时,它所产生的自感磁通 Φ_{11} 必然有一部分要穿过第二个线圈,这一部分磁通叫做互感磁通,用 Φ_{21} 表示,它在第二个线圈上产生互感磁链用 Ψ_{21}($\Psi_{21} = N_2 \Phi_{21}$),同样,当第二个线圈中有电流 i_2 通过时,如图 6.5.2 所示,它所产生自感磁通 Φ_{22} 也会有一部分 Φ_{12} 要穿过第一个线圈,产生互感磁链用 Ψ_{12}($\Psi_{12} = N_1 \Phi_{12}$)。

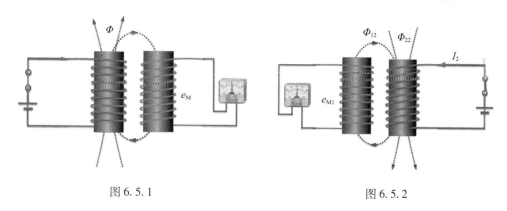

图 6.5.1　　　　　　　　　　图 6.5.2

如果 i_1 随时间变化,则 Ψ_{21} 也随时间变化,因此,在第二个线圈中将要产生感应电动势,像这种当一线圈的电流变化时,在附近另一线圈中产生感应电动势的现象称为互感现象。由互感现象产生的感应电动势称为互感电动势,用 E_M 表示。此时在第二个线圈中产生的电势为 E_{M2} 为

$$E_{M2} = \frac{\Delta \Psi_{21}}{\Delta t}$$

同理,当 i_2 随时间变化时,也要在第一个线圈中产生互感电动势 E_{M1} 为

$$E_{M1} = \frac{\Delta \Psi_{12}}{\Delta t}$$

二、互感量

上一节我们用自感量 L 来表征一个线圈产生自感磁链的能力。同样,为了表征两线圈产生互感磁链的能力,引进互感量,即互感磁链与产生此磁链的电流

的比值,叫做这两个线圈的互感量,简称互感,用 M 表示：

$$M = \frac{\Psi_{21}}{i_1} = \frac{\Psi_{12}}{i_2}$$

M 单位为亨利(H)。

通常互感量只和这两个回路的结构、相互位置及媒质的导磁系数有关,而与回路的电流无关,只有当媒质为铁磁性材料,导磁系数不为常数,互感量才与电流有关。

下面研究两线圈间的互感与它们各自感量之间的关系。

设 K_1,K_2 为各线圈所产生的互感磁通与自感磁通的比值,K_1,K_2 表示每个线圈所产生的磁通有多少与相邻线圈相交链。

$$K_1 = \frac{\Phi_{21}}{\Phi_{11}} = \frac{\Psi_{21}/N_2}{\Psi_{11}/N_1} = \frac{\Psi_{21}N_1}{\Psi_{11}N_2}$$

由于
$$\Psi_{21} = M i_1, \Psi_{11} = L_1 i_1$$

故得
$$K_1 = \frac{\Psi_{21}N_1}{\Psi_{11}N_2} = \frac{M i_1 N_1}{L_1 i_1 N_2} = \frac{M N_1}{L_1 N_2}$$

同理得
$$K_2 = \frac{\Phi_{12}}{\Phi_{22}} = \frac{\Psi_{12}/N_1}{\Psi_{22}/N_2} = \frac{\Psi_{12}N_2}{\Psi_{22}N_1}$$

$$\Psi_{12} = M i_2, \Psi_{22} = L_2 i_2$$

$$K_2 = \frac{\Psi_{12}N_2}{\Psi_{22}N_1} = \frac{M_2 i_2 N_2}{L_2 i_2 N_1} = \frac{M N_2}{L_2 N_1}$$

K_1 与 K_2 的几何平均值叫做线圈的交链系数或耦合系数,它反映了两线圈的耦合程度,用 K 表示,即

$$K = \sqrt{K_1 K_2} = \sqrt{\frac{M N_1}{L_1 N_2} \times \frac{M N_2}{L_2 N_1}} = \frac{M}{\sqrt{L_1 L_2}}$$

K 的值在 0 与 1 之间。当 $K=0$ 时,说明线圈产生的磁通互不交链,不存在互感;当一个线圈产生的磁通全部穿过另一个线圈,即 $\Psi_{21} = \Psi_{11}$,$\Psi_{12} = \Psi_{22}$ 时,无漏磁通,耦合系数 $K=1$,两个线圈耦合得最紧,这样的情况叫全耦合。具有闭合铁芯的变压器的漏磁通最小,K 值较接近于 1;空心变压器的漏磁通较大,耦合松,K 值小。

由前式可得

$$M = K\sqrt{L_1 L_2}$$

上式说明,互感量(互感系数)的大小取决于两个线圈的自感量和耦合系数。

互感现象在电工和电子技术中应用广泛,如电源变压器、电流互感器、电压互感器和中周变压器等。互感变压器的电路符号如图6.5.3所示。

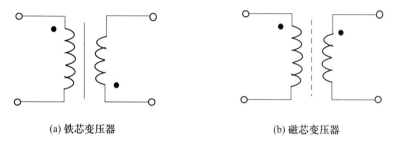

(a) 铁芯变压器　　　　　　　　(b) 磁芯变压器

图6.5.3

三、互感动电势

同样的道理,互感现象作为电磁感应现象之一,也可用电磁感应定律来计算的大小。

假定两个线圈靠得很近的线圈中,当第一个线圈的电流 i_1 发生变化,将在第二个线圈中产生互感电动势 E_{M2},根据法拉第电磁感应定律,可得

$$E_{M2} = \frac{\Delta \Psi_{21}}{\Delta t}$$

设两线圈的互感系数 M 为常数,并把 $\Psi_{21} = Mi_1$ 代入上式得

$$E_{M2} = \frac{\Delta(Mi_1)}{\Delta t} = M\frac{\Delta i_1}{\Delta t}$$

同理可得,第二个线圈的电流 i_2 发生变化,在第一个线圈中产生互感电动势:

$$E_{M1} = \frac{\Delta \Psi_{12}}{\Delta t} = M\frac{\Delta i_2}{\Delta t}$$

上式说明,线圈中的互感电动势,与互感系数和另一个线圈中电流变化率的乘积成正比。

四、互感线圈的同名端

互感电动势可用楞次定律来判断,但实际上线圈中互感电动势的方向不仅与电流变化有关,还与线圈绕向有关,而在电路符号上又看不出线圈的绕向,所以,判定互感电动势的方向比较麻烦。因此,在实际工作中判断互感电动势方向应用最多的是利用同名端来判断。

所谓同名端就是具有互感的两个线圈,若从两个线圈的某端流入电流时,在磁路中产生的磁通方向相同,则两个线圈电流流入端(或两个线圈的流出端)称为同名端,用"·"表示(或者:在同一变化的磁通作用下,感应电动势极性相同的端点叫同名端,感应电动势极性相反的端点叫异名端)。

通过实验方法也可以判定同名端。如图6.5.4所示为实验电路。

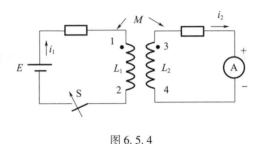

图6.5.4

当合上开关时,电流从1端流入,2端流出,且电流增大。若电流表正偏,则1、3端为同名端;若电流表反偏,则1、3端为异名端。

实际上线圈中互感电动势:在同一变化的磁通作用下,感应电动势极性相同的端点叫同名端,感应电动势极性相反的端点叫异名端。

可见,利用同名端,根据电流的变化趋势,可以很方便地判断出互感线圈的互感电动势的极性。

五、互感线圈串联

把两个有互感的线圈串联起来,有两种接法:一种是异名端相接叫顺串;另一种是同名端相接叫反串。

1. 顺串

图6.5.5(a)为线圈顺串。当电流i从1端流入,经过2端、3端流向终点4端,并且电流是减小的,则在两个有互感的线圈中出现四个感应电动势,两个自感电动势E_{L1}、E_{L2}和两个互感电动势E_{M1}、E_{M2}。电流从1端流入且减小,E_{L1}、E_{L2}串联,且与电流i方向相同(左负右正)。因端点1、3是同名端,E_{M2}与E_{L1}同方向,E_{M1}与E_{L2}同方向,因此,总的感应电动势为这四个感应电动势之和,即

$$E = E_{L1} + E_{M1} + E_{L2} + E_{M2}$$
$$= L_1 \frac{\Delta i}{\Delta t} + M \frac{\Delta i}{\Delta t} + L_2 \frac{\Delta i}{\Delta t} + M \frac{\Delta i}{\Delta t}$$
$$= L_1 \frac{\Delta i}{\Delta t} + L_2 \frac{\Delta i}{\Delta t} + 2M \frac{\Delta i}{\Delta t}$$

$$= (L_1 + L_2 + 2M)\frac{\Delta i}{\Delta t} = L_{顺}\frac{\Delta i}{\Delta t}$$

式中，$L_{顺} = L_1 + L_2 + 2M$。两个有互感的线圈串联时，相当于一个具有等效电感为 $L_{顺} = (L_1 + L_2 + 2M)$ 的电感线圈。

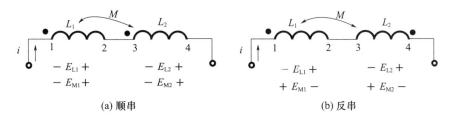

图 6.5.5

2. 反串

图 6.5.5(b)为线圈反串。同样设电流 i 从 1 端流入，经过 2 端、3 端流向终点 4 端，并且电流是减小的，则在两个有互感的线圈中也出现四个感应电动势。两个自感电动势 E_{L1}、E_{L2} 和两个互感电动势 E_{L1}、E_{L2}。电流从 1 端流入且减小，E_{L1}、E_{L2} 串联与电流方向相同（左负右正）。因端点 1、4 是同名端，E_{L1}、E_{L2} 与电流方向相反。因此，总的感应电动势为四个感应电动势之和，即

$$\begin{aligned}E &= E_{L1} - E_{M1} + E_{L2} - E_{M2} \\ &= L_1\frac{\Delta i}{\Delta t} - M\frac{\Delta i}{\Delta t} + L_2\frac{\Delta i}{\Delta t} - M\frac{\Delta i}{\Delta t} \\ &= L_1\frac{\Delta i}{\Delta t} + L_2\frac{\Delta i}{\Delta t} - 2M\frac{\Delta i}{\Delta t} \\ &= (L_1 + L_2 - 2M)\frac{\Delta i}{\Delta t} = L_{反}\frac{\Delta i}{\Delta t}\end{aligned}$$

式中，$L_{反} = L_1 + L_2 - 2M$。两个有互感的线圈串联时，相当于一个具有等效电感为 $L_{反} = L_1 + L_2 - 2M$ 的电感线圈。

在实际需要了解两个具有互感线圈的互感系数时，可以用实验的方法，先测两个线圈顺串时的电感，再测两个线圈反串时的电感，通过公式计算出互感系数：

因为 $\qquad L_{顺} - L_{反} = 4M$

所以 $\qquad M = \dfrac{L_{顺} - L_{反}}{4}$

实际工作中，常常需要使用具有中心抽头的线圈，并且要求两部分线圈完全相同。为了满足这个要求，在实际线圈绕制时，可用两根相同的漆包线平行地绕在同一个铁芯上，然后，再把两个线圈的异名端接在一起作为中心抽头引出，如

图 6.5.6 所示。

如果两个互感线圈的同名端串联在一起,则两个线圈所产生的磁通在任何时候总是大小相等方向相反,因此,相互抵消。这样的线圈不会有磁通穿过,因而没有电感,它只起一个电阻的作用。所以,为了获得无感电阻,将电阻丝对折双线并绕两头引出,如图 6.5.7 所示。

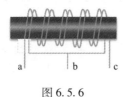

图 6.5.6 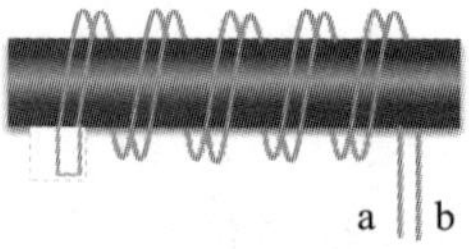　　　　　　　　图 6.5.7

1. 产生互感现象的条件是什么?
2. 在日常中还有哪些互感现象?
3. 互感电动势的大小、方向如何确定?

第六节　涡流和磁屏蔽

一、涡流

金属块在磁场中产生的感应电流自成闭合回路,像水的漩涡一样,叫做涡电流,简称涡流。

如图 6.6.1(a)所示,涡流的存在使得铁芯发热,能量损失,这种现象称为涡流损失。为减小这种损耗,实际中电机和变压器的铁芯常采用涂有绝缘漆的薄硅钢片叠制而成,如图 6.6.1(b)所示。

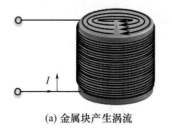

(a) 金属块产生涡流 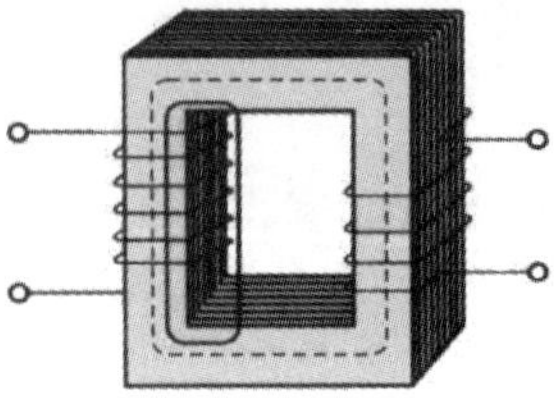　　　　(b) 叠片铁芯减小涡流

图 6.6.1

但是涡流完全没有也不可能,尽量越小越好。涡流也有有用的一面,可利用涡流提炼贵重金属、制动等。感应加热技术已经被广泛应用于有色金属和特殊合金的冶炼。如图 6.6.2 所示,利用涡流加热的电炉叫做高频感应炉,它的主要结构是一个与大功率的高频交流电源相接的线圈,被加热的金属就放在线圈中间的坩埚内。

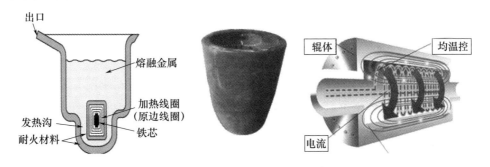

图 6.6.2　高频感应炉

当线圈通以强大的高频电流时,它产生的交变磁场能使坩埚内的金属中产生强大的涡流,发出大量的热,使金属熔化(坩埚是熔化金属或其他物质的器皿,一般用黏土、石墨等耐火材料制成。化学实验用坩埚,用瓷土、铂、镍或其他材料制成)。

如图 6.6.3 所示,是利用涡流制动。当金属圆盘在永久磁铁的磁极间旋转时,盘中就会产生涡流。根据楞次定律,涡流与磁场相互作用,将使圆盘受到一个反抗力,以阻止圆盘的转动,这种作用就叫涡流的制动作用。一些仪表就是利用这种作用来做成阻尼装置的。

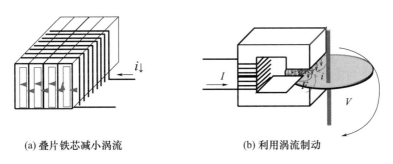

(a) 叠片铁芯减小涡流　　　　(b) 利用涡流制动

图 6.6.3

二、磁屏蔽

互感现象在不需要的地方出现,就是干扰。为了减小干扰,在电子技术中使用磁屏蔽的方法。将元器件免受外界磁场影响的措施叫做磁屏蔽,如图 6.6.4 所示。

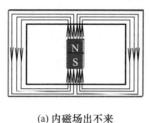

(a) 内磁场出不来　　　　　　　　(b) 外磁场进不去

图 6.6.4

一个铁磁材料制成的金属空腔,可以屏蔽内外磁场的相互影响,多数电子设备就是利用这一原理来屏蔽内外磁场的相互影响,如图 6.6.5 所示。

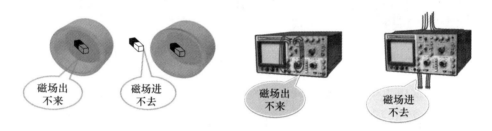

图 6.6.5

屏蔽的具体措施有:

(1)利用软磁性材料制成屏蔽罩;

(2)对高频变化的磁场,采用导电性能良好的金属制成屏蔽罩;

(3)装配时将相邻两个线圈垂直放置。

在装配时,应将相邻两线圈互相垂直放置,图 6.6.6(a) 左边的线圈产生的磁通不穿过右边的线圈。图 6.6.6(b) 右边的线圈产生的磁通穿过左边的线圈,但线圈上半部与下半部磁通方向正好相反,所产生的互感电动势相互抵消,从而起到了消除互感的作用。

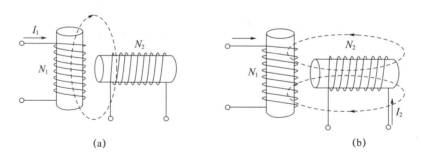

(a)　　　　　　　　　　　　　(b)

图 6.6.6

1. 涡流是如何产生的？
2. 涡流有什么用途？涡流有什么危害？

知识拓展与应用

一、电感器

电感器是一种储能元件，能把电能转换成磁场能。它和电阻器、电容器一样都是电子设备中的重要组成元件。电感器的种类很多，通常按电感的形式分为固定电感器、可变电感器、微调电感器；按磁体性质分为空心线圈、磁芯线圈、铜心线圈；按结构特点分为单层线圈、多层线圈、蜂房线圈。常见的有变压器线圈、荧光灯镇流器的线圈、收音机中的天线线圈等，图 a 分别给出了它们的外形。

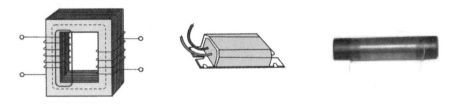

图 a

各种电感线圈具有不同的特点和不同的用途，但它们都是用漆包线或纱包线绕在绝缘骨架上或铁芯上构成的，而且每圈与每圈之间彼此绝缘。为适应各种用途的要求，电感线圈做成了各种各样的形状。电感量 L 和品质因数 Q 是电感线圈的主要参数。电感量的大小与线圈的匝数、形状、大小及磁芯的材料等因素有关。品质因数越高，表明电感线圈的功率损耗越小，即"品质"越好。

线圈每两圈（或每两层）导线可以看成是电容器的两块金属片，导线之间的绝缘材料相当于绝缘介质，这相当于一个很小的电容，叫做线圈的分布电容。由于分布电容存在，因此线圈有效电感量下降，为此，将线圈绕成蜂房式或分段绕法，目的就是减小分布电容。

二、磁性记录器件

磁性记录器件中，主要有磁头和磁带。

1. 磁头

磁头由三个基本部分构成：环形铁芯、绕在铁芯两侧的线圈和工作气隙。磁头装在一个坡莫合金的外壳中，如图 b 所示，金属外壳起磁屏蔽作用。环形铁芯是由具有优良磁性能的软磁性材料制成的。这种铁芯的导磁率高，饱和磁感应强度大，能在线圈电流磁场的磁化下产生很强的磁感应强度，磁滞损耗和涡流损耗小。

磁头从工作性质上分有录音磁头、放音磁头和抹音磁头。在一般简单磁性记录系统中，录音磁头和放音磁头合为一个，叫做录放磁头。

录音原理如图 b 所示，在信息记录的过程中，话筒把声音变成电信号，这个电信号随时间的变化规律同声音变化规律是相同的。电信号经放大器放大后，输入到录音磁头的线圈中，使录音磁头的气隙附近产生与电信号相应的变化磁场。磁带由精密的伺服机械以稳定和均匀的速度运动，由于磁带紧贴磁头纵向运动，所以，通过磁头缝隙的磁带就被磁化，电信号因此被记录下来。

要使记录信号重现，可将磁带以同样速度通过放音磁头，磁带的剩余磁感应强度在放音磁头中产生变化的磁通，使放音磁头的线圈中产生感应电流，把大小变化的感应电流放大送给扬声器，就可得到重现的信号，如图 c 所示。

抹音磁头是为了在录音前消除磁带原来记录的信号。在放音过程中，抹音磁头不起作用。抹音方式分交流抹音和直流抹音两种。

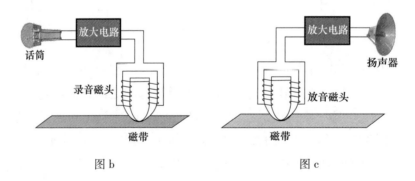

图 b   图 c

2. 磁带

磁带是用聚酯塑料作为基带，上面涂以硬的强磁性粉制成，这层磁性材料叫做磁性层。磁带背面涂有一层润滑剂，这种润滑剂通常用石墨原料制成。根据所用磁粉和制造工艺的不同，磁带可分为普通带、铁铬带和金属带。按上述顺序，性能越来越好。根据用途，磁带又可分为单声道磁带和立体声磁带。

本章小结

1. 导体作切割磁感线运动和穿过线圈的磁通发生变化时,导体(线圈)就有感应电动势产生。如果电路是闭合的,则在电路中形成感应电流。感应电流的方向用右手定则或楞次定律来判定。

右手定则:伸开右手,大拇指与四指垂直,跟手掌在一个平面内,让磁感线垂直穿过手心,大拇指指向导体运动方向,四指所指的方向就是导体中感应电流的方向,也是感应电动势的方向。

楞次定律:当原磁通增加时,感应电流的磁通方向与原磁通相反;当原磁通减少时,感应电流的磁通方向与原磁通相同。

电路中感应电动势的大小:

$$E = Blv\sin\theta$$

或

$$E_L = N\frac{\Delta\Phi}{\Delta t} = \frac{\Delta\Psi}{\Delta t}$$

线圈中感应电动势的大小与穿过线圈的磁通的变化率成正比,叫做法拉第电磁感应定律。

2. 由于线圈本身的电流发生变化而产生的电磁感应现象,叫做自感现象。由自感现象产生的感应电动势叫自感电动势。

自感电动势为

$$E_L = L\frac{\Delta i}{\Delta t}$$

线圈的自感磁链与电流的比值,叫做线圈的电感量。自感量为

$$L = \frac{\Psi_L}{I} = \frac{\mu N^2 S}{l}$$

当磁导率为常数时,电感与电流无关;当磁导率不是常数时,电感与电流有关。

3. 两个靠得很近的线圈,当一个线圈中的电流发生变化时,在另一个线圈中产生的电磁感应现象,叫做互感现象,互感现象产生的感应电动势为互感电动势。

$$E_{M1} = M\frac{\Delta i_2}{\Delta t}$$

$$E_{M2} = M \frac{\Delta i_1}{\Delta t}$$

两个线圈的互感为

$$M = \frac{\Psi_{21}}{i_1} = \frac{\Psi_{12}}{i_2}$$

$$M = K\sqrt{L_1 L_2}$$

4. 电感线圈的磁场能量为

$$W_L = \frac{1}{2}LI^2$$

5. 同名端:具有互感的两个线圈,若从线圈的某端流入电流时,在磁路中产生的磁通方向相同,电流流入线圈的这些端点称为同名端(电流流出的两个端点也叫同名端),用"·"表示(或在同一变化的磁通作用下,感应电动势极性相同的端点叫同名端,极性相反的端点为异名端)。

习题六

一、是非题

1. 导体在磁场中运动时,总是能够产生感应电动势。　　　　　　（　　）
2. 线圈中只要有磁场存在,就必定会产生电磁感应现象。　　　　（　　）
3. 感应电流产生的磁通方向总是与原来的磁通方向相反。　　　　（　　）
4. 线圈中电流变化越快,则其自感系数就越大。　　　　　　　　（　　）
5. 自感电势的大小与线圈本身的电流变化率成正比。　　　　　　（　　）
6. 当结构一定时,铁芯线圈的电感是一个常数。　　　　　　　　（　　）
7. 互感系数与两个线圈中的电流均无关。　　　　　　　　　　　（　　）
8. 线圈 A 的一端与线圈 B 的一端为同名端,那么,线圈 A 的另一端与线圈 B 的另一端就为异名端。　　　　　　　　　　　　　　　　　　　（　　）
9. 把两个互感线圈的异名端相连叫顺串。　　　　　　　　　　　（　　）
10. 两个顺串线圈中产生的所有感应电动势方向都是相同的。　　（　　）

二、选择题

1. 下列属于电磁感应现象的是(　　)。

A. 通电直导体产生磁场   B. 通电直导体在磁场中运动

C. 变压器铁芯被磁化   D. 线圈在磁场中转动发电

2. 如图 6-1 所示,若线框 ABCD 中不产生感应电流,则线框一定(   )。

A. 匀速向右运动

B. 以导线 EE′为轴匀速转动(此时磁力线不变)

C. 以 BC 为轴匀速转动

D. 以 AB 为轴匀速转动

3. 如图 6-2 所示,当开关 S 打开时,电压表指针(   )。

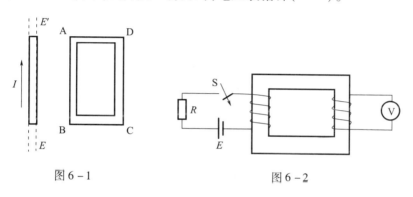

图 6-1   图 6-2

A. 正偏   B. 不动   C. 反偏   D. 不能确定

4. 法拉第电磁感应定律可以这样表述:闭合电路中感应电动势的大小(   )。

A. 与穿过这一闭合电路的磁通变化率成正比

B. 与穿过这一闭合电路的磁通成正比

C. 与穿过这一闭合电路的磁通变化量成正比

D. 与穿过这一闭合电路的磁感应强度成正比

5. 线圈自感电动势的大小与(   )无关。

A. 线圈的自感系数   B. 通过线圈的电流变化率

C. 通过线圈的电流大小   D. 线圈的匝数

6. 线圈中产生的自感电动势总是(   )。

A. 与线圈内的原电流方向相同   B. 与线圈内的原电流方向相反

C. 阻碍线圈内原电流的变化   D. 以上在种说法都不正确

7. 下面说法正确的是(   )。

A. 两个互感线圈的同名端与线圈中的电流大小有关

B. 两个互感线圈的同名端与线圈中的电流方向有关

C. 两个互感线圈的同名端与两个线圈的绕向有关

D. 两个互感线圈的同名端与两个线圈的绕向无关

8. 互感系数与两个线圈的（　　）有关。

　A. 电流变化　　　B. 电压变化　　　C. 感应电势　　　D. 相对位置

9. 两个反串线圈的 $K=0.5$，$L_1=9\mathrm{mH}$，$L_2=4\mathrm{mH}$，则等效电感为（　　）。

　A. 13mH　　　　B. 7mH　　　　　C. 19mH　　　　　D. 1mH

10. 两个互感线圈顺串时等效电感为50mH，反串时等效电感为30mH，则互感系数为（　　）。

　A. 10mH　　　　B. 5mH　　　　　C. 20mH　　　　　D. 40mH

三、填空题

1. 感应电流的方向，总是要使感应电流的磁场_____引起感应电流的_____的变化，叫做楞次定律。即线圈中磁通增加时，感应电流的磁场方向与原磁场方向_____；若线圈中磁通减少时，感应电流的磁场方向与原磁场方向_____。

2. 由于线圈自身_____产生的_____现象叫做自感现象。线圈的_____与_____的比值，叫做线圈的电感量。

3. 线圈的电感是由线圈本身的特性决定的，即与线圈的_____、_____和媒介质的_____有关，而与线圈是否有电流或电流大小_____。

4. 荧光灯电路主要由_____、_____和_____组成。镇流器的作用是：荧光灯正常发光时，起_____作用；荧光灯点燃时，产生_____。

5. 空心线圈的电感是线性的，而铁芯线圈的电感是_____，其电感大小随电流的变化而_____。

6. 在同一变化磁通的作用下，感应电动势极性_____的端点叫做同名端；感应电动势极性_____的端点叫做异名端。

7. 两个互感线圈同名端相连接叫做_____，异名端相连接叫做_____。

8. 耦合系数 K 值在_____和_____之间。

9. 在0.03s内线圈A中的电流由0.5A增加到2A，线圈A的自感系数为0.9H，两个线圈间的互感系数 $M=0.6\mathrm{H}$，则线圈B中产生的互感电动势为_____V；线圈A中产生_____电动势，大小为_____V。

10. 电阻器是_____元件，电感器和电容器都是_____元件，线圈的_____反映它储存磁场能量的能力。

四、问题与计算题

1. 图 6-3 中,CDEF 是金属框,当导体 AB 向右移动时,试用右手定则确定 ABCD 和 ABFE 两个电路中感应电流的方向。应用楞次定律,能不能用这两个电路中的任意一个来判定导体 AB 中感应电流的方向?

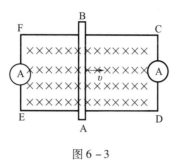

图 6-3

2. 图 6-4 所示的电路中,把变阻器的滑动片向左移动使电流减弱,试确定这时线圈 A 和 B 中感应电流的方向。

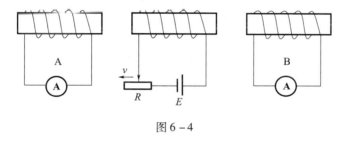

图 6-4

3. 在 0.4T 的匀强磁场中,长度为 25cm 的导线以 6m/s 的速度做切割磁力线运动,运动方向与磁力线成 30°,并与导线本身垂直,求导线中感应电动势的大小。

4. 如图 6-5 所示,一个正方形线圈 abcd 在不均匀磁场中,以一定速度向右移动,磁感应强度从左向右递减,试问:

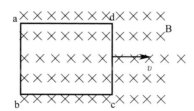

图 6-5

①为什么线圈中会产生感应电势?感应电流的方向是怎样?

②如果线圈边长为10cm,整个线圈电阻为0.5Ω,移动速度为5m/s,图中ab处磁感应强度为$B_1=1.5$T,cd处磁感应强度$B_2=1$T,求这一时刻线圈中的感应电流?

5. 有一个1000匝的线圈,在0.4s内穿过它的磁通从$0.02W_b$增加到$0.09W_b$,求线圈中的感应电动势。如果线圈的电阻是10Ω,当它跟一个电阻为990Ω的电热器串联组成闭合电路时,通过电热器的电流多大?

6. 一个线圈的电流在1/1000s内有0.02A的变化时,产生50V的自感电动势,求线圈的自感系数。如果这个电路中电流的变化率为40A/s,那么自感电动势多大?

第七章 正弦交流电的基本概念

 问题引出

本章内容与直流电的知识有密切联系,要用到直流电中讲过的许多概念和规律。但由于交流电具有不同于直流电的特点,因此,表征交流电特征的物理量,影响交流电的电路元件又有其自己的特性。在学习中对比直流电来研究交流电,可以加深对交流电特性的理解。

本章着重讨论正弦交流电的三要素及正弦交流电的表示方法和加减运算,作为分析正弦交流电路的基础。

 学习目标

1. 了解交流电的产生。
2. 理解正弦交流电的特征,掌握正弦交流电的三要素以及相位与相位差的概念。
3. 掌握正弦交流电的各种表示方法(解析式表示法、波形图表示法、相量图表示法和复数表示法)。

第一节 交流电的产生

一、正弦交流电动势的产生

发电厂又称发电站,是将自然界蕴藏的各种一次能源变为电能(二次能源)的工厂。发电厂是人类获得电能的主要来源,发电厂有多种发电途径:靠燃煤或石油驱动涡轮机发电的称为热电厂,靠水力发电的称为水电站,还有些靠太阳能、风力和潮汐发电的,而以核燃料为能源的核电已在世界许多国家发挥越来越大的作用,但都要用发电机来完成。

发电机是利用电磁感应原理,线圈切割磁感线旋转,产生感应电动势,把机械能转换成电能。正弦交流电动势可由正弦交流发动机产生,也可由信号发生器产生。下面以发动机为例,说明正弦交流电动势的产生过程。

交流发电机有一对磁极(N,S)、铁芯上绕有线圈(图中只画一匝来表示),这个绕有线圈的铁芯可以在磁极之间自由旋转,称为电枢。线圈的两个引出端分别与两个彼此绝缘的铜质滑环相连,滑环通过电刷与外电路负载构成闭合回路,如图7.1.1所示。两端有两个彼此绝缘的铜质滑环相连,滑环又通过电刷与外电路负载构成闭合回路。

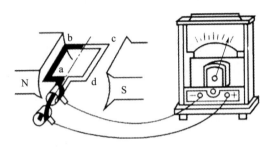

图 7.1.1

现在我们观察到矩形线圈在匀强磁场中匀速转动。通过电流表的指针摆动来观看感应电流情况:

在图7.1.2所示中,图中标 a 的小圆圈表示 ab 边的横截面,标 d 的小圆圈表示线圈 cd 边的横截面。假定线圈平面从与磁感线垂直的平面(这个面叫做中性面)开始,沿逆时针方向匀速旋转,角速度是 ω,单位为 rad/s(弧度/秒)。经过 t 秒后线圈转过的角度是 ωt。这时,ab 边的线速度 v 的方向与磁感线方向间的夹角也等于 ωt。

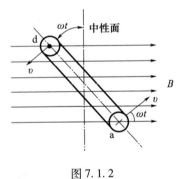

图 7.1.2

随线圈的转动而左右摆动,每转一周指针摆动一次。这表明线圈转动切割磁力线产生感应电流,并且感应电流的大小和方向都随时间做周期性变化,产生了交流电。

设 ab=cd 边的长度为 L,磁场的磁感应强度是 B,那么 ab 边中的感应电动势,$e_{ab}=Blv\sin\omega t$,cd 边产生的感应电动势跟 ab 边中的大小相等方向相同,而且又是串在一起,则这一瞬间整个线圈中的感应电势 e 可用下式表示

$$e = e_{ab} + e_{cd} = 2Blv\sin\omega t$$

当 $\omega t = \dfrac{\pi}{2}$ 时,$\sin\omega t = 1$,感应电势最大,设 $E_m = 2Blv$,则

$$e = E_m \sin\omega t$$

当用 R 表示回路的总电阻,用 i 表示回路中的感应电流,则

$$i = \frac{e}{R} = \frac{E_m}{R}\sin\omega t = I_m \sin\omega t$$

式中 $I_m = \dfrac{E_m}{R}$ 表示电流的最大值。

当负载电阻为 R_L 时,

$$u = R_L i = R_L I_m \sin\omega t = U_m \sin\omega t$$

若线圈平面与中性面有一夹角 φ_0 时,如图 7.1.3 所示。那么经过时间 t,线圈平面与中性面间的角度为 $(\omega t + \varphi_0)$,感应电势、感应电流、电压的表达式为

$$e = E_m \sin(\omega t + \varphi_0)$$
$$u = U_m \sin(\omega t + \varphi_0)$$
$$i = I_m \sin(\omega t + \varphi_0)$$

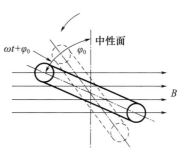

图 7.1.3

这种按正弦规律变化的交流电称为正弦交流电,简称交流电,它是一种最简单而又最基本的交流电。

二、交流电的波形图

交流电的变化可以用波形图直观地表示出来。如图 7.1.4 分别表示了电动势 $e = E_m \sin\omega t$ 和电流 $i = I_m \sin\omega t$ 的波形图。

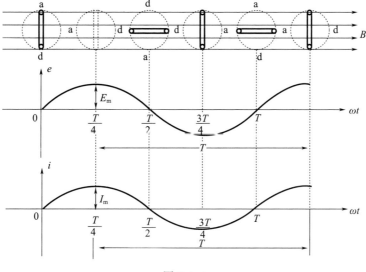

图 7.1.4

当 $\omega t = 0$ 时,ab、cd 边都不切割磁力线,所以,线圈中不产生感应电动势,电路中感应电流为零。当 $\omega t = \pi/2$ 时,ab、cd 边切割磁力线,线圈中产生的感应电动势最大,电路中感应电流也最大。当 $\omega t = \pi$ 时,ab、cd 边都不切割磁力线,线圈中不产生感应电动势,电路中感应电流为零。当 $\omega t = 3\pi/2$ 时,ab、cd 边切割磁力线,线圈中产生的感应电动势反向最大,电路中感应电流也反向最大。当 $\omega t = 2\pi$ 时,ab、cd 边都不切割磁力线,线圈中不产生感应电动势,电路中感应电流为零。线圈平面每经过中性面一次,感应电动势和感应电流的方向就要改变一次,因此,线圈转动一周,感应电动势和感应电流的方向改变两次。

图 7.1.5 表示当 $t = 0$ 时,线圈平面与中性面夹角为 $30°$,此时电压瞬时表达为 $u = U_m \sin(\omega t + 30°)$ 的波形图。

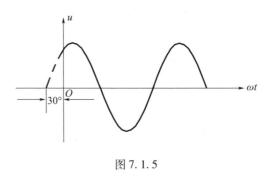

图 7.1.5

正弦交流电是如何产生的?有什么特点?

第二节 表征交流电的物理量

直流电的电压、电流是恒稳的,都不随时间而改变,要描述直流电,就用一个大写字母表示,如 I、U、E 等,一般只用电压和电流这两个物理量就够了。交流电则不然,它比直流电复杂得多,它的大小和方向都随时间变化,因此,要描述交流电,需要的物理量比较多,下面就来讨论表征正弦交流电的几个物理量。

一、周期和频率

正弦交流电是按照正弦规律变化的,变化是有周期性的,周期有快有慢。从交流电产生可知,线圈匀速转动一周,电动势和电流按正弦规律变化一周。正弦交流电完成一次周期性变化所用的时间,称为交流电的周期,如图 7.2.1 所示,用 T 来表示,单位为秒(s)。

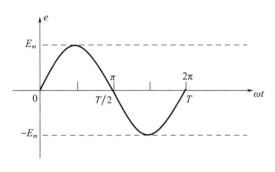

图 7.2.1

正弦交流电在 1s 内完成周期性变化的次数叫做交流电的频率,用 f 表示,单位为赫兹(Hz),辅助单位千赫(kHz)、兆赫(MHz)。

$$1kHz = 1000Hz, 1MHz = 1000kHz$$

$$1MHz = 10^3 kHz = 10^6 Hz, 1Hz = 10^{-3} kHz = 10^{-6} MHz$$

根据定义,周期和频率的关系互为倒数,即

$$T = \frac{1}{f} \text{ 或 } f = \frac{1}{T}$$

我国工农业生产和生活用的交流电的频率是 50Hz,周期为 0.02s。通常交流电变化一周可用 2π 弧度或 360° 来表示。交流电每秒所变化的角度(电角度),叫做交流电的角频率,用 ω 表示,单位为弧度/秒(rad/s)。

周期、频率与角频率间的关系为

$$\omega = \frac{2\pi}{T} = 2\pi f$$

上式说明一次周期性变化需 T 秒的时间,1s 旋转的电角度为 $2\pi/T$;1s 完成周期性变化的次数为 f,一周变化了 $2\pi f$ 次。

$$2\pi = 360°, 1° = \frac{\pi}{180°}, 1rad = \frac{180°}{\pi} \approx 57.3° = 57°18'$$

二、最大值和有效值

正弦交流电的瞬时值、最大值和有效值,是表示正弦交流电数值大小的量。正弦交流电的电流、电压和电动势的数值大小是随时间变化的。

正弦交流电任一时刻的值叫做交流电的瞬时值。用小写字母表示,如 e 为瞬时电动势,i 为瞬时电流,u 为瞬时电压。如图 7.2.2 中:$e = E_m \sin(\omega t + \varphi_0)$,

$i = I_m\sin(\omega t + \varphi_0)$，$u = U_m\sin(\omega t + \varphi_0)$。

正弦交流电瞬时最大值叫做交流电的最大值，也称交流电的振幅。用大写字母加下标小写 m 表示，如 E_m 为电动势的振幅，I_m 为电流的振幅，U_m 为电压的振幅，如图 7.2.3 所示。

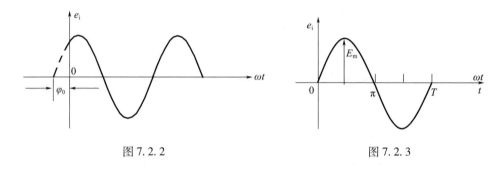

图 7.2.2　　　　　　　　　　　图 7.2.3

通常说市电 220V，用电器上标注的交流电压 220V、380V、5A 的保险丝等，不是瞬时值，因为交流电压的瞬时值是随时间变化的；它也不是平均值，因为正弦交流电正半周、负半周随时间交替变换，一周内的平均值为零。220V 指的是有效值，在实际工作中通常最大值用起来不方便，就用有效值来表示。交流电与直流电具有相同热效应的直流电的数值叫交流电的有效值。用大写字母表示，E 表示电动势的有效值，I 表示电流的有效值，U 表示电压的有效值。例如，在同一时间内，某一交流电通过一电阻产生的热量，跟 3A 的直流电流通过阻值相同的另一电阻产生的热量相等，那么，这一交流电电流的有效值就是 3A。

在电工技术上，电流的主要表现是它的热效应（电流流经电阻时，电能转化成热能）。交流电如果用有效值表示，那么它和同样大小的直流电流就具有相同的热效应。

正弦交流电的最大值与有效值之间的关系证明如下。

证明：

直流电流在电阻上的热效应为 $W_A = I^2 Rt$，交流电流在电阻上的热效应为

$W_B = \dfrac{1}{2}I_m^2 Rt$，$W_A = W_B$

$I^2 Rt = \dfrac{1}{2}I_m^2 Rt$，$I^2 = \dfrac{I_m^2 Rt}{2Rt}$，$I = \dfrac{I_m}{\sqrt{2}} = 0.707 I_m$

$E = \dfrac{E_m}{\sqrt{2}} = 0.707 E_m$，$U = \dfrac{U_m}{\sqrt{2}} = 0.707 U_m$，$I = \dfrac{I_m}{\sqrt{2}} = 0.707 I_m$

$E_m = \sqrt{2} E$，$I_m = \sqrt{2} I$，$U_m = \sqrt{2} U$

也可以用数学推导得

$$\int_0^T Ri^2 dt = RI^2 T, I = \sqrt{\frac{1}{T}\int_0^T i^2 dt}$$

设电流 $i = I_m \sin\omega t$，则

$$I = \sqrt{\frac{1}{T}\int_0^T I_m^2 \sin^2\omega t dt}$$

$$\int_0^T \sin^2\omega t dt = \int_0^T \frac{1-\cos 2\omega t}{2}dt = \frac{1}{2}\int_0^T dt - \frac{1}{2}\int_0^T \cos 2\omega t dt = \frac{T}{2} - 0 = \frac{T}{2}$$

$$I = \sqrt{\frac{1}{T}I_m^2 \frac{T}{2}} = \frac{I_m}{\sqrt{2}}$$

若电流 $i = I_m \sin(\omega t + \varphi_0)$，则

$$I = \sqrt{\frac{1}{T}\int_0^T I_m^2 \sin^2(\omega t + \varphi_0) dt}$$

$$\int_0^T \sin^2(\omega t + \varphi_0) dt = \int_0^T \frac{1-\cos 2(\omega t + \varphi_0)}{2}dt$$

$$= \frac{1}{2}\int_0^T dt - \frac{1}{2}\int_0^T \cos 2(\omega t + \varphi_0) dt = \frac{T}{2} - 0 = \frac{T}{2}$$

所以，交流电 220V、380V，电器设备上标注的电压；实验用三用表测量的电流、电压数值都是有效值。单位同直流电单位。

三、相位、初相角和相位差

前面我们讲过，线圈转动时，从中性面与线圈重合开始，如图 7.2.4 所示，以 ω 角速度旋转，经过时间 t 后，转动的角度为 ωt（相当于距离）。当线圈与中性面有一个角度 φ_0 时开始计时，经过时间 t 后转动的角度为 $(\omega t + \varphi_0)$。

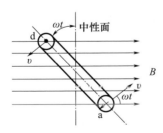
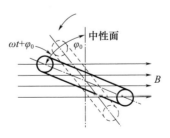

图 7.2.4

$$i = I_m \sin\omega t, i = I_m \sin(\omega t + \varphi_0)$$

通常把正弦交流电的角度 $(\omega t + \varphi_0)$ 叫做交流电的相位，即

$$\Phi = \omega t + \varphi_0$$

相位是交流电任意时刻所具有的电角度。不同时刻相位不一样,它影响着交流电的大小和方向。

时间 t 等于零时的相位,称为交流电的初相(还没转动),用"φ_0"表示。φ_{e0} 表示电动势的初相位;φ_{i0} 表示电流的初相位;φ_{u0} 表示电压的初相位。如图 7.2.5 所示。

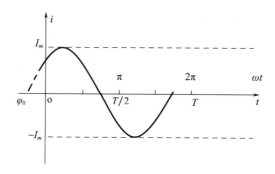

图 7.2.5

两个交流电的相位之差叫做相位差,用"φ"表示,如 $i_1 = I_{m1}\sin(\omega t + \varphi_{10})$,$i_2 = I_{m2}\sin(\omega t + \varphi_{20})$,则两个同频交流电流的相位差为

$$\varphi = (\omega t + \varphi_{10}) - (\omega t + \varphi_{20}) = \varphi_{10} - \varphi_{20}$$

频率相同的相位差等于初相之差。相位差恒定,不随时间而改变。相位随时间是变化的。

若两个同频同相的交流电流的相位差为零,称这两个交流电同相。如图 7.2.6(a)所示,两个交流电流同时到零,同时到最大值。

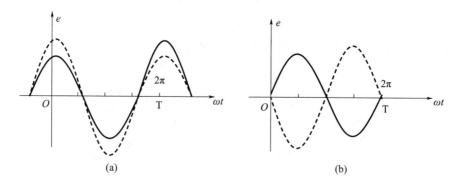

图 7.2.6

若两个频率相同的交流电,相位差为 180°,则称这两个交流电反相。如图 7.2.6(b)所示同时到零,但一个到正的最大值,另一个到负的最大值。

两个频率相同的交流电,但初相不同,且 φ_{01} 大于 φ_{02},e_1 比 e_2 先到正的最大值或零,或先到负的最大值。这种先到的情况称为超前(或导前),后到的情况则为滞后。此时称 e_1 超前 e_2,超前的量是两个相位之差,或者说 e_2 滞后 e_1,滞后的量是两个相位之差。在数值上相位差为正时,表明前者超前后者;在数值上相位差为负时,表明前者滞后后者。

这里说明的,相位是随时间变化的,影响着交流电的大小和方向;初相和相位差是恒定的,不随时间变化。

正弦交流电 $e = E_m \sin(\omega t + \varphi_0)$,知道 E_m, f, φ_0 三个要素,就能写出正弦交流电的瞬时表达式并画出波形,如图 7.2.7 所示。

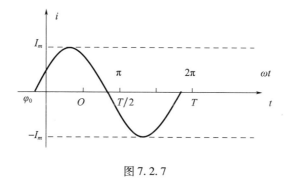

图 7.2.7

当 $[\varphi_0 = 0, f = 1\text{Hz}(T = 1\text{s})]$,波形为图 7.2.8 所示。

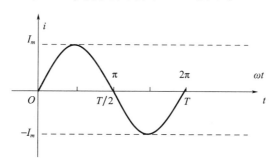

图 7.2.8

当 $[\varphi_0 = 0, f = 2\text{Hz}(T = 0.5\text{s})]$,波形为图 7.2.9 所示。

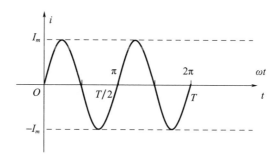

图 7.2.9

所以，交流电的振幅、频率和初相角是表征交流电的三个重要的物理量，故称它们为正弦交流电的三要素。

【例1】已知两个正弦电动势：$e_1 = 100\sin(100\pi t + 60°)$V，$e_2 = 50\sin(100\pi t - 20°)$V。求：各电动势的振幅、频率、周期、相位、初相和两电动势的相位差。

解：电动势的振幅 $E_{m1} = 100$V，$E_{m2} = 50$V，则电动势的频率为

$$f_1 = f_2 = \frac{\omega}{2\pi} = \frac{100\pi}{2\pi} = 50\text{Hz}$$

电动势的周期：

$$T_1 = T_2 = \frac{1}{f_1} = \frac{1}{50} = 0.02\text{s}$$

电动势的相位：

$$\varphi_1 = 100\pi t + 60°, \varphi_2 = 100\pi t - 20°$$

电动势的初相：

$$\varphi_{10} = 60°, \varphi_{20} = -20°$$

两电动势的相位差：

$$\varphi = \varphi_{10} - \varphi_{20} = 60° - (-20°) = 80°$$

说明 e_1 相位超前 e_2 相位80°，或 e_2 相位滞后 e_1 相位80°。

【例2】已知交流电压 $u = 14.14\sin(100\pi t + \frac{\pi}{6})$V。求：(1)交流电的有效值、初相；(2) $t = 0.1$s 时的瞬时值。

解：(1)交流电的有效值、初相：

$$U = \frac{U_m}{\sqrt{2}} = \frac{14.14}{\sqrt{2}} = 10\text{V}, \varphi_0 = \frac{\pi}{6} = 30°$$

(2) $t = 0.1$s 时的瞬时值，

$$u = 14.14\sin(100\pi t + \frac{\pi}{6}) = 14.14\sin(100\pi \times 0.1 + \frac{\pi}{6})$$
$$= 7.07\text{V}$$

既然正弦交流电的物理量有了，那么怎样来表示的呢？

第三节　交流电的表示法

正弦交流电的表示方法有解析式表示法、波形图表示法、相量表示法、复数

表示法四种。下面分别介绍。

一、解析式表示法

用正弦函数来表示正弦交流电叫做交流电的解析式表示法,也表示了正弦交流电的瞬时值表达式。如:

电动势 $e = E_m \sin(\omega t + \varphi_{e0})$

电压 $u = U_m \sin(\omega t + \varphi_{u0})$

电流 $i = I_m \sin(\omega t + \varphi_{i0})$

用小写的 e、u、i 分别表示电动势、电压和电流的瞬时值,也叫瞬时值表达式。

如果知道了交流电的振幅(或有效值)、频率(或周期、角频率)和初相,就可以写出它们的解析式,可以算出任一时刻的瞬时值。

【例】已知某正弦交流电压的最大值为 310V,频率为 50Hz,初相为 30°,写出它解析表达式。当 $t = 0.01$s 时,其瞬时值为多少?

解:瞬时表达式为

$$u = U_m \sin(\omega t + \varphi_0) = 310\sin(100\pi t + 30°)$$
$$u = 310\sin(100\pi t + 30°) = 310\sin(100\pi \times 0.01 + 30°)$$
$$= 310\sin(\pi + 30°) = -310\sin 30° = -155\text{V}$$

答:当 $t = 0.01$s 时,其瞬时值为负的 155V。

二、波形图表示法

把正弦交流电用正弦曲线表示,称为波形表示法。如图 7.3.1 所示。

(1)$i = I_m \sin\omega t$,初相为零。

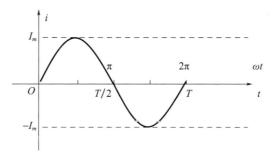

图 7.3.1

(2)$i = I_m \sin(\omega t + \varphi_0)$,$\varphi_0$ 在 $0 \sim \pi$ 之间,如图 7.3.2 所示。

(3)$i = I_m \sin(\omega t - \varphi_0)$,$\varphi_0$ 在 $-\pi \sim 0$ 之间,如图 7.3.3 所示。

(4)$i = I_m \sin(\omega t \pm \varphi_0)$,$\varphi_0$ 在 $-\pi \sim +\pi$ 之间,如图 7.3.4 所示。

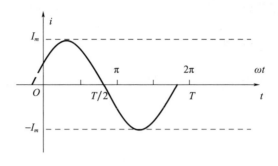

图 7.3.2

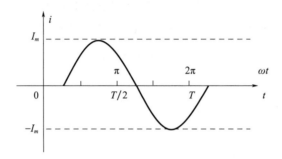

图 7.3.3

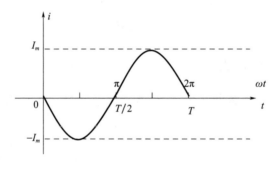

图 7.3.4

解析式与波形图是一一对应的,已知解析式可以画出波形图,已知波形图可以写出解析式,一定要掌握它们之间的互换。另外还有一种表示法,复数表示法,对分析正弦交流电路非常重要,必须熟练地掌握。

三、复数表示法

复数表示法又叫符号法,用它来表示正弦交流电最为简单,只需用一个符号就可以,而且在进行交流电的计算时,可大大简化运算过程,且运算准确。

复数有四种相互转换的形式,即

代数表示式 $Z = a + jb$

三角形表示式 $= A(\cos\psi + j\sin\varphi)$

指数表示式 $= Ae^{j\varphi}$

极坐标表示式 $= A\angle\varphi$

其中，a 为复数的实部，b 为复数的虚部，j 为虚数单位，$A = (a^2 + b^2)^{1/2}$ 称为复数的模，$\varphi = \arctan(b/a)$ 称复数的幅角。

1. 复数的概念

我们经常接触到的各种各样的数，如正数$(1,2,3,\cdots)$、负数$(-1,-2,-3,\cdots)$、无限非循环小数$(\pi = 3.14159\cdots, e = 2.718\cdots)$，这些都是实数，任何实数的平方都是正数。除实数以外，还有一种数，叫做虚数，它的平方是负数。

如：求一元二次方程 $x^2 + 1 = 0$ 的根。

解：$x^2 = -1$

若进一步求 x，必须得出一个数，它的平方等于负数(-1)。这种负数开平方的问题，在原来的实数范围内是找不出答案的，因为任何数的平方都是正数，不会有负数，因此方程的解只能写成 $x = \pm\sqrt{-1}$。

所以，我们把 $\sqrt{-1}$ 作为虚数单位，用符号 j 表示，即 $j = \sqrt{-1}$。有了虚数单位后，负数开方问题就解决了。

【例1】 $x^2 = -4$

解： $x = \pm\sqrt{-4} = \pm j2$

则：$x_1 = j2, x_2 = -j2$。

这里 x_1、x_2 是虚数。

$j = \sqrt{-1}, j^2 = -1$。

【例2】 求方程 $x^2 - 2x + 5 = 0$ 的解。

解： $x = \dfrac{-b \pm \sqrt{b^2 - 4ac}}{2a}$

$x = \dfrac{2 \pm \sqrt{(-2)^2 - 4 \times 1 \times 5}}{2} = \dfrac{2 \pm \sqrt{-16}}{2} = \dfrac{2 \pm 4\sqrt{-1}}{2} = 1 \pm j2$

则：$x_1 = 1 + j2, x_2 = 1 - j2$。

由实数和虚数的代数和组成的数，叫做复数，其代数表示式为

$$A = a + jb$$

其中，a 是实数，叫做复数 A 的实数部分，简称 A 的实部；b 是虚数，叫做复数 A 的虚数部分，简称 A 的虚部。

$A = a + jb$ 称为复数的代数表示式。

在直角坐标系中,如果以横坐标为实数轴,用 +1 为单位,以纵坐标为虚数轴,用 +j 为单位,则实轴与虚轴组成的平面叫做复平面。

$A = a + jb$ 如图 7.3.5 所示。

如果从原点 O 到表示复数的 A 点连成一直线,并在 A 点处标上箭头,这根带箭头的有向线段的长度记为 r,线段与 x 轴正方向间的夹角记为 α,既有方向又有角度,它们构成一个直角三角形,如图 7.3.5 所示,则有 $r = \sqrt{a^2 + b^2}$ 是复数的大小,称为复数的模;$\alpha = \arctan \dfrac{b}{a}$ 是复数与实轴正方向间的夹角,称为复数的辐角。

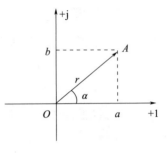

图 7.3.5

因为 $a = r\cos\alpha, b = r\sin\alpha$

所以 $A = a + jb = r\cos\alpha + jr\sin\alpha = r(\cos\alpha + j\sin\alpha)$

$$A = r\cos\alpha + jr\sin\alpha$$

这就是复数的三角表示式。

根据欧拉公式

$$\cos\alpha = \frac{e^{j\alpha} + e^{-j\alpha}}{2}, \sin\alpha = \frac{e^{j\alpha} - e^{-j\alpha}}{2j}$$

$A = re^{j\alpha}$ 是复数的指数表示式。

$A = r/\alpha$ 是复数的极坐标表示式。

其中,r 是复数 A 的模,α 是复数 A 的辐角,e 为自然对数的底,是一个常数。复数的代数式、三角式、指数式和极坐标式之间可以互相转换。

【例3】将复数 $A = 3 + j2$ 在复平面上表示出来。

解: 如图 7.3.6 所示。

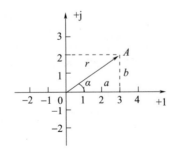

图 7.3.6

【例4】将复数 $A = \angle 90°$、$B = \angle -90°$ 化为代数表示式。

解:从表达式可知,复数 $A = \angle 90°$。

$r = 1$,$\alpha = 90°$,可得

$$a = r\cos\alpha = \cos 90° = 0$$
$$b = r\sin\alpha = \sin 90° = 1 \quad A = a + jb$$

所以,$A = \angle 90° = 0 + j = j$

复数 $B = \angle -90°$:$r = 1$,$\alpha = -90°$,可得

$$a = r\cos\alpha = \cos(-90°) = 0, \quad b = r\sin\alpha = \sin(-90°) = -1$$

所以,$B = \angle -90° = 0 + j(-1) = -j$

由此可见:正 $90°$ 为 j,负 $90°$ 为 $-j$。

如果两个复数的实部相同,虚部差一负号,则这两个复数叫做共扼复数,用符号 $\dot{A}$ 表示:

$$A = a + jb = r\angle\alpha$$

则它的共扼复数,

$$\dot{A} = a - jb = r\angle -\alpha$$

如果两个复数相等,在代数表示式中,必须是两个复数的实部与实部相等,虚部与虚部相等;在极坐标表示式(或指数表示式)中,必须是两复数的模和辐角分别相等。

2. 复数的四则运算

(1)加减法:几个复数相加(或相减),必须先将复数化成代数表示式,然后再实部与实部相加(或相减)、虚部与虚部相加(或相减)。

如果 $A = a_1 + jb_1$,$B = a_2 + jb_2$,

则 $A \pm B = (a_1 \pm a_2) + j(b_1 \pm b_2)$。

【例1】已知 $A = 12 + j6$,$B = 4 - j2$,求 $A + B$。

解:$A + B = (a_1 + a_2) + j(b_1 + b_2) = (12 + 4) + j(6 - 2) = 16 + j4$

【例2】已知 $C = 10\angle 30°$,$D = 20\angle -30°$,求 $C - D$。

解:$C = 10\angle 30°$,$r_1 = 10$,$\alpha_1 = 30°$,

$a_1 = r_1\cos\alpha_1 = 10\cos 30° = 5\sqrt{3}$,$b_1 = r_1\sin\alpha_1 = 10\sin 30° = 5$

$C = 10\angle 30° = 5\sqrt{3} + j5$,$D = 20\angle -30°$,$r_2 = 20$,$\alpha_2 = -30°$,

$a_2 = r_2\cos\alpha_2 = 20\cos(-30°) = 10\sqrt{3}$,$b_2 = r_2\sin\alpha_2 = 20\sin(-30°) = -10$

所以,$C - D = (a_1 - a_2) + j(b_1 - b_2) = (5\sqrt{3} - 10\sqrt{3}) + j(5 + 10) = -5\sqrt{3} + j15$

(2)乘法:两个复数相乘,必须化为同一表示式进行运算。若为代数表示

式,则按代数多项式规律进行计算。

$$A = a_1 + jb_1, B = a_2 + jb_2$$
$$AB = (a_1 + jb_1)(a_2 - jb_2) = a_1a_2 + ja_2b_1 + ja_1b_2 + j^2b_1b_2$$
$$= (a_1a_2 - b_1b_2) + j(a_2b_1 + a_1b_2)$$

【例1】$A = 12 + j6, B = 4 - j2$,求 AB。

解:$AB = (12 + j6)(4 - j2) = 48 + j24 - j24 - j^2 12 = 60$

若为指数表示式(或极坐标表示式),则复数的模相乘作为乘积的模,辐角相加作为乘积的辐角。

$$A = r_1 e^{j\alpha_1} = r_1 \underline{/\alpha_1}, B = r_2 e^{j\alpha_2} = r_2 \underline{/\alpha_2}$$
$$AB = r_1 r_2 e^{j(\alpha_1 + \alpha_2)} = r_1 r_2 \underline{/(\alpha_1 + \alpha_2)}$$

【例2】已知 $C = 10\underline{/30°}, D = 20\underline{/-30°}$,求 CD。

解:$CD = 10, 20 e^{j(30° - 30°)} = 200\underline{/0°} = 200$

【例3】已知 $A = 3 + j2, B = 3 - j2$,求 AB。

解:$AB = (3 + j2)(3 - j2) = 9 + j6 - j6 - j^2 4 = 9 + 4 = 13$

可见,共扼复数相乘的积为一实数,且满足 $(a + jb)(a - jb) = a^2 + b^2$ 等于实数、虚数的平方和。

(3)除法:两个复数相除,对于代数表示式按多项式进行运算。

$$A = a_1 + jb_1, B = a_2 + jb_2$$

$$\frac{A}{B} = \frac{a_1 + jb_1}{a_2 + jb_2} = \frac{(a_1 + jb_1)(a_2 - jb_2)}{(a_2 + jb_2)(a_2 - jb_2)} = \frac{(a_1 + jb_1)(a_2 - jb_2)}{a_2^2 + b_2^2}$$

$$= \frac{a_1a_2 + ja_2b_1 + ja_1b_2 + j^2b_1b_2}{a_2^2 + b_2^2} = \frac{a_1a_2 - b_1b_2}{a_2^2 + b_2^2} + j\frac{a_2b_1 + a_1b_2}{a_2^2 + b_2^2}$$

【例4】$A = 12 + j6, B = 4 - j2$,求 A/B。

解:$\dfrac{A}{B} = \dfrac{a_1 + jb_1}{a_2 + jb_2} = \dfrac{(12 + j6)(4 + j2)}{(4 - j2)(4 + j2)} = \dfrac{(12 + j6)(4 + j2)}{4^2 + 2^2}$

$$= \frac{48 + j24 + j24 + j^2 12}{20} = \frac{48 - 12}{20} + j\frac{24 + 24}{20} = 1.8 + j2.4$$

对于指数表示式(或极坐标表示式),两复数的模相除作为商的模,两复数的辐角相减作为商的辐角。

$$A = r_1 e^{j\alpha_1} = r_1 \underline{/\alpha_1}, B = r_2 e^{j\alpha_2} = r_2 \underline{/\alpha_2}$$

$$\frac{A}{B} = \frac{r_1}{r_2} e^{j(\alpha_1 - \alpha_2)} = \frac{r_1}{r_2} \underline{/(\alpha_1 - \alpha_2)}$$

【例5】已知 $C = 10\angle 30°$，$D = 20\angle -30°$，求 C/D。

解：$C/D = 10\angle 30°/20\angle -30° = 1/2 e^{j(30°+30°)} = 0.5\angle 60°$

3. 相量表示法

设有一正弦电压 $u = U\sqrt{2}\sin(\omega t + \varphi_0)$，波形如图 7.3.7 所示。

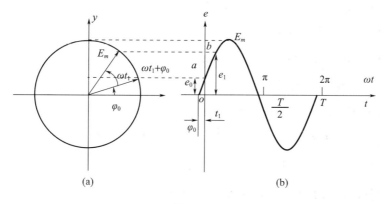

图 7.3.7

图 7.3.7(b)所示为正弦电压的波形图，取大小为 E_m 的旋转向量。当 $t=0$ 时，对应的相位为 φ_0，在纵轴上的投影为 e_0，$u = U\sqrt{2}\sin\varphi_0$。当以角速度 ω 旋转到 $t=1$ 时，对应的相位为 $(\omega t + \varphi_0)$，纵轴上的投影值为 e_1，$u = U\sqrt{2}\sin(\omega t + \varphi_0)$。从旋转向量图来看，具有正弦电压的三个特征，故可以用来表示正弦量。

正弦量可以用向量表示，也可以用复数表示。为了与复数相区别，我们把表示正弦量的复数叫做相量（既有大小又有相位的量叫相量），大写字母上打"·"表示。

交流电压有效值相量用字母 $\dot{U}$ 表示；交流电流有效值相量用字母 $\dot{I}$ 表示；交流电动势有效值相量用 $\dot{E}$ 表示。单位与直流电一样。最大值下标加小写 m。

有效值相量 $\dot{U}$、$\dot{I}$、$\dot{E}$；最大值相量 $\dot{U}_m$、$\dot{I}_m$、$\dot{E}_m$。由此，正弦交流电的解析式和相量式之间的关系可表示如下：

正弦交流电的解析式：$u = U\sqrt{2}\sin(\omega t + \varphi_{u0})$

正弦交流电的相量式：$\dot{U}_m = U_m\angle \varphi_{u0}$ 或 $\dot{U} = U\angle \varphi_{u0}$

把几个同频率的相量画在一个图上叫相量图。用最大值画出的相量图叫最大值相量图；用有效值画出的相量图叫有效值相量图。

【例1】已知正弦交流电电压为 $u = 220\sqrt{2}\sin(\omega t + 30°)$，电流的解析式为 $i = 5\sqrt{2}\sin(\omega t - 60°)$。分别用相量表示。

解：电压有效值的相量式为

$$\dot{U} = 220\angle 30°\text{V}$$

电流有效值的相量式为

$$\dot{I} = 5\angle -60°\text{A}$$

相量图如图 7.3.8 所示。

用相量表示正弦交流电后，正弦交流电路的分析和计算就可以用复数来进行。

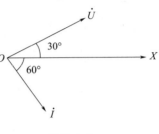

图 7.3.8

【例2】已知 $i_1 = 30\sqrt{2}\sin\omega t$，$i_2 = 40\sqrt{2}\sin(\omega t + 90°)$，求两个正弦交流电的和。

解：$\dot{I}_1 = 30\angle 0° = 30\text{A}$，$\dot{I}_2 = 40\angle 90° = j40\text{A}$

$\dot{I} = \dot{I}_1 + \dot{I}_2 = 30 + j40 = \sqrt{30^2 + 40^2}\angle \arctan 40/30 \approx 50\angle 53°$

所以，$i = i_1 + i_2 = 50\sqrt{2}\sin(\omega t + 53°)\text{A}$

【例3】设 $u = 220\sqrt{2}\sin(\omega t + 53°)$，$i = 0.41\sqrt{2}\sin\omega t$，作端电压与电流 i 的相量图。

解：电流的初相 $\varphi_{i0} = 0$，电压的初相 $\varphi_{u0} = 53°$，相位差 $\varphi = 53° - 0° = 53°$，电压有效值为 220V，如图 7.3.9 所示。

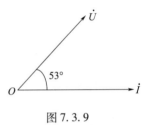

图 7.3.9

【例4】设 $u_1 = 22\sqrt{2}\sin(\omega t + 53°)$，$u_2 = 38\sqrt{2}\sin(\omega t + 53°)$，求 $u_1 + u_2$。

解：$U = U_1 + U_2 = 22 + 38 = 60\text{V}$

$\varphi = \varphi_{10} = \varphi_{20} = 53°$

则 $u_1 + u_2 = 60\sqrt{2}\sin(\omega t + 53°)\text{V}$

相量图如图 7.3.10 所示。

【例5】已知 $i_1 = 4\sin\omega t$，$i_2 = 3\sin(\omega t + 90°)$，求：$i_1 - i_2$。

解：$\dot{I}_m = \dot{I}_{1m} - \dot{I}_{2m} = \dot{I}_{1m} + (-\dot{I}_{2m})$

$I_m = \sqrt{I_{1m}^2 + (-I_{2m})^2} = \sqrt{4^2 + 3^2} = 5\text{A}$

$\varphi = \arctan\dfrac{I_{2m}}{I_{1m}} = \arctan\dfrac{-3}{4} = -36.9°$

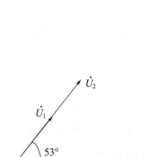

图 7.3.10

$i = i_1 - i_2 = 5\sin(\omega t - 36.9°)\text{A}$

相量图如图 7.3.11 所示。

若既不平行，也不垂直，则用余弦定理求解，如图 7.3.12 所示。

$$c^2 = a^2 + b^2 - 2ab\cos C$$
$$= a^2 + b^2 - 2ab\cos(180° - \theta)$$

$$= a^2 + b^2 + 2ab\cos\theta$$

$$\cos(180° - \theta) = -\cos\theta$$

$$\varphi = \arctan\frac{b\sin\theta}{a + b\cos\theta}$$

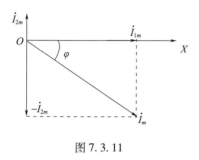

图 7.3.11

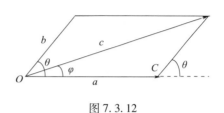

图 7.3.12

正弦交流电表示方法有几种？各有什么特点？

知识拓展与应用

一、交直流输电之争

关于电能的输送方式，是采用直流输电还是交流输电，在历史上曾引起过争论。美国发明家爱迪生、英国物理学家开尔文都极力主张采用直流输电，而美国发明家威斯汀豪斯和英国物理学家费朗蒂则主张采用交流输电。

早期，工程师们主要致力于研究直流电，发电站的供电范围也很有限，而且主要技术用于照明，还未用作工业动力。例如，1882年爱迪生电气照明公司（创建于1878年）在伦敦建立了第一座发电站，安装了三台110V"巨汉"号直流发电机（1880年由爱迪生研制），这种发电机可以为1500个16W的白炽灯供电。

随着科学技术和工业生产发展的需要，电力技术在通信、运输、能源等方面逐渐得到广泛应用，社会对电力的需求也急剧增大。由于用户的电压不能太高，因此要输送一定的功率，就要加大电流，但是电流越大，输电线路发热就越厉害，损失的功率就愈多；同时电流越大，损失在输电导线上的电压也大，使用户得到的电压降低，离发电站愈远的用户，得到的电压也就愈低。直流输电的弊端，限制了电力的供应,促使人们探讨用交流输电的问题。爱迪生虽然是一个伟大的发明家,但是他没有受过正规教育,缺乏理论知识,难以解决交流电涉及的数学运算阻碍了他对交流电的理解,所以在交、直流输电的争论中,成了保守势力的代表。爱迪生认为交流电危险,不如直流电安全。他还打比方说,沿街道敷设交流电缆简直等于埋下地雷,并且邀请市民观看用高压交流电击死大象的实验。当时纽约州法院通过了一项法令,用电刑来执行死刑,行刑用的电椅就是通以高压交流电,这正好帮了爱迪生的大忙。在他的反对下,交流输电遇到了很大的阻碍。

为了减少输电线路中电能的损失,只能提高电压。在发电站将电压升高,到用户地区再把电压降下来,这样就能在低损耗的情况下,达到远距离输电的目的。而要改变电压,只有采用交流输电才行。1888年,由费朗蒂设计的伦敦泰晤士河畔的大型交流电站开始输电,他用钢皮铜心电缆将10000V的交流电送往相距10km外的市区变电站,在那里降为2500V,再分送到各街区的二级变压器,降为100V供用户照明。以后,俄国的多利沃-多布罗沃斯基又于1889年最先制出了功率为100W的三相交流发电机,并被德国、美国推广应用。事实成功地证实了高压交流输电的优越性,并在全世界范围内迅速推广。

随着科学的不断发展,为了解决交流输电存在的问题,寻求更合理的输电方式,人们现在又开始采用直流超高压输电,但这并不是简单地恢复到爱迪生时代的那种直流输电。发电站发出的电和用户用的电仍然是交流电,只是在远距离输电中,采用换流设备,把交流高压变成直流高压。这样做可以把交流输电用的3条电线减为2条,大大节约了输电导线。目前最长的架空直流输电线路是莫桑比克的卡布拉巴萨水电站至阿扎尼亚的线路,长1414km,输电电压为50×10^4V,可输电220×10^4kW。

二、我国供电频率 50Hz 的起源

50Hz和60Hz是现在世界范围内正弦交流电电力系统内的主流频率。这两个频率的选定,是与交流电力系统的发展历史密不可分的。

在电力发展史上,最先被采用的是直流电。但随着电能应用越来越广泛,在当时的技术条件下无法实现高压远距离传输的直流电已无法满足人们的需求。于是,在变压器发明之后,可以实现高压传输的交流电便代替直流电形成了最初的实用电力体系。

由于正弦交流电可以借助数学工具方便地分析和计算,且传输特性好,所以很快被确定为交流电的标准形式。但是交流电的频率却在很长一段时间内没有统一。

电力工业的早期百家争鸣,欧美一些国家曾经出现过多种供电频率:15,16.7,20,25,30,33.3,40,42,46,50,60,66.7,80,83.3,87,100,125,133.3 等,单位均为 Hz。频率低,交流电路特有的电抗效应就会减弱,电能的传输损耗会降低;而频率高,则可减小发电机与变压器的铁芯体积。电力系统频率的选定必须综合多方面的因素。

当时交流电的最主要作用之一就是照明,而照明用交流电至少要 50Hz 的频率才能让人眼感觉不到灯光的闪烁,所以 50Hz 成为了供电频率的下限。欧洲国家就采用了 50Hz,作为其交流电力系统的标准频率。

在美国,交流电的先导者西屋公司(Westinghouse)曾看重 133.3Hz 的交流电频率,原因是驱动该公司开发的 8 极发电机的汽轮机以 2000r/min 驱动时效率最高,但高频率却增加了电力传输中的损耗。因此,西屋公司将电源频率折中固定在 60Hz,并将其电动机和其他后续产品都按 60Hz 设计。由于西屋公司在电力工业中的领导地位,60Hz 随之成为美国电力系统的标准频率。

美国的科技人员认为 60Hz 的发电机尺寸小、变压器转换效率高,优于欧洲普遍采用的 50Hz;而欧洲技术人员则认为 60Hz 的电抗过高,且不适用于当时的整流设备,双方各不相让。由于欧洲与美国的电力技术都处于世界领先水平,世界各国均师承两者,因此形成了世界范围内的电力系统多采用 50Hz 和 60Hz 的状况。

我国从 1879 年自英国引入第一台 25kW 单相 100Hz 交流发电机,到 1956 年以前,所有发电设备均来自国外。供电频率与电压繁杂,给电力系统的使用和管理带来了极大困难。1929 年,国民政府经过调查,发现全国自办电厂中,采用 50Hz 的有 105 家,采用 60Hz 的 73 家;洋商电厂除少数采用 25Hz 外,其余均采用 50Hz,另有极少数其他频率。在全国发电总装机容量中,50Hz 的交流电占了 61.9%。综合多方面因素,国民政府于 1930 年确定 50Hz 为中国电力系统的标准频率。自此,我国所有交流用电设备的设计制造,均按 50Hz 标准执行。

50Hz 和 60Hz 成为电力系统的标准频率,是由电力系统发展初期的技术水平和使用条件决定的,随着电力系统的迅速发展在世界范围内确立了下来。随着电力技术的发展,50Hz 与 60Hz 早已不再是交流电的最佳频率,如果重选一次的话,交流电力系统的频率应选在 100~300Hz。但现在所有的用电设备都是按现有频率设计的,根本不可能全部改变。电力系统升级的最佳选择,是在技术成熟后使用高压直流输电系统,既能够提高电力传输效率、降低输电线路成本,又无须改变现有的发电、用电设备。

本章小结

1. 大小和方向都随时间做周期性变化的电流叫做交变电流,简称交流电。将矩形线圈置于匀强磁场中匀速转动,即可产生按正弦规律变化的交流电,叫做正弦交流电,它是一种最简单、最基本的交流电。

2. 描述交流电的物理量有瞬时值、最大值、有效值、周期、角频率、频率、相位和初相等。其中有效值(或最大值)、频率(或周期、角频率)、初相是正弦交流电的三要素。

正弦交流电的电动势、电压和电流的瞬时值为

$$e = E_m \sin(\omega t + \varphi_{e0})$$

$$u = U_m \sin(\omega t + \varphi_{u0})$$

$$i = I_m \sin(\omega t + \varphi_{i0})$$

交流电的有效值和最大值之间的关系为

$$E = \frac{E_m}{\sqrt{2}} = 0.707 E_m$$

$$U = \frac{U_m}{\sqrt{2}} = 0.707 U_m$$

$$I = \frac{I_m}{\sqrt{2}} = 0.707 I_m$$

角频率、频率和周期之间的关系为

$$\omega = 2\pi f = \frac{2\pi}{T}$$

$$T = \frac{1}{f}$$

$$f = \frac{1}{T}$$

两个交流电的相位之差叫做相位差。如果它们的频率相同,则相位差等于初相之差,即 $\varphi = \varphi_{01} - \varphi_{02}$。相位差确立了两个正弦量之间的相位关系,一般的相位关系是超前或滞后;特殊的相位关系有同相、反相。

3. 既有大小又有方向的量叫向量;既有大小又有相位的量叫相量(正弦量的复数形式叫相量)。正弦交流电的表示法有解析式、波形图和相量图。

习题七

一、是非题

1. 通常照明用交流电电压的有效值是220V,其最大值即为380V。（   ）
2. 正弦交流电的平均值就是有效值。（   ）
3. 正弦交流电的有效值除与最大值有关外,还与它的初相位有关。（   ）
4. 如果两个同频率的正弦电流在某一瞬间都是5A,则两者一定同相且幅值相等。（   ）
5. 10A直流电和最大值为12A的正弦交流电,分别流过阻值相同的电阻,在相等的时间内,10A直流电发出的热量多。（   ）
6. 正弦交流电的相位,可以决定正弦交流电在变化过程中,瞬时值的大小和正负。（   ）
7. 初相角的范围应是$-2\pi \sim 2\pi$。（   ）
8. 两个同频率正弦量的相位差,在任何瞬间都不变。（   ）
9. 只有同频率的几个正弦量的相量,才可以画在同一个相量图上进行分析。（   ）
10. 若某正弦量在$t=0$时的瞬时值为正,则该正弦量的初相为正;反之则为负。（   ）

二、选择题

1. 人们常说的交流电压220V、380V,是指交流电压的(   )。
   A. 最大值   B. 有效值
   C. 瞬时值   D. 平均值
2. 关于交流电的有效值,下列说法正确的是(   )。
   A. 最大值是有效值的$\sqrt{3}$倍
   B. 有效值是最大值的$\sqrt{2}$倍
   C. 最大值为311V的正弦交流电压,就其热效应而言,相当于一个220V的直流电压
   D. 最大值为311V的正弦交流电,可以用220V的直流电代替
3. 一个电容器的耐压为250V,把它接入正弦交流电中使用,加在它两端的

交流电压的有效值可以是(　　)。

　　A. 150V　　　　　　B. 180V　　　　　　C. 220V　　　　　　D. 都可以

4. 已知 $u = 100\sqrt{2}\sin\left(314t - \dfrac{\pi}{6}\right)$ V,则它的角频率、有效值、初相分别为(　　)。

　　A. $314\text{rad/s}, 100\sqrt{2}, \dfrac{\pi}{6}$　　　　　　B. $100\pi\text{rad/s}, 100\text{V}, \dfrac{\pi}{6}$

　　C. $50\text{Hz}, 100\text{V}, -\dfrac{\pi}{6}$　　　　　　D. $314\text{rad/s}, 100\text{V}, \dfrac{\pi}{6}$

5. 某正弦交流电流的初相角 $\varphi_0 = -\dfrac{\pi}{2}$,在 $t = 0$ 时,其瞬时值将(　　)。

　　A. 等于零　　　　B. 小于零　　　　C. 大于零　　　　D. 不能确定

6. $u = 5\sin(\omega t + 15°)$ V 与 $i = 5\sin(\omega t - 15°)$ A 的相位差是(　　)。

　　A. 30°　　　　　　B. 0°　　　　　　C. -30°　　　　　　D. 无法确定

7. 两个同频率正弦交流电流 i_1、i_2 的有效值各为 40A 和 30A,当 $i_1 + i_2$ 的有效值为 50A 时,i_1 与 i_2 的相位差是(　　)。

　　A. 0°　　　　　　B. 180°　　　　　　C. 45°　　　　　　D. 90°

8. 某交流电压 $u = 100\sin\left(100\pi t + \dfrac{\pi}{4}\right)$,当 $t = 0.01\text{s}$ 时的值是(　　)。

　　A. -70.7V　　　　B. 70.7V　　　　C. 100V　　　　D. -100V

9. 某正弦电压的有效值为 380V,频率为 50Hz,在 $t = 0$ 时的值 $u = 380$V,则该正弦电压的表达式为(　　)。

　　A. $u = 380\sin(314t + 90°)$ V　　　　　　B. $u = 380\sin314t$ V

　　C. $u = 380\sqrt{2}\sin(314t + 45°)$ V　　　　D. $u = 380\sqrt{2}\sin(314t - 45°)$ V

10. 图 7-1 所示的相量图中,交流电压 u_1 与 u_2 的相位关系是(　　)。

　　A. u_1 比 u_2 超前 75°

　　B. u_1 比 u_2 滞后 75°

　　C. u_1 比 u_2 超前 30°

　　D. 无法确定

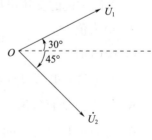

图 7-1

三、填空题

1. 工频电流的周期 T = ＿＿＿ s,频率 f = ＿＿＿ Hz,角频率 ω = ＿＿＿ rad/s。

2. 我国生活照明用电电压是_____V,其最大值为_____V。

3. _____、_____和_____是确定一个正弦量的三要素,它们分别表示正弦量变化的幅度、快慢和起始状态。

4. 常用的表示正弦量的方法有_____、_____和_____,它们都能将正弦量的三要素准确地表示出来。

5. 交流电压 $u = 14.1\sin(100\pi t + \dfrac{\pi}{6})$ V,则 $U =$ _____ V,$f =$ _____ Hz,$T =$ _____ s,$\varphi_0 =$ _____;$t = 0.1$ s 时,$u =$ _____ V。

6. 频率为 50Hz 的正弦交流电,当 $U = 220$V,$\varphi_{u0} = 60°$,$I = 10$A,$\varphi_{i0} = -30°$ 时,它们的表达式为 $u =$ _____ V,$i =$ _____ A,u 与 i 的相位差为_____。

7. 两个正弦电流 i_1 与 i_2,它们的最大值都是 5A,当它们的相位差为 0°、90°、180°时,$i_1 + i_2$ 的最大值分别为_____A、_____A、_____A。

9. 已知 $i_1 = 20\sin(314t + 30°)$ A,i_2 的有效值为 10A,周期与 i_1 相同,且 i_2 与 i_1 反相,则 i_2 的解析式可写成 $i_2 =$ _____。

四、计算题

1. 一个正弦交流电的频率是 50Hz,有效值是 5A,初相是 $-\pi/2$,写出它的瞬时值表达式,并画出波形图。

2. 已知交流电流 $i = 10\sin(314t + \pi/4)$ A,求交流电流的有效值、初相和频率,并画出波形图。

3. 图 7-2 是一个按正弦规律变化的交流电流的波形图,根据波形图求出它的周期、频率、角频率、初相、有效值,并写出它的解析式。

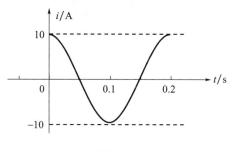

图 7-2

4. 求交流电压 $u_1 = U_m\sin\omega t$ V 和 $u_2 = U_m\sin(\omega t + 90°)$ V 之间的相位差,并画出它们的波形图和相量图。

5. 已知交流电压 $u_1 = 220\sqrt{2}\sin(100\pi t + \pi/6)$ V,$u_2 = 380\sqrt{2}\sin(100\pi t + \pi/3)$

V，求各交流电压的最大值、有效值、角频率、频率、周期、初相和它们之间的相位差，指出它们之间的"超前"或"滞后"关系，并画出它们的相量图。

6. 已知两个同频率的正弦交流电，它们的频率是50Hz，电压的有效值分别为12V和6V，而且前者超前后者π/2的相位角，以前者为参考相量，试写出它们的电压瞬时值表达式，并在同一坐标系中画出它们的波形图，并作出相量图。

7. 图7-3所示的相量图中，已知：$U = 220\text{V}$，$I_1 = 10\text{A}$，$I_2 = 5\sqrt{2}\text{A}$，写出它们的解析式。

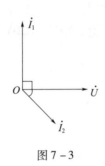

图7-3

第八章　正弦交流电路

问题引出

在日常生活及工作中,应用最多的电路是交流电路。由于交流电路和直流电路不同,前者电压电流随时间变化,而后者不变化;前者考虑电容、电感、电阻的影响,后者电容相当于开路,电感相当于短路,只考虑电阻的影响;除此之外,在电路分析计算上,前者不仅要考虑电压、电流的数量关系,同时还要考虑相位关系,而后者只需要考虑数量关系;等等。因此,交流电路比直流电路的分析计算方法要复杂。为了便于理解,我们首先学习正弦交流电路。

本章讨论正弦交流电路的基本形式,一般分析计算方法;介绍电路的实际元件、集肤效应及三相交流电。讨论的前提条件是:①组成电路各元件(R、L、C)必须是线性元件,即这些元件的参数是与电路电压、电流无关的常数,且不随时间变化;②电路处于稳定状态,即电路中正弦电流、电压的三要素是常数。当满足上述条件时,则电路在频率为 f 的电压源或电流源的作用下,各元件上的电压、电流都是频率为 f 的同频率正弦量,因而可直接表示正弦量的复数或相量并进行计算。

学习目标

1. 掌握正弦交流电路是电压与电流的相位和数量关系;
2. 掌握电阻、电感、电容元件在交、直流电路中的特性;
3. 会分析和计算简单的正弦交流电路;
4. 掌握串、并联谐振电路的条件和特点;
5. 理解有功功率、无功功率、视在功率和功率因数的概念,理解提高功率因数的意义和方法。

第一节　纯电阻电路

交流电路中只有电阻的电路叫做纯电阻电路,如电炉、白炽灯、电烙铁等。纯电阻电路是交流电路中最简单、最基本的电路。如图 8.1.1 所示,是一个简单的纯电阻电路,图中设电压和电流的正方向。电流与电压的方向,正半周时与设定方向相同,负半周时与设定方向相反。

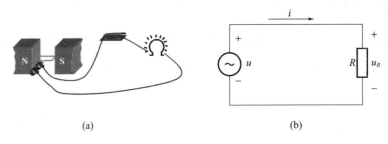

图 8.1.1

当交流电流通过电阻时,电阻两端电压与电源相同。由于电阻是常数,因此电压与电流的瞬时值之间仍然具有欧姆定律的关系,即 $u_R = Ri$。

一、电压与电流的相位关系

设:加在电阻上的交流电压与电源相同,$u = u_R = U_m \sin\omega t$,通过电阻的电流瞬时值为:

$$i = \frac{u_R}{R} = \frac{U_m \sin\omega t}{R} = \frac{U_m}{R}\sin\omega t = I_m \sin\omega t$$

从表达式看出:

$$u_R = U_m \sin\omega t, i = I_m \sin\omega t$$

电流与电压同频同相。

根据表达式作出波形图,如图 8.1.2 所示,电流与电压也同相。

当 $u = u_R = U_m \sin(\omega t + \varphi_0)$ 时,通过电阻的电流的瞬时值为

$$i = \frac{u_R}{R} = \frac{U_m \sin(\omega t + \varphi_0)}{R}$$

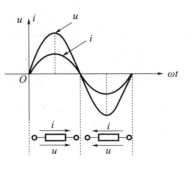

图 8.1.2

$$= \frac{U_m}{R}\sin(\omega t + \varphi_0)$$

$$= I_m\sin(\omega t + \varphi_0)$$

从表达式看出 $u_R = U_m\sin(\omega t + \varphi_0)$，$i = I_m\sin(\omega t + \varphi_0)$，电流与电压同频、同相，如图 8.1.3 所示。

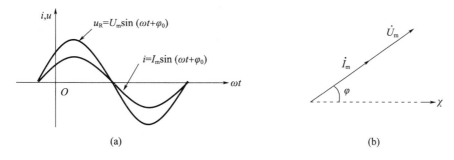

图 8.1.3

看 Multisim 仿真演示图 8.1.4 所示，电流与电压同频同相。

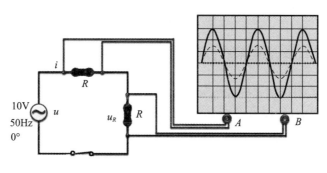

图 8.1.4

正因为电阻的这种当电流流过时，电压与电流同相的特性，在电子设备电路中应用最为频繁、最多的电子元件。

二、电压与电流的数量关系

因为 $u = iR = RI_m\sin\omega t = U_m\sin\omega t$，可得最大值关系：

$$U_m = I_m R$$

或

$$I_m = \frac{U_m}{R}$$

或

$$R = \frac{U_m}{I_m}$$

在实际电路分析中,往往用有效值。两边同除$\sqrt{2}$,得有效值关系:

$$U = IR$$

或

$$I = \frac{U}{R}$$

或

$$R = \frac{U}{I}$$

在纯电阻电路中,电压与电流的振幅值之间,有效值之间符合欧姆定律。有效值欧姆定律跟直流电路中的欧姆定律的表达式一样,不同的是交流电路中电压、电流是有效值。

三、用复数表示电压、电流的相位与数量关系

设 $\dot{I}_m = I_m \angle \varphi_i = I_m \angle 0° = I_m$

$\dot{U}_m = U_m \angle \varphi_u = U_m \angle 0°$

$\quad = RI_m \angle 0°$

$\quad = \dot{I}_m R$

$\dot{I}_m = \frac{\dot{U}_m}{R}$ 或 $\dot{I} = \frac{\dot{U}}{R}$ 称为相量式欧姆定律。电阻的复数仍为电阻 R。相量图如图 8.1.5 所示。

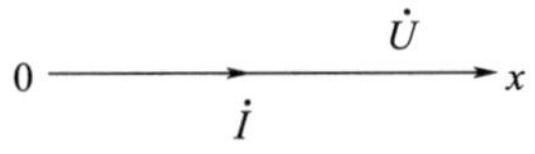

图 8.1.5

由于有电流流过,因此会产生功率。在直流电路中,电功率等于电压与电流的乘积,即 $P = UI$。

四、纯电阻电路的功率

1. 瞬时功率

纯电阻上电压瞬时值与电流瞬时值的乘积叫做纯电阻的瞬时功率,用小写字母 p 表示,单位为瓦(W),辅助单位有千瓦(kW)、毫瓦(mW)。

设:$i_R = I_m \sin\omega t \text{A}$,$u_R = U_m \sin\omega t \text{V}$,则

$$p_R = u_R i_R = U_m \sin\omega t \cdot I_m \sin\omega t = U_m I_m \sin^2\omega t$$

$$= U_{Rm} I_m \left(\frac{1 - \cos2\omega t}{2} \right) = U_R\sqrt{2} \times I\sqrt{2} \left(\frac{1 - \cos2\omega t}{2} \right)$$

$$= U_R I - U_R I \cos2\omega t$$

上式说明,瞬时功率包含两个分量,一个分量是不随时间变化的恒量 $U_R I$,另一个分量是 $U_R I \cos2\omega t$,瞬时功率的波形如图 8.1.6 所示。

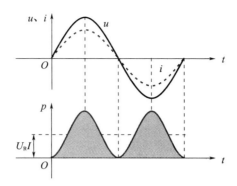

图 8.1.6

从波形图中不难看出:纯电阻电路瞬时功率总是正值,这表明电阻总是消耗功率,把电能转换为热能。

2. 有功功率

有功功率也称为平均功率。瞬时功率是变化的,不便于表示和计算。为了反映电阻上消耗功率的大小,一般用有功功率。瞬时功率在一个周期内的平均值叫做有功功率(或叫平均功率),用大写字母 P 表示,单位为瓦(W),辅助单位有千瓦(kW)、毫瓦(mW)。

平均功率也可以用数学公式推导得到:

$$P_R = \frac{1}{T}\int_0^T p\mathrm{d}t = \frac{1}{T}\int_0^T u_R \times i\mathrm{d}t = \frac{1}{T}\int_0^T 2U_R I \sin^2\omega t \mathrm{d}t$$

$$= \frac{1}{T}\int_0^T 2U_R I \frac{1-\cos2\omega t}{2}\mathrm{d}t = \frac{U_R I}{T}\int_0^T (1-\cos2\omega t)\mathrm{d}t$$

$$= \frac{U_R I}{T}\left[\int_0^T 1\mathrm{d}t - \int_0^T \cos2\omega t\mathrm{d}t\right] = U_R I$$

$$P_R = \frac{1}{2}P_m = \frac{1}{2} \times U_{Rm} \times I_m = \frac{1}{2}\sqrt{2}U_R \times \sqrt{2}I = U_R I$$

根据表达式做出波形图如图 8.1.7 所示。

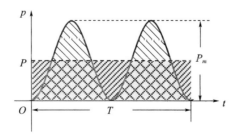

图 8.1.7

从波形图可以看出:有功功率等于瞬时功率曲线的平均高度,也就是最大功率的一半。也就是说,平均功率在数值上等于电阻上电压有效值和电流有效值的乘积,还可以表示为

$$P_R = U_R I = I^2 R = \frac{U_R^2}{R}$$

注意:对于电阻性负载,电阻上消耗的功率就是有功功率。我们通常说的电器消耗的功率就是有功功率。例如,40W 白炽灯,电炉 1200W,说的都是有功功率。设备上标注的功率也是有功功率,如:三相异步电动机铭牌上所标的功率值,指的是电动机在额定运行时轴上输出的机械功率值,就是有功功率。

【例】在纯电阻电路中,已知电阻为 44Ω,交流电流 $i = 5\sqrt{2}\sin(314t + 30°)$ A,求:

(1)通过电阻的电压;
(2)写出电压的解析式;
(3)并作电压与电流的相量图和波形图。

解:已知:$R = 44\Omega, I = 5\text{A}, \varphi_i = 30°$,求:$U, u$。

(1)根据 $U = IR$ 得

$$U = IR = 5 \times 44 = 220\text{V}$$

(2)方法一:

$$\varphi_u = \varphi_i = 30°$$
$$u = 220\sqrt{2}\sin(314t + 30°) \text{ V}$$

方法二:

根据 $\dot{U} = \dot{I}R$

$$= 5\angle 30° \times 44 = 220\angle 30°$$

所以,$U = 220\text{V}, u = 220\sqrt{2}\sin(314t + 30°) \text{ V}$。

方法三:

根据 $u = iR$

$$= 5\sqrt{2}\sin(314t + 30°) \times 44$$
$$= 220\sqrt{2}\sin(314t + 30°)$$

所以,$U = 220\text{V}$。

(3)相量图如图 8.1.8 所示。波形图如图 8.1.9 所示。

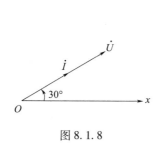

图 8.1.8

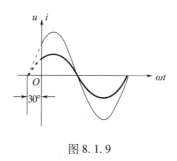

图 8.1.9

波形图体现了正弦产流电的三要素,相量图只体现出三要素中的幅值和初相,周期体现不出,但在纯电阻电路中,电压与电流同频率(周期),波形图相对相量图作图较为复杂,一般情况下,在电路分析中,只作相量图即可。

电阻在直流和交流电路中有何不同?

第二节　纯电感电路

电感是电子元器件之一。和纯电阻电路一样,纯电感电路也是交流电路中最简单最基本的电路。交流电路中只有电感的电路,称为纯电感电路。分析纯电感电路将为下一步分析交流电路打下基础,下面仿照纯电阻电路来研究纯电感电路。

电路如图 8.2.1 所示,设方向如图 8.2.1(b)所示。

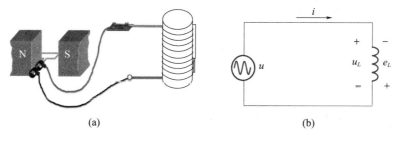

图 8.2.1

设有一交流电流 $i = I_m \sin\omega t$ 通过线圈,线圈两端就必定产生自感电动势。其大小为

$$e_L = -L\frac{\Delta i}{\Delta t}$$

线圈上就产生自感电压,其大小为

$$u_L = -e_L = L\frac{\Delta i}{\Delta t}$$

线圈上自感电压解析式表示为

$$u = U_m \sin(\omega t + 90°)$$

根据表达式做出波形图如图 8.2.2 所示。

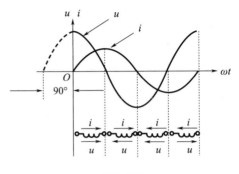

图 8.2.2

一、电压与电流的相位关系

如图 8.2.2 所示,在 $0 \sim T/4$,设电流为正方向 u,电压 u 和电流 i 同相;在 $T/4 \sim T/2$,电流方向 i 和设置一致,而电压 u 和电流 i 反相;在 $T/2 \sim 3T/4$,电流方向 i 和设置反相,而电压 u 和电流 i 同相;在 $3T/4 \sim T$,电流方向 i 和设置反相,而电压 u 和电流 i 反相。从以上分析可知:当 $i = I_m \sin\omega t$ 时, $u_L = U_m \sin(\omega t + \frac{\pi}{2})$,电感上电压的频率与电流的频率相同,电压的相位超前电流相位 $90°$;当 $i = I_m \sin(\omega t + \varphi_{i0})$ 时,$u_L = U_m \sin(\omega t + \varphi_{i0} + \frac{\pi}{2})$,电感上电压的频率与电流的频率相同,电压的相位超前电流相位 $90°$。

演示图如图 8.2.3 所示,电压的相位超前电流相位 $90°$。

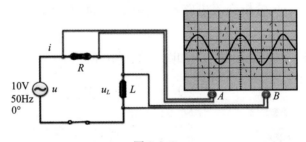

图 8.2.3

二、电压与电流的数值关系

因为 $u_L = L\dfrac{\mathrm{d}i}{\mathrm{d}t}$

$= \omega L I_m \cos\omega t$

$= \omega L I_m \sin(\omega t + 90°)$

得 $$u = U_m\sin(\omega t + 90°)$$
令 $$X_L = \omega L = 2\pi f L$$

式中 X_L、f、L 的单位分别为欧姆（Ω）、赫兹（Hz）、亨利（H）。定义电感对交流电的阻碍作用叫做感抗，也叫电感抗，用符号 X_L 表示，单位为欧姆（Ω）。

从电感抗的表达式可看出，当频率为零时，电感线圈相当于短路线。$f = 0$，$X_L = 0$。当频率较低时，电感线圈在电路中"通直流、阻交流"，此时电感线圈叫低频扼流圈，L 一般在几十亨。当频率较高时，电感线圈在电路中"通低频、阻高频"，此时电感线圈叫高频扼流圈，L 一般在几毫亨。

如 $L = 1H$，当加直流电时，$f = 0$，$X_L = 0$；当加交流电时，$f = 50Hz$，$X_L = 2 \times 3.14 \times 50 \times 1 = 314\Omega$；当 $f = 500kHz$ 时，$X_L = 2 \times 3.14 \times 500 \times 10^3 \times 1 = 3.14M\Omega$。

故 $I_m = \dfrac{U_m}{X_L}$，或 $I\dfrac{U}{X_C}$。

电工和电子技术中，用来"通直流、阻交流"的线圈叫做低频扼流圈。线圈绕在闭合的铁芯上，匝数为几千甚至超过一万，自感系数 L 一般为几十亨，这种线圈对低频交流电有很大的阻碍作用。用来"通低频、阻高频"的线圈叫做高频扼流圈。线圈有的绕在圆柱形铁氧体心上，有的是空心的，匝数为几百，自感系数 L 一般为几个毫亨，这种线圈对低频交流电的阻碍作用较小，对高频交流电的阻碍作用很大。具体如图 8.2.4 所示。

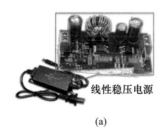
线性稳压电源
(a)

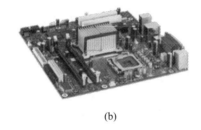
(b)

图 8.2.4

三、用复数表示电压与电流的关系

设
$$i = I_m\sin\omega t, \dot{I}_m = I_m\angle\varphi_i = I_m\angle 0°$$
$$u = U_m\sin(\omega t + 90°), \dot{U}_m = U_m\angle\varphi_u = U_m\angle 90°$$
$$\dfrac{\dot{U}_m}{\dot{I}_m} = \dfrac{U_m\angle\varphi_u}{I_m\angle\varphi_i} = \dfrac{U_m}{I_m}\angle\varphi_u - \angle\varphi_i = \dfrac{U_m}{I_m}\angle 90° - 0° = \dfrac{U_m}{I_m}\angle 90°$$

$$= X_L \angle 90° = jX_L$$

或
$$\dot{U}_m = \dot{I}_m jX_L$$

得
$$\dot{I}_m = \frac{\dot{U}_m}{jX_L} \text{或} \dot{I} = \frac{\dot{U}}{jX_L}$$

上式为复数的欧姆定律。式中感抗的复数为 jX_L 或 $j\omega L$。相量图如图 8.2.5 所示。

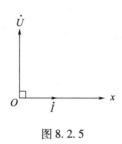

图 8.2.5

四、纯电感电路的功率

纯电感上的功率分瞬时功率和无功功率。

设 $i = I_m \sin\omega t$,则 $u_L = U_{Lm}\sin(\omega t + 90°)$。

1. 瞬时功率

$$\begin{aligned} p_L &= u_L i = U_{Lm}\sin(\omega t + 90°)I_m\sin\omega t \\ &= U_{Lm}I_m \sin\omega t \cos\omega t \\ &= 1/2 U_{Lm}I_m \sin2\omega t = U_L I \sin2\omega t \end{aligned}$$

根据表达示做出波形图如图 8.2.6 所示。

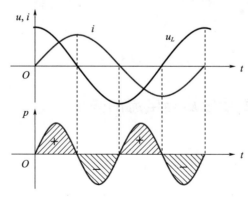

图 8.2.6

从表达式和波形图可见:纯电感电路的瞬时功率也是正弦函数。在 $0 \sim T/4$,电压 u 和电流 i 同相,功率为正,充电;在 $T/4 \sim T/2$,电压 u 和电流 i 反相,功率为负,放电;在 $T/2\sim 3T/4$,电压 u 和电流 i 同相,功率为正负,反向充电;在 $3T/4\sim T$,电压 u 和电流 i 反相,功率为负,反向放电。可见:功率曲线一半为正,一半为负。当瞬时功率为正值时,表示电感从电源吸收能量,并储存在电感的内部,只和电源进行能量交换(能量的吞吐)。

2. 平均功率 P(有功功率)

纯电感电路只存在着电源能量与磁场能量的不断转换,在理想情况下(不考虑电感的损耗),没有能量消耗,仅有能量转换。瞬时功率的平均值为零,$P_L=0$,说明电感不消耗电能。

注意:对于感性负载,保证设备运转所需要的电功率,也就是将电能转化为其他形式能量(机械能、光能、热能)的电功率。

3. 无功功率

虽然电感上不消耗能量,但时刻存在着能量的转换,瞬时功率并不等于零。电感上瞬时功率的最大值为 $U_L I$,表示电感与电源之间能量交换的最大值,叫做纯电感的无功功率,用 Q_L 表示,即

$$Q_L = \frac{1}{2}U_{Lm}I_m = U_L I$$

所以,$Q_L = U_L I = I^2 X_L = \dfrac{U_L^2}{X_L}$,单位 Var。

注意:无功功率常常被错误地理解为无用功率。无功功率是指电气设备中电感元件工作时建立磁场所需的电功率,不是无用功,只是它不直接转化为机械能、光能、热能等为外界提供能量,而是将电能转化为磁场能储存。

如图 8.2.7 所示,日光灯的启亮(图 8.2.7(a))、电动机运行(图 8.2.7(b))、设备中的变压器(图 8.2.7(c))都是利用电感的这一特性工作的。

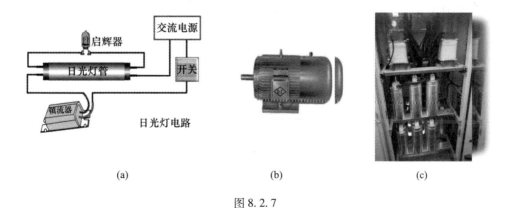

(a)   (b)   (c)

图 8.2.7

【例】一线圈的电感为 0.5H,电阻可以忽略,若分别通过一个 $i=0.5\sin 314t$

的正弦交流电和 $I=0.5\text{A}$ 的直流电时,线圈两端的电压分别为多大?并写出电感上电压的瞬时表达式。

解:通交流电时,有

$$X_L = \omega L = 314 \times 0.5 = 157\Omega$$

$$U_{Lm} = I_m X_L = 0.5 \times 157 = 78.5\text{V}$$

$$\varphi_{u0} = \varphi_{i0} + 90° = 0° + 90° = 90°$$

所以 $u = 78.5\sin(314t + 90°)\text{V}$。

通直流电时,有

$$f = 0, X_L = \omega L = 0, U_L = 0$$

答:电感两端的电压分别为 55.5V 和 0V。电感瞬时表达式为 $u = 78.5\sin(314t + 90°)\text{V}$。

电感在直流和交流电路中有何不同?

第三节 纯电容电路

电容是电子电路中常用的零件之一。和纯电阻、纯电感电路一样,纯电容电路也是正弦交流电路中最简单、最基本的电路,它同样是分析正弦交流电路的基础。交流电路中只有电容的电路称为纯电容电路。下面我们仿照纯电阻、纯电感电路来分析纯电容电路。

如图 8.3.1 所示,电容两端接有交流电压 $u_C = U_{Cm}\sin\omega t$。

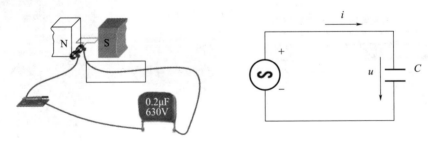

图 8.3.1

当电压升高时,电容器被充电,电路中就有充电电流,而当电压下降时电容器又给电源放电,电路中有放电电流。这样由于电容器两端电压的大小和方向

不断变化,电路中就形成了持续的充电、放电电流,即

$$i = C\frac{\Delta u_C}{\Delta t}$$

上式说明,在纯电容电路中,电流的瞬时值与电容两端电压的变化率成正比。

$$i = C\frac{\mathrm{d}u_C}{\mathrm{d}t} = C\frac{\mathrm{d}(U_m\sin\omega t)}{\mathrm{d}t} = \omega C U_{Cm}\cos\omega t$$
$$= \omega C U_{Cm}\sin(\omega t + 90°)$$
$$= I_m\sin(\omega t + 90°)$$

根据表达式做波形图如图 8.3.2 所示。

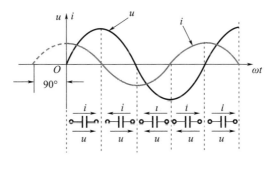

图 8.3.2

一、电压与电流的相位关系

如图 8.3.2 所示,由 $u = U_m\sin\omega t$ 得,在 $0 \sim T/4$,电压为正方向 u,电流 i 和电压同相;在 $T/4 \sim T/2$,电压方向 u 和设置一致,而电流 i 和电压反相;在 $T/2 \sim 3T/4$,电压方向 u 和设置反相,而电流 i 和电压同相;在 $3T/4 \sim T$,电压方向 u 和设置反相,而电流 i 和电压反相。从以上分析可知:电压与电流以四分之一周期交替。也就是说,纯电容电路中,电容器两端的电压滞后电流90°,或者说电流超前电压90°。

看仿真演示如图 8.3.3 所示。

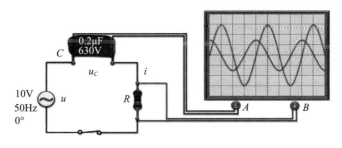

图 8.3.3

二、电压与电流的数值关系

令
$$X_C = \frac{1}{\omega C} = \frac{1}{2\pi f C}$$

故
$$I_m = \frac{U_m}{X_C} \text{ 或 } I\frac{U}{X_C}$$

式中:X_c表示电容器在充、放电过程中对交流电流的一种反抗作用,其大小取决于电容器的电容量和电源频率,与电压、电流的大小无关。电容对交流电的阻碍作用叫做容抗,也叫电容抗,用符号X表示,单位为欧(Ω)。

由于电容器有"通交流,隔直流""通高频,阻低频"的特性,这种特性使电容器成为电子技术中一种重要元件。

在电子技术中,从某一装置输出的电流常常既有交流成分,又有直流成分,如果只需要交流成分输送到下一级装置,则只要在两级电路之间串联一个电容器,如图 8.3.4 所示,就可以使交流成分通过,而阻止直流成分通过,起这种作用的电容器叫做隔直电容器,一般电容量较大。

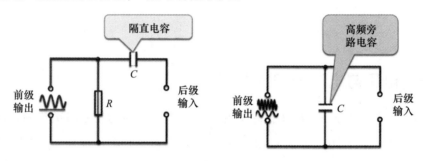

图 8.3.4

从某一装置输出的交流电既有高频成分,又有低频成分。如果只需要把低频成分输送到下一级装置,则只要在下一级电路的输入端有效串联一个电容器即可。电容器对高频成分的容抗小,对低频成分的容抗大,高频成分可以通过电容器,而使低频成分输入下一级,起这种作用的电容器叫做高频旁路电容器,其电容量一般较小。

三、用复数表示电压、电流的相位与数量关系

设
$$u = U_m \sin\omega t, \dot{U}_m = U_m\angle\varphi_u = U_m\angle 0°$$

$$i = I_m \sin(\omega t + 90°), \quad \dot{I}_m = I_m \angle \varphi_i = I_m \angle 90°$$

$$\frac{\dot{U}_m}{\dot{I}_m} = \frac{U_m}{I_m} \angle 0° - 90° = \frac{U_m}{I_m} \angle -90° = -jX_C$$

即
$$\dot{I}_m = \frac{\dot{U}_m}{-jX_C} \text{或} \dot{I} = \frac{\dot{U}}{-jX_C}$$

上式就是复数形式的欧姆定律，$-jX_C$ 称为复容抗，它能同时表示出电压和电流之间的相位与数值关系表示出来，又能把电路参数 R、X_L、$X_C = 0$ 表示出来。

相量图如图 8.3.5 所示。

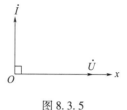

图 8.3.5

四、纯电容电路的功率

纯电容上的功率分瞬时功率和无功功率。

设 $u_C = U_{Cm} \sin\omega t$，则 $i = I_m \sin(\omega t + 90°)$。

1. 瞬时功率

$$p_C = u_C i = U_{Cm}\sin\omega t \times I_m \sin(\omega t + 90°) = U_{Cm} I_m \sin\omega t \cos\omega t$$

$$= 1/2 U_{Cm} I_m \sin 2\omega t = 1/2 \sqrt{2} U_C \sqrt{2} I \sin 2\omega t = U_C I \sin 2\omega t$$

根据表达示作出波形图，如图 8.3.6 所示。

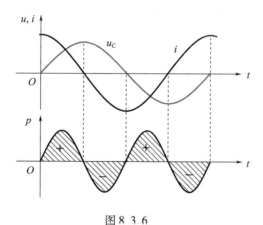

图 8.3.6

从表达式和波形图可见：纯电容电路的瞬时功率也是正弦函数。在 $0 \sim T/4$，电压 u 和电流 i 同相，功率为正，充电；在 $T/4 \sim T/2$，电压 u 和电流 i 反相，功率为负，放电；在 $T/2 \sim 3T/4$，电压 u 和电流 i 同相，功率为正负，反向充电；在 $3T/4 \sim T$，电压 u 和电流 i 反相，功率为负，反向放电。这样周而复始进行。可见，率曲线一半为正，一半为负。当瞬时功率为正值时，电容器从电源吸收能量，并储存在电容器的内部,只和电源进行能量交换。

2. 平均功率 P(有功功率)

纯电容电路只存在着电源能量与磁场能量的不断转换,在理想情况下(不考虑电容的损耗),没有能量消耗,仅有能量转换。瞬时功率的平均值为零,$P_C=0$,说明电容不消耗电能。

容器上瞬时功率的最大值为 $1/2U_{Cm}I_m = U_C I$。

3. 无功功率

虽然电容上不消耗能量,但时刻存在着能量的转换,瞬时功率并不等于零。电容器上瞬时功率的最大值叫做纯电容的无功功率,表示电容与电源之间能量交换的最大值,用 Q_C 表示:

$$Q_C = \frac{1}{2}U_{Cm}I_m = \frac{1}{2}\sqrt{2}U_C\sqrt{2}I = U_C I$$

所以,$Q_C = U_C I = I^2 X_C = \dfrac{U_C^2}{X_C}$,单位 Var。

注意:无功功率常常被错误地理解为无用功率。无功功率是指电气设备中电感、电容等元件工作时建立磁场所需的电功率,不是无用功,只是它不直接转化为机械能、光能、热能等为外界提供能量,而是将电能转化为启动力,如图8.3.7所示。

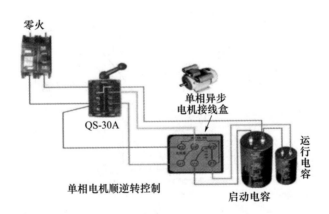

图 8.3.7

例如计算机、照相机、蓄电瓶等就是利用电容的这一特性来工作的。

【例题】试计算 100p 电容器,对频率分别是 10^6Hz 的高频电流和 10^3Hz 的音频电流的容抗各是多大?

解:$X_{C1} = \dfrac{1}{2\pi fC} = \dfrac{1}{2\pi \times 10^6 \times 100 \times 10^{-12}} \approx 1.6\text{k}\Omega$

$$X_{C2} = \frac{1}{2\pi fC} = \frac{1}{2\pi \times 10^3 \times 100 \times 10^{-12}} \approx 1.6\text{M}\Omega$$

相同的电容器对不同的频率所呈现的阻抗是不一样的。

电容在直流和交流电路中有何不同?

第四节　电阻、电感、电容串联电路

前面讲了交流电纯电阻、纯电感和纯电容电路,它们是交流电路中最简单、最基本的电路。实际电路中往往比较复杂,一般情况下三种组件同时存在。本节介绍电阻、电感和电容串联的交流电路。

一、电路的组成

由电阻、电感和电容相串联所组成的电路,叫做 RLC 串联电路。

如图 8.4.1 所示,就是一个 RLC 串联电路,电路中电流电压方向如图中所示。

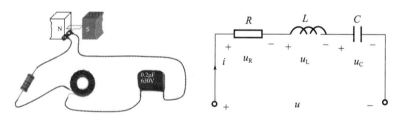

图 8.4.1

设:电路中通过的正弦交流电流为 $i = I_m \sin\omega t$,则

电阻两端的电压为

$$u_R = RI_m \sin\omega t$$

电感两端的电压为

$$u_L = X_L I_m \sin(\omega t + 90°)$$

电容两端的电压为

$$u_C = X_C I_m \sin(\omega t - 90°)$$

由基尔霍夫电压定律,得

$$u = u_R + u_L + u_C$$

从前面"三纯电路"可知,电阻两端的电压与电流同相位,电感两端电压的相位超前电流 90°,电容两端电压的相位滞后电流 90°。

二、总电压与电流的相位关系

1. 当 $X_L > X_C (U_L > U_C)$

总电压应为三个电压 U_R、U_L、U_C 的相量和。从相量图 8.4.2 所示可知,总电压相位超前电流的相位,电路呈电感性,叫做电感性电路(感性电路)。

$$\varphi = \varphi_{u0} - \varphi_{i0} = \arctan\frac{U_L - U_C}{U_R} > 0$$

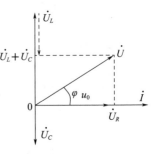

图 8.4.2

2. 当 $X_L < X_C (U_L < U_C)$

如图 8.4.3 所示,总电压的相位滞后电流的相位,电路呈电容性(容性),叫做电容性电路。

$$\varphi = \varphi_{u0} - \varphi_{i0} = \arctan\frac{U_L - U_C}{U_R} < 0$$

3. 当 $X_L = X_C (U_L = U_C)$

如图 8.4.4 所示,电感两端电压和电容两端电压大小相等,相位相反,则 $U = U_R$。

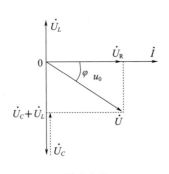

图 8.4.3

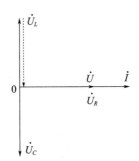

图 8.4.4

$$\varphi = \varphi_{u0} - \varphi_{i0} = \arctan\frac{U_L - U_C}{U_R} = 0$$

电路呈电阻性,电路的这种状态叫做串联谐振。

演示图如图 8.4.5 所示。

由以上分析可知,φ 的大小决定了电路的性质:

(1)当 $X_L > X_C (U_L > U_C)$,$\varphi = \varphi_{u0} - \varphi_{i0} > 0$ 时,电压超前电流,电路呈感性,称为感性电路;

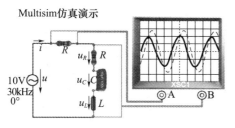
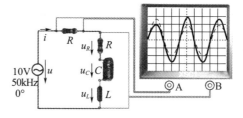

(a) C=1p, FL=1H, f=30kHz, 电流超前电压　　(b) C=1pF, L=1H, f=50kHz, 波形同相

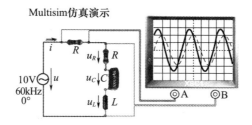

(c) C=1pF, L=1H, f=60kHz, 电流超前电压

图 8.4.5

（2）当 $X_L < X_C(U_L < U_C)$，$\varphi = \varphi_{u0} - \psi_{i0} < 0$ 时，电压滞后电流，电路呈容性，称为容性电路；

（3）当 $X_L = X_C(U_L = U_C)$，$\varphi = \varphi_{u0} - \varphi_{i0} = 0$ 时，电压与电流同相，电路呈电阻性，称为电阻性电路。

三、总电压与电流的数值关系

从上面相量图中看出，U 与 U_R、U_L、U_C 分电压构成了一个直角三角形，称为电压三角形。如图 8.4.6 所示，总电压为直角三角形的斜边，直角边一个是电阻上的电压，另一个是感抗与容抗上的电压之差。总电压与各分电压的关系是相量和。

根据勾股定理可知：

$$U^2 = U_R^2 + (U_L - U_C)^2, \text{或} \ U = \sqrt{U_R^2 + (U_L - U_C)^2}$$

将 $U_R = RI, U_L = X_L I, U_C = X_C I$ 代入上式，得

$$U = \sqrt{R^2 I^2 + (X_L I - X_C I)^2} = I\sqrt{R^2 + (X_L - X_C)^2}$$

设 $|Z| = \sqrt{R^2 + (X_L - X_C)^2}$

Z 叫做电路的阻抗，单位：欧（Ω）。

感抗与容抗之差叫做电抗，用 X 表示，即 $X = X_L - X_C$，单位：欧（Ω）。

阻抗又可表示为 $|Z| = \sqrt{R^2 + X^2}$，则

$$U = |Z|I \ \text{或} \ I = \frac{U}{|Z|}$$

将电压三角形各边除以电流,得到阻抗三角形,如图 8.4.7 所示。Z 与 R 的夹角 φ 叫做阻抗角。

$$\varphi = \arctan\frac{X_L - X_C}{R} = \arctan\frac{X}{R}$$

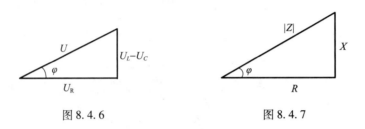

图 8.4.6　　　　　　图 8.4.7

四、用复数表示电压与电流的关系

设 $i = I_m \sin\omega t$,$\dot{I} = I \angle 0°$

$u_R = RI_m \sin\omega t$,$\dot{U}_R = RI \angle 0°$

$u_L = X_L I_m \sin(\omega t + 90°)$,$\dot{U}_L = jX_L I$

$u_C = X_C I_m \sin(\omega t - 90°)$,$\dot{U}_C = -jX_C I$

$u\ = u_R + u_L + u_C$

$\quad = \dot{U}_R + \dot{U}_L + \dot{U}_C$

$\dot{U} = \dot{U}_R + \dot{U}_L + \dot{U}_C = R\dot{I} + jX_L\dot{I} - jX_C\dot{I} = [R + j(X_L - X_C)]\dot{I}$

$\dfrac{\dot{U}}{\dot{I}} = R + j(X_L - X_C)$

$Z = R + j(X_L - X_C) = \sqrt{R^2 + (X_L - X_C)^2} \Big/ \arctan\dfrac{X_L - X_C}{R} = |Z| \angle \varphi$

由上式中可见,电阻和感抗、电阻和容抗是不能直接进行代数相加的,而是要用相量相加。这样,就给比较复杂的交流电路的计算带来困难。但是,引入复阻抗的概念后,就有效地解决了这个问题。只要用复阻抗代替电路中的阻抗,直流电路中计算串联、并联的公式就能推广到相量法中来。

五、特例分析

1. RL 串联电路

在 RLC 电路中,$X_C = 0$ 时的情况如图 8.4.8 所示。

$$U = \sqrt{U_R^2 + U_L^2} = \sqrt{R^2 + X_L^2}\, I = |Z| \times I$$

$$I = \frac{U}{|Z|}$$

$$|Z| = \sqrt{R^2 + X_L^2}$$

$$\varphi = \arctan\frac{X_L}{R} > 0$$

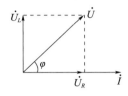 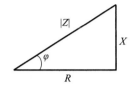

图 8.4.8

电路呈感性。

用相量表示为:

$$\dot{U} = \dot{U}_R + \dot{U}_L = R\dot{I} + jX_L\dot{I} = (R + jX_L)\dot{I}$$

$$Z = R + jX_L = \sqrt{R^2 + X_L^2}\bigg/\arctan\frac{X_L}{R} = |Z|\angle\varphi$$

2. RC 串联电路

在 RLC 电路中,$X_L = 0$ 时的情况如图 8.4.9 所示。

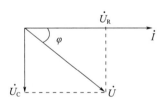 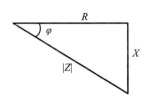

图 8.4.9

$$U = \sqrt{U_R^2 + U_C^2} = \sqrt{R^2 + X_C^2}\,I = |Z| \times I$$

$$I = \frac{U}{|Z|}$$

$$|Z| = \sqrt{R^2 + X_C^2}$$

$$\varphi = \arctan\frac{X_C}{R} < 0$$

电路呈容性。

用相量表示为

$$\dot{U} = \dot{U}_R + \dot{U}_L = R\dot{I} - jX_C\dot{I} = (R - jX_C)\dot{I}$$

$$Z = R - jX_C = \sqrt{R^2 + (-X_C)^2} \bigg/ \arctan\frac{-X_C}{R} = |Z|\angle -\varphi$$

【例1】 在 RLC 串联电路中,已知电路端电压 $U = 220\text{V}$,电源频率为 50Hz,电阻 $R = 30\Omega$,电感 $L = 445\text{mH}$,电容 $C = 32\mu\text{F}$。

求:(1)电路中电流的大小;

(2)电路是什么性质;

(3)电阻、电感和电容两端的电压。

解: (1)因为

$$X_L = 2\pi fL = 2 \times 3.14 \times 50 \times 445 \times 10^{-3} \approx 140\Omega$$

$$X_C = \frac{1}{2\pi fC} = \frac{1}{2 \times 3.14 \times 50 \times 32 \times 10^{-6}} \approx 100\Omega$$

$$|Z| = \sqrt{R^2 + (X_L - X_C)^2} = \sqrt{30^2 + (140-100)^2} = 50\Omega$$

$$I = \frac{U}{|Z|} = \frac{220}{50} \approx 4.4\text{A}$$

所以,电路中电流的大小为 4.4A。

(2)因为 $X_L - X_C = 140 - 100 = 40 > 0$,$\varphi > 0$,所以电路呈感性。

(3)电阻两端的电压

$$U_R = RI = 30 \times 4.4 = 132\text{V}$$

电感两端的电压 $U_L = X_L I = 140 \times 4.4 = 616\text{V}$

电容两端的电压 $U_C = X_C I = 100 \times 4.4 = 440\text{V}$

【例2】 如图 8.4.10 所示 RC 电路中,已知电压频率是 800Hz,电容是 $0.046\mu\text{F}$,需要输出电压较输入电压滞后 30°的相位差,求电阻的数值。

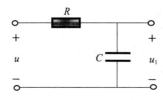 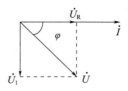

图 8.4.10

解: 因为 u_1 滞后 u 30°,所以,端电压和电流的相位差为

$$\varphi = 90° - 30° = 60°$$

由阻抗三角形得

$$\tan\varphi = \frac{X_C}{R}$$

$$R = \frac{X_C}{\tan\varphi} = \frac{1}{2\pi fC\tan\varphi} = \frac{1}{2\times 3.14\times 800\times 0.046\times 10^{-6}\times\sqrt{3}} \approx 2.5\text{k}\Omega$$

答：电阻的数值应为 2.5kΩ。

电阻、电感、电容串联电路中的性质由什么决定？

第五节　串联谐振电路

一、串联谐振的定义

什么是串联谐振？RLC 串联电路如图 8.5.1 所示，当电路端电压与电流同相时，电路呈电阻性，这种状态叫做串联谐振。下面看一个 RLC 串联电路实验。

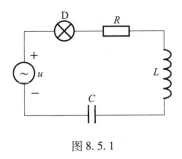

图 8.5.1

固定电源电压和 RLC 三个元件的数值，当改变交流电源的频率时，频率由小到大，灯泡慢慢由暗变亮。当大到某一频率时，灯泡最亮。再继续增大频率时，灯泡又由亮慢慢变暗。

实验说明：

(1) 当改变电源的频率(或 LC)时，灯泡亮、暗有变化；

(2) 当灯泡最亮时，电路总阻抗最小，电流最大；

(3) 当感抗等于容抗($X_L = X_C$)时，电路谐振。

二、串联谐振的条件

串联谐振条件是 $X_L = X_C$ 或 $\omega L = 1/\omega C$。

讨论：

（1）当电源的频率不变时，改变 L 或 C 的大小，可以使 $X_L = X_C$，即电路发生串联谐振；

（2）当 L 和 C 不变的情况下，改变电源的频率，也可以使 $X_L = X_C$，即电路发生串联谐振。

可见，只要电路发生谐振，必有 $X_L = X_C$，进一步推导可以得出 $\omega_0 = \dfrac{1}{\sqrt{LC}}$，$f = f_0 = \dfrac{1}{2\pi\sqrt{LC}}$，$f_0$ 叫做谐振频率。

当 L、C 确定后，其电路的谐振频率也就确定了。

三、串联谐振的特点

（1）阻抗最小，且为纯电阻，即 $|Z_0| = R$。

（2）电路中电流最大，$I_0 = \dfrac{U}{|Z_0|} = \dfrac{U}{R}$。

（3）电路端电压与电流同相，$\varphi = 0$，电路呈阻性。

（4）电阻两端电压等于总电压，电感、电容端电压为总电压的 Q 倍。

$$U_R = RI_0 = R \times \dfrac{U}{R} = U, I_0 = \dfrac{U}{R}$$

$$U_L = X_L I_0 = \omega_0 L \times \dfrac{U}{R} = QU$$

$$U_C = X_C I_0 = \dfrac{1}{\omega_0 C} \times \dfrac{U}{R} = QU$$

设 $Q = \dfrac{\omega L}{R} = \dfrac{1}{\omega CR}$，$Q$ 叫做串联谐振电路的质量因数。即

$$U_L = U_C = QU$$

串联电路的质量因数一般为几十至几百。可见，电感和电容上的电压比电源电压大很多倍，所以，串联谐振也叫电压谐振。当 L 越大和 R 越小时，C 越小，电路损耗的能量就越小，则说明电路的质量好，质量因素高。

（5）$\dot{U}_L = \dot{U}_C$，大小相等，方向相反。电源与电感和电容间不发生能量转换，仅提供电阻的能量消耗，而电感与电容间进行着磁场能和电场能的转换。

四、串联谐振的应用

在收音机中，常利用串联谐振电路来选择电台信号，这个过程称为调谐。收音机的输入电路和等效电路如图 8.5.2 所示。

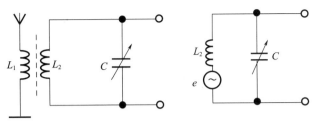

图 8.5.2

当各种不同频率信号的电磁波在天线 L_1 上产生感应电流时,L_2 上就要产生感应电动势。当信号的频率等于回路的谐振频率时,回路的电流最大,在电容上产生 Q 倍的电压。对于谐振频率以外的信号回路电流很小而被回路抑制掉。

五、谐振电路的选择性

(一) 谐振曲线

串联电路中电流随频率变化的关系曲线叫做谐振曲线。固定 LC,改变电源频率或固定电源频率,改变 L 或 C,都会引起回路电流大小的变化,曲线如图 8.5.3 所示。

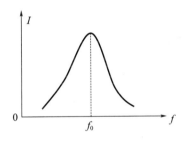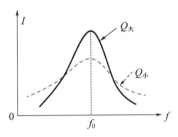

图 8.5.3

从曲线上看出,曲线越陡,电路的品质因数 Q 越高(R 小损耗就小,即线圈导线电阻的损耗减小和铁芯损耗及电容的介质损耗)。选择信号的能力就强,抑制干扰的能力也强。

(二) 选择性

在谐振曲线中,Q 值也不是越高越好。在信号传输时,其信号有一定的频率范围,通常叫频带。如广播电台播放的音乐节目,频带宽度为十几千赫兹。若频带宽度小容易引起失真。

一般定义谐振电流 I_0 的 0.707 倍的一段频率范围叫做谐振电路的通频带,简称带宽。通频带用 $\Delta f = f_2 - f_1$,f_1 为通频带低端频率,f_2 为通频带高端频率,如

图 8.5.4 所示。

通频带与选择性是矛盾的。增大谐振电路的质量因数,可以提高电路的选择性,但却使通频带变窄了,接收的信号容易失真;降低选择性,干扰增大,所以二者是矛盾的。实际中具体问题具体分析。

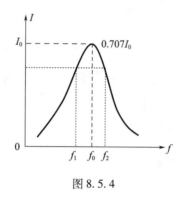

图 8.5.4

串联谐振的条件是什么?谐振性能如何选择?

第六节　电阻、电感、电容并联电路

前面介绍了 RLC 串联电路,本节介绍 RLC 并联电路。由电阻、电感和电容并联组成的电路叫做 RLC 并联电路。

如图 8.6.1 所示是一个 RLC 并联电路,电路中电流、电压的方向如图中所示。设电路中通过的正弦交流电压为 $u = U_m\sin\omega t$,则流经电阻的电流为

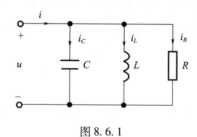

图 8.6.1

$$i_R = \frac{U_m}{R}\sin\omega t = I_{Rm}\sin\omega t, I_{Rm} = \frac{U_m}{R}$$

流经电感的电流为

$$i_L = \frac{U_m}{X_L}\sin(\omega t - \frac{\pi}{2}) = I_{Lm}\sin(\omega t - \frac{\pi}{2}), I_{Lm} = \frac{U_m}{X_L}$$

流入电容支路上的电流为

$$i_C = \frac{U_m}{X_C}\sin(\omega t + \frac{\pi}{2}) = I_{Cm}\sin(\omega t + \frac{\pi}{2}), I_{Cm} = \frac{U_m}{X_C}$$

由基尔霍夫电流定律,得 $i = i_R + i_L + i_C$。

一、总电流与电压的相位关系

分析可知,电阻上的电流与端电压同相,电感上的电流滞后端电压 $90°$,电容上的电流超前端电压 $90°$。因此,电感上的电流与电容上的电流是反相,则电路的性质就由电感和电容上的电流的大小所决定。而并联电路中电压是相等的,那么,电路的性质也就由感抗和容抗的大小来决定。

（一）当 $X_L < X_C, I_L > I_C$ 时

总电流应为三个电流的相量和。从图 8.6.2 中看出,总电流滞后端电压,电路呈感性,叫做电感性电路。总电流与端电压的相位差:

$$\begin{aligned}\varphi &= \varphi_{i0} - \varphi_{u0} \\ &= -\arctan\frac{I_L - I_C}{I_R} \\ &= -\arctan\frac{U/X_L - U/X_C}{U/R} \\ &= -\arctan\frac{1/X_L - 1/X_C}{1/R} \\ &= -\arctan\frac{B_L - B_C}{G} < 0 \quad (呈感性)\end{aligned}$$

式中,$B_L = \frac{1}{X_L}$ 叫做感纳,$B_C = \frac{1}{X_C}$ 叫做容纳,$G = \frac{1}{R}$ 叫做电导。它们的单位都是西门子(S)。

（二）当 $X_L > X_C, I_L < I_C$ 时

从图 8.6.3 中看出,总电流超前端电压,电路呈容性,叫做电容性电路。总电流与端电压的相位差:

$$\varphi = \varphi_{i0} - \varphi_{u0} = -\arctan\frac{I_L - I_C}{I_R} = \arctan\frac{I_C - I_L}{I_R}$$

$$= \arctan\frac{U/X_C - U/X_L}{U/R} = \arctan\frac{1/X_C - 1/X_L}{1/R}$$

$$= \arctan \frac{B_C - B_L}{G} > 0 (呈容性)$$

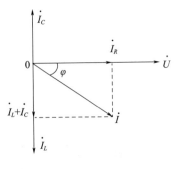

图 8.6.2

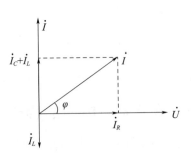

图 8.6.3

(三) 当 $X_L = X_C, I_L = I_C$ 时

电感和电容上的电流大小相等,方向相反,如图 8.6.4 所示,电路中总电流等于电阻上的电流。这时总电流与端电压相位相同,电路呈电阻性,此状态叫做并联谐振。此时

$$\varphi = \varphi_{i0} - \varphi_{u0} = 0$$

由以上分析可知:

(1) $X_L < X_C (B_L > B_C), I_L > I_C, \varphi_{iu} < 0,$ 呈感性;

(2) $X_L > X_C (B_L < B_C), I_L < I_C, \varphi_{iu} > 0,$ 呈容性;

(3) $X_L = X_C (B_L = B_C), I_L = I_C, \varphi_{iu} = 0,$ 呈阻性。

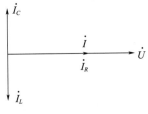

图 8.6.4

二、总电流与电压的数值关系

从相量图 8.6.5 中可看到,电路中的总电流与各支路的电流构成一直角三角形,叫做电流三角形。总电流为三角形的斜边,一条直角边为电阻支路的电流 I_R;另一条直角边为电感支路与电容支路的电流差 $|I_L - I_C|$,则总电流为

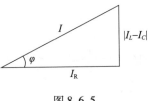

图 8.6.5

$$I = \sqrt{I_R^2 + (I_L - I_C)^2}$$

将 $I_R = \dfrac{U}{R} = GU, I_L = \dfrac{U}{X_L} = B_L U, I_C = \dfrac{U}{X_C} = B_C U$ 代入上式得:

$$I = \sqrt{I_R^2 + (I_L - I_C)^2} = U\sqrt{G^2 + (B_L - B_C)^2} = |Y| \times U$$

$|Y| = \sqrt{G^2 + (B_L - B_C)^2}$,叫做电路的导纳;$B_L - B_C = B$,叫做电纳。

$$|Z| = \frac{1}{Y} = \frac{1}{\sqrt{G^2 + (B_L - B_C)^2}} = \frac{1}{\sqrt{\left(\frac{1}{R}\right)^2 + \left(\frac{1}{X_L} - \frac{1}{X_C}\right)^2}}$$

将电流三角形各边同除以电压 U，可得到一个导纳三角形，如图 8.6.6 所示。斜边为导纳 Y，直角边为电导 G 和电纳 B。导纳 Y 和电导 G 两边的夹角 φ 就是总电流和电压的相位差，也叫导纳角。

$$\varphi = \varphi_{i0} - \varphi_{u0} = -\arctan\frac{B_L - B_C}{G} = -\arctan\frac{B}{G}$$

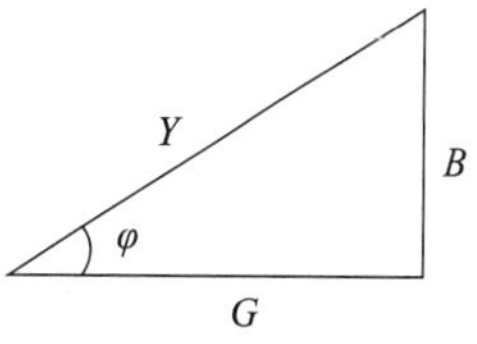

阻抗与导纳的相互关系：

$$R = \frac{1}{G}, X_L = \frac{1}{B_L}, X_C = \frac{1}{B_C}$$

$$|Z| = \sqrt{R^2 + (X_L - X_C)^2}$$

$$|Y| = \sqrt{G^2 + (B_L - B_C)^2}$$

图 8.6.6

电抗 $X = X_L - X_C$，单位：欧姆（Ω）；电纳 $B = B_L - B_C$，单位：西门子（S）。

三、用相量式表示电压与电流的关系

$$\dot{I} = \dot{I}_R + \dot{I}_L + \dot{I}_C = \frac{\dot{U}}{R} + \frac{\dot{U}}{jX_L} + \frac{\dot{U}}{-jX_C} = \left[\frac{1}{R} + \frac{1}{jX_L} + \frac{1}{-jX_C}\right]\dot{U}$$

$$= \left[\frac{1}{R} - j\frac{1}{X_L} + j\frac{1}{X_C}\right]\dot{U} = [G - jB_L + jB_C]\dot{U} = [G - j(B_L - B_C)]\dot{U}$$

$$\frac{\dot{I}}{\dot{U}} = G - j(B_L - B_C)$$

$$Y = G - j(B_L - B_C) = \sqrt{G^2 + (B_C - B_L)^2} \angle -\arctan\frac{B_L - B_C}{G} = |Y|\angle -\varphi$$

（1）$B = B_C - B_L > 0$，即 $I_C > I_L$，总电流越前于端电压，电路呈电容性。

（2）$B = B_C - B_L < 0$，即 $I_C < I_L$，总电流滞后于端电压，电路呈感性。

（3）$B = B_C - B_L = 0$，即 $I_L = I_C$，总电流与端电压同相，电路呈阻性。

四、RLC 并联电路的两个特例

1. RC 并联电路

当电路中 $X_L \to \infty$，即 $B_L = 0$ 时，$I_L = 0$，这时电路就是 RC 并联电路相量图如 8.6.7 图所示。从相量图上可看出，电路呈容性。总电流为

$$I = \sqrt{I_R^2 + I_C^2} = \sqrt{(GU)^2 + (B_C U)^2}$$

$$= U\sqrt{G^2 + B_C^2} = |Y| \times U$$

$$|Y| = \sqrt{G^2 + B_C^2}$$

相量图如图 8.6.8 所示。

$$\varphi = \varphi_{i0} - \varphi_{u0} = -\arctan\frac{-B_C}{G} > 0$$

电路呈容性。

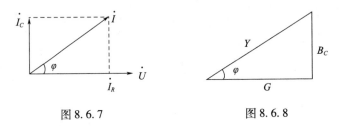

图 8.6.7　　　　　　　　图 8.6.8

2. RL 并联电路

当电路中 $X_C \to \infty$，即 $B_C = 0$ 时，$I_C = 0$，这时电路就是 RL 并联电路。相量图如图 8.6.9 所示。从相量图上可看出，电路呈容性总电流为

$$I = \sqrt{I_R^2 + I_L^2} = \sqrt{G^2 U^2 + B_L^2 U^2}$$

$$= U\sqrt{G^2 + B_L^2} = U \times |Y|$$

$$|Y| = \sqrt{G^2 + B_L^2}$$

相量图如图 8.6.10 所示。

$$\varphi = \varphi_{i0} - \varphi_{u0} = -\arctan\frac{B_L}{G} < 0$$

电路呈感性。

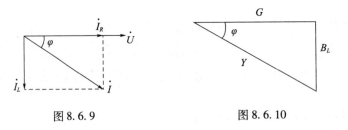

图 8.6.9　　　　　　　　图 8.6.10

【例1】两个复阻抗 $Z_1 = (10 + j10)\Omega$，$Z_2 = (10 - j10)\Omega$，并联后接在 $u = 220\sqrt{2}\sin\omega t$ V 的电源上，求电路中总电流的大小并写出它的解析式。

解：$Z = \dfrac{Z_1 Z_2}{Z_1 + Z_2} = \dfrac{(10 + j10)(10 - j10)}{10 + j10 + 10 - j10} = \dfrac{200}{20} = 10\Omega$（纯电阻）

$$\dot{I} = \frac{\dot{U}}{Z} = \frac{220}{10} = 22\angle 0°\text{A}, i = 22\sqrt{2}\sin\omega t \text{A}$$

【例2】 在 RLC 并联电路中，$R=40\Omega, X_L=15\Omega, X_C=30\Omega,$，接到电压 $u=120\sqrt{2}\sin(100\pi t+\frac{\pi}{6})$V 的电源上。(1)求电路的总电流；(2)求电路的总阻抗；(3)画出电压和各支路上电流的相量图。

解：(1)电路上的总电流为

$$I_R = \frac{U}{R} = \frac{120}{40} = 3\text{A}$$

$$I_L = \frac{U}{X_L} = \frac{120}{15} = 8\text{A}$$

$$I_C = \frac{U}{X_C} = \frac{120}{30} = 4\text{A}$$

$$I = \sqrt{I_R^2 + (I_L - I_C)^2} = \sqrt{3^2 + (8-4)^2} = 5\text{A}$$

(2)电路的总阻抗为

$$|Z| = \frac{U}{I} = \frac{120}{5} = 24\Omega$$

或者由阻抗与导纳的关系得

$$|Z| = \frac{1}{|Y|} = \frac{1}{\sqrt{\left(\frac{1}{R}\right)^2 + \left(\frac{1}{X_L} - \frac{1}{X_C}\right)^2}} = \frac{1}{\sqrt{\left(\frac{1}{40}\right)^2 + \left(\frac{1}{15} - \frac{1}{30}\right)^2}}$$

$$= \frac{1}{\sqrt{\frac{1}{1600} + \frac{1}{900}}} = \frac{1}{\frac{1}{10}\sqrt{\left(\frac{1}{16}\right) + \left(\frac{1}{9}\right)}} = \frac{1}{\frac{1}{10}\sqrt{\frac{25}{144}}} = \frac{1}{\frac{1}{10} \times \frac{5}{12}}$$

$$= 24\Omega$$

(3)电压和各支路上电流的相量图8.6.11所示。

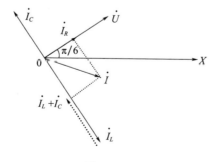

图 8.6.11

五、并联谐振电路

在串联谐振电路图 8.6.12 中,当信号源内阻较大时,品质因数 Q 很低,选择性会明显变差。这就要用到并联谐振电路。

如图 8.6.12 为电容与电感并联电路。电路的等效阻抗为

$$Z = \frac{\frac{1}{j\omega C}(R + j\omega L)}{\frac{1}{j\omega C} + (R + j\omega L)}$$

$$= \frac{R + j\omega L}{1 + jR\omega C - \omega^2 LC}$$

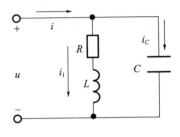

图 8.6.12

通常要求线圈的电阻很小,所以一般在谐振时,$\omega L \gg R$,所以上式为

$$Z \approx \frac{j\omega L}{1 + jR\omega C - \omega^2 LC} = \frac{1}{\frac{1}{j\omega L} + \frac{jR\omega C}{j\omega L} - \frac{\omega^2 LC}{j\omega L}} = \frac{1}{\frac{RC}{L} + j\left(\omega C - \frac{1}{\omega L}\right)}$$

当 $\omega_0 C - \frac{1}{\omega_0 L} \approx 0$,$\omega_0 \approx \frac{1}{\sqrt{LC}}$ 或 $f = f_0 \approx \frac{1}{2\pi \sqrt{LC}}$ 时,与串联谐振频率近于相等。

(一)并联谐振的条件

$$\omega_0 C \approx \frac{1}{\omega_0 L}$$

$$f = f_0 \approx \frac{1}{2\pi \sqrt{LC}}$$

(二)并联谐振的特点

(1)阻抗最大,$|Z_0| = \frac{L}{RC}$。

(2)电路中电流最小,$I_0 = \frac{U}{|Z_0|} = \frac{URC}{L}$。

(3)电路端电压与电流同相,$\varphi = 0$,电路呈阻性。

(4)电感和电容上的电流接近相等,并为总电流的 Q 倍。

$$I_1 = \frac{U}{\sqrt{R^2 + (\omega_0 L)^2}} \approx \frac{U}{\omega L} = \frac{U}{2\pi f_0 L}(\omega_0 L \gg R)$$

$$I_C = \frac{U}{\frac{1}{2\pi f_0 C}} = 2\pi f_0 CU$$

$$|Z_0| = \frac{L}{RC} = \frac{2\pi f_0 L}{R(2\pi f_0 C)} \approx \frac{(2\pi f_0 L)^2}{R}, \left(2\pi f_0 L \approx \frac{1}{2\pi f_0 C}\right)$$

当 $2\pi f_0 L \gg R, 2\pi f_0 L \approx \dfrac{1}{2\pi f_0 C} \ll \dfrac{(2\pi f_0 L)^2}{R}$

于是可得 $I_1 \approx I_C \gg I_0$，即在谐振时并联支路的电流近于相等，而比总电流大许多倍。因此，并联谐振也称电流谐振。

I_C 或 I_1 与总电流 I_0 的比值为电路的品质因数。

$$I_C \approx I_1 = \frac{U}{\omega_0 L} = \frac{I_0 |Z_0|}{\omega_0 L} = \frac{I_0 \dfrac{\omega_L^2 L^2}{R}}{\omega_0 L} = \frac{\omega_0 L}{R} I_0 = \frac{1}{\omega_0 CR} I_0$$

$$Q = \frac{\omega_0 L}{R} = \frac{1}{\omega_0 CR}$$

即在谐振时，支路电流是总电流的 Q 倍，也就是谐振时电路的阻抗模为支路阻抗模的 Q 倍，即

$$I_1 \approx I_C = QI_0$$

（5）若并联电路改由恒流源供电时，当电源某一频率时电路发生谐振，串路阻抗模最大，电流通过时在电路两端产生的电压也是最大。当电源为其他频率时，电路不谐振，阻抗模较小，电路两端的电压也较小。这样就起到选频的作用。

并联谐振和串联谐振的谐振曲线形状相同，选择性和通频带也一样，这里就不再重复讨论了。

（三）并联谐振的应用

输入信号为多个频率的信号源，如图 8.6.13 所示。要想选择所需要的信号频率输出，就必须调整回路的电容，使其谐振在信号频率上，回路呈现的阻抗最大，并为电阻性。这样该信号输出电压最大，实现选频的目的，在信号选择中应用十分广泛。

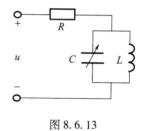

图 8.6.13

并联谐振的条件是什么？与串联谐振有什么不同？

第七节　交流电路的功率

前面分析了"三纯"电路和 RLC 串、并联电路中电流、电压、阻抗之间的关系。本节学习正弦交流电路中的功率问题。正弦交流电路中的功率比直流电路要复杂得多。我们首先讨论交流电路中的功率，再讨论功率因数和功率因素的提高。

一、交流电路的功率

在直流电路中，电功率等于电压与电流的乘积，$P = UI$。而在交流电路中，电压和电流是不断变化的。因此，它有瞬时功率、有功功率（平均功率）、无功功率和视在功率。

（一）RLC 串联电路的功率

1. 有功功率（平均功率）

电路中只有电阻消耗功率，而电感、电容不消耗功率。所以电路中的有功功率，也就是电阻上消耗的功率。

$$P = U_R I$$

从电压三角形（图 8.7.1）可知：

$$U_R = U\cos\varphi$$

所以 $P = U_R I = UI\cos\varphi$。

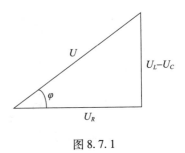

图 8.7.1

2. 无功功率

无论是 RLC 串联电路，还是并联电路，电感和电容都不消耗功率，但它们之间，以及与电源之间存在着周期性的能量交换，分别为

$$Q_L = U_L I$$
$$Q_C = U_C I$$

由于电感和电容两端的电压在任何时刻都是反相的，所以，Q_L 和 Q_C 的符号相反。当磁场能量增大时，电场能量减小；反之，磁场能量增大。

当感抗大于容抗时，磁场能量减小，所放出的能量，一部分储存在电容器的电场中，剩下的能量送返电源或消耗在电阻上。而磁场能量增加所需要的能量，一部分由电容器的电场能量转换而来，不足部分由电源补充。

当感抗小于容抗时,电容器上的电场能量大于线圈中的磁场能量。转换情况类似上述情况。所以,电路的无功功率为线圈和电容上无功功率之差,即

$$Q = Q_L - Q_C$$

串联电路中:

$$Q = Q_L - Q_C = (U_L - U_C)I$$

由电压三角形得

$$U_L - U_C = U\sin\varphi$$

所以

$$Q = UI\sin\varphi$$

3. 视在功率

电路中总电压、总电流的有效值的乘积为交流电的视在功率。即 $S = UI$,单位:伏安(VA),辅助单位:千伏安(kVA)。

因为 $P = UI\cos\varphi$,所以:

当 $\cos\varphi = 1$ 时,电路消耗的功率与视在功率相等;

当 $\cos\varphi \neq 1$ 时,电路所消耗的功率总小于视在功率;

当 $\cos\varphi = 0$ 时,则电路的有功功率等于零,这时电路只进行能量交换,而没有能量消耗。

将电压三角形乘以电流(或电流三角形乘以电压)得到功率三角形(见图8.7.2),即

$$S = \sqrt{P^2 + Q^2}$$

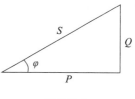

图8.7.2

(二) RLC 并联电路的功率

1. 有功功率(平均功率)

电路中只有电阻消耗功率,而电感、电容不消耗功率。所以,电路中的有功功率也就是电阻上消耗的功率,即

$$P = UI_R$$

从电流三角形(图8.7.3)可知:

$$I_R = I\cos\varphi$$

所以 $P = UI_R = UI\cos\varphi$。

一般表达式为

$$P = U_R I_R = UI\cos\varphi$$

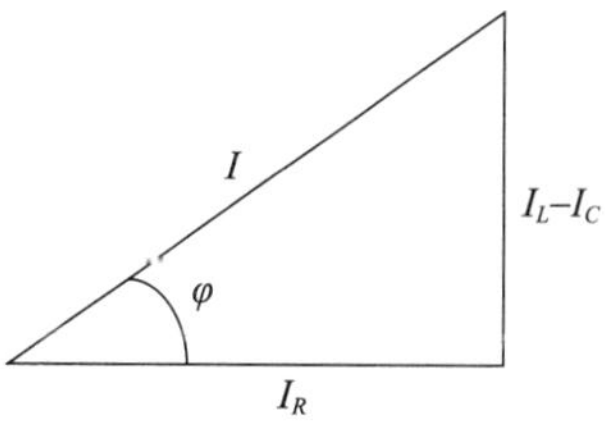

图8.7.3

2. 无功功率

无论是 RLC 串联电路,还是并联电路,电感和电容都不消耗功率,但它们之间,以及与电源之间存在着周期性的能量交换,分别为

$$Q_L = UI_L$$
$$Q_C = UI_C$$

由于电感和电容两端的电压在任何时刻都是反相的,所以,Q_L 和 Q_C 的符号相反。当磁场能量增大时,电场能量减小;反之,磁场能量增大。

当感抗大于容抗时,磁场能量减小,所放出的能量,一部分储存在电容器的电场中,剩下的能量送返电源或消耗在电阻上。而磁场能量增加所需要的能量,一部分由电容器的电场能量转换而来,不足部分由电源补充。

当感抗小于容抗时,电容器上的电场能量大于线圈中的磁场能量。转换情况类似上述情况。所以,电路的无功功率为线圈和电容上无功功率之差,即 $Q = Q_L - Q_C$。

$$Q = Q_L - Q_C = (I_L - I_C)U$$

由电流三角形得:

$$I_L - I_C = I\sin\varphi$$

所以
$$Q = UI\sin\varphi$$

3. 视在功率

电路中总电压、总电流的有效值的乘积为交流电的视在功率,即 $S = UI$,单位:伏安(VA),辅助单位:千伏安(kVA)。

因为 $P = UI\cos\varphi$,所以:

当 $\cos\varphi = 1$ 时,电路消耗的功率与视在功率相等;

当 $\cos\varphi \neq 1$ 时,电路消耗的功率总小于视在功率;

当 $\cos\varphi = 0$ 时,则电路的有功功率等于零,这时电路只进行能量交换,而没有能量消耗。

将电压三角形乘以电流(或电流三角形乘以电压)得到功率三角形,如图 8.7.4 所示。

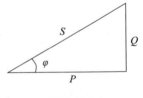

图 8.7.4

$$S = \sqrt{P^2 + Q^2}$$

二、功率因数(λ)

电路的有功功率与视在功率的比值叫做功率因数,用 λ 表示,即

$$\lambda = \frac{P}{S} = \cos\varphi$$

电路的功率因数表示电源功率被利用的程度,电路的功率因数越大,表示电源可能输出的最大有功功率(在电压和电流一定时,负载可能获得的最大有功功率)。电源发出的电能转换为热能或机械能越多,而电源与电感或电容之间相互

转换的能量越少。希望无功功率越小越好。在电力输送中,功率因数越高,线路的消耗就越小。电力工程上力求功率因数接近 1。

【例 1】要供给负载 1000W 的功率,当 $\cos\varphi = 0.7$ 时,电源需要负担的视在功率为

$$S = \frac{P}{\cos\varphi} = \frac{1000}{0.7} \approx 1428 \text{V} \cdot \text{A}$$

当 $\cos\varphi = 1$ 时,电源担负的功率为

$$S = \frac{P}{\cos\varphi} = \frac{1000}{1} = 1000 \text{V} \cdot \text{A}$$

纯电阻电路的功率因数为 $\cos\varphi = 1$;

纯电感、电容电路的功率因数为 $\cos\varphi = 0$;

RLC 串、并联电路功率因数为 $0 < \cos\varphi < 1$;

电动机空载时的功率因数为 $0.2 < \cos\varphi < 0.3$;

满载时的功率因数为 $0.7 < \cos\varphi < 0.9$;

日光灯的功率因数为 $0.5 < \cos\varphi < 0.6$。

三、功率因数的提高

用电部门如何提高电路的功率因数呢?方法之一是在感性负载两端并联一只电容量合适的电容,如图 8.7.5(a)所示。

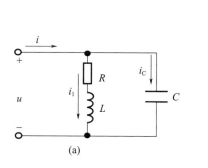
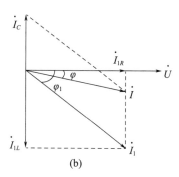

图 8.7.5

没有电容器并联时,电源供给负载的电流为 I_{RL},I_{RL} 滞后端电压 U 一个 φ_{RL} 角,作相量图如图 8.7.5(b)所示。电路的功率因数为 $\cos\varphi_{RL}$。并联电容后,负载中的电流仍为 I_{RL},可是电源供的电流却不等于 I_{RL},而是 I_{RL} 和 I_C 的相量和 I。从相量图上可以看到并联电容器后,电源提供的电流小了,与电压相位差也减小了,因而功率因素提高了,即 $\lambda(=\cos\varphi) > \lambda_{RL}(=\cos\varphi_{RL})$。

【例 2】有一个感性负载,其额定功率为 1.1kW,功率因数为 0.5,接在 50Hz、

220V 的电源上,若要将电路的功率因数提高到 0.8,问需要并联多大的电容器?

解:画出各支路电流和总电流的相量图,如图 8-29(b)所示,从图中可得出

$$I_C = I_{RL}\cos\varphi_{RL}\tan\varphi_{RL} - I_{RL}\cos\varphi_{RL}\tan\varphi$$

$$= I_{RL}\cos\varphi_{RL}(\tan\varphi_{RL} - \tan\varphi)$$

而

$$I_{RL}\cos\varphi_{RL} = \frac{P}{U}$$

$$I_C = \frac{U}{X_C} = \omega C U$$

所以

$$\omega C V = \frac{P(t\cos\varphi_{RL} - t\cos\varphi)}{U}$$

即

$$C = \frac{P(t\cos\varphi_{RL} - t\cos\varphi)}{\omega U^2}$$

因为

$$\lambda_{RL} = \cos\varphi_{RL} = 0.5$$

所以

$$\varphi_{RL} = 60°$$

同理

$$\varphi = \cos\varphi = 0.8, \varphi = 36.9°$$

代入 $C = \dfrac{P(t\cos\varphi_{RL} - t\cos\varphi)}{\omega U^2}$,即可求出并联电容器的电容量

$$C = \frac{P(\tan\varphi_{RL} - \tan\varphi)}{\omega U^2}$$

$$= 1100(\tan60° - \tan36.9°)$$

$$\approx 71\mu F$$

答:需要并上 71μF 的电容器。

【例3】一发电站以 22kV 的高压输给负载 4.4×10^4kW 的电力,若输电线路的总电阻为 10Ω,试计算负载的功率因数由 0.5 提高到 0.8 时,输电线上一天少损失多少电能?

解:当功率因数 $\lambda_1 = \cos\varphi = 0.5$ 时,线路中的电流为

$$P = UI\cos\varphi = UI\lambda$$

$$I_1 = \frac{P}{U\lambda_1} = \frac{4.4 \times 10^4 \times 10^3}{22 \times 10^3 \times 0.5} = 4000\text{A}$$

当功率因数 $\lambda_2 = \cos\varphi = 0.8$ 时,线路中的电流为

$$I_2 = \frac{P}{U\lambda_2} = \frac{4.4 \times 10^4 \times 10^3}{22 \times 10^3 \times 0.8} = 2500\text{A}$$

一天少损失的电能为

$$\Delta W = (I_1^2 - I_2^2)Rt$$
$$= (4000^2 - 2500^2) \times 10 \times 24 \times 3600$$
$$= 8.424 \times 10^{12} \text{J}$$

$$\Delta W = \frac{8.424 \times 10^{12}}{3.6 \times 10^6} = 2.34 \times 10^6 (\text{度}) = 234 (\text{万度})$$

答: 输电线上一天少损失234万度。

1. 电路的性质由什么决定?
2. 影响功率因数的原因是什么? 如何提高功率因数?

■■■■■ 知识拓展与应用 ■■■■■

交流电路的实际元件

(一) 实际元件的电路模型

1. 电阻器的电路模型

电阻器的基本参数是电阻。当电阻器中有交流电通过时,其周围空间将会产生交变电场和交变磁场。这表明电阻器不但具有电阻,还具有电容和电感,如图 a 所示。

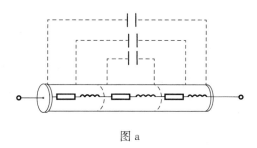

图 a

在电阻器中,电容或电感一般只起次要作用,它们是电阻器上的寄生参数。

(1)当频率低时,与电阻并联的寄生电容的容抗很大,它的分流作用很小,可看成开路;与电阻相串联的寄生电感可看成短路。此时,电阻器可近似看作一个纯电阻。但电容和电感只起次要作用,它们是电阻器上的寄生参数,如图 b 所示。

（2）当频率高时，寄生的电感、电容的影响都不能忽略，电路模型如图 c 所示。

2. 电容器的电路模型

电容器的基本参数是电容，此外，也还有寄生电阻和电感。寄生电阻主要来源是电介质中的热损耗（包括漏电电流损耗与极化损耗），引线和极板的电阻是次要的。寄生电感则来源引线和极板周围的电流磁场，如图 d 所示。

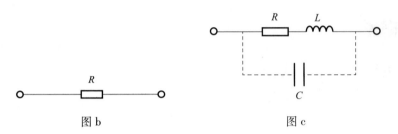

图 b　　　　　　　　　图 c

（1）当频率低时，X_L 很小，可看作短路，即忽略。而介质损耗一般不能忽略。故电容器的等效电路如图 e 所示。

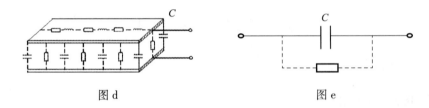

图 d　　　　　　　　　图 e

（2）当频率高时，由于集肤效应显著，引线和极板的电阻也不可忽略。故电容器的等效电路如图 f 所示。

3. 线圈的电路模型

线圈的基本参数是电感，但还有寄生电阻和电容，如图 g 所示。

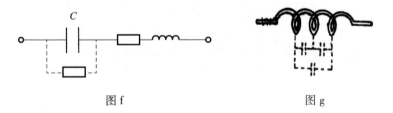

图 f　　　　　　　　　图 g

（1）当频率低时，寄生电容的容抗很大，可以看作是开路。而导线的电阻一般不能忽略。故线圈的电路模型为阻感串联电路，如图 h 所示。

（2）当频率高时，寄生电容和介质损耗带来的寄生电阻也都不能忽略，如图 i 所示。

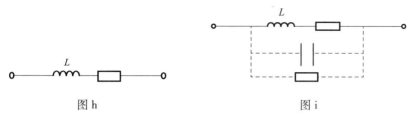

图 h 图 i

通过以上分析可知,实际元件的特性是随频率而改变的,因此,反映元件的电路模型也应当随频率而改变。在频率比较低、电路要求又不高时,为了计算方便可以忽略寄生参数对元件的影响,将实际元件看作理想元件。但当频率比较高时,元件的寄生参数一般是不能忽略的。由于在不同频率下寄生参数对元件影响不同,故元件的电路模型也只能近似反映元件的特性。

(二)集肤效应

在直流电路中,导体电阻的大小,常温下仅与导体的长度、截面积和材料有关。在交流电路中,导体电阻的大小不仅与上述因素有关而且还与频率有关。同一导体接入交流电路要比接入直流电路时电阻大,就是集肤效应的影响。

当交流电通过导线时,各处的电流分布并不相等。在导线的中心部分,电流密度(即通过导体单位截面积中的电流强度)较小;而靠近表面的部分,电流密度较大,如图 j(a)所示。也就是说,电流将趋向于导线的表面部分,这种现象叫做趋表效应,也叫集肤效应。

当通过交流电流时,在导体内部和周围都产生交变的磁场,取导体任一横截面来看,磁感应线是以导线轴心为圆心的许多同心圆,如图 j(b)所示。很明显,靠近中心的导线元被较多的磁感应线所包围,因此中心部分导线元交链的磁通多,所以,中心部分导线元的电感较大,感抗也较大;而边缘部分导线元的电感较小,感抗也较小。在长度相同、电压也相同的情况下,通过导线中心部分的电流就比边缘部分小,这就形成了集肤效应。

由于集肤效应的影响,使电流比较集中地分布在导线表面,实际上等于减小了导线的有效面积,所以,导线呈现的电阻就要大于通过直流电时的电阻。交流电的频率越高,集肤效应越明显。在低频交流电路中,集肤效应不明显,可以忽略不计。在高频电路中,为了减小导线电阻和提高使用率,往往采用多股互相绝缘的绞合线,如图 j(c)所示,这样可以增大导线横截面的利用率。

在高频时,由于导线中心部分电流很小,甚至接近于零,所以我们可以采用空心管状导线、空心带状导线、镀银导线或铜包钢线等。空心导线可以节省材料,铜包钢线还能增强导线的机械强度,节省铜的消耗量。

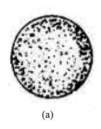 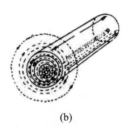 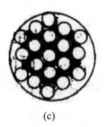

(a)　　　　　　　(b)　　　　　　　(c)

图 j　集肤效应

集肤效应在某些方面还有着广泛的应用,例如为了使金属的表面加热而不使其内部加热,可以沿金属通以高频电流,以完成金属表面的热处理。

本章小结

1. 在交流电路中,电阻是耗能组件,电感和电容是储能组件。

电路 项目	纯电阻电路	纯电感电路	纯电容电路
对电流的阻碍作用	电阻 R	感抗 $X_L = \omega L$	容抗 $X_C = 1/\omega C$
电压与电流的大小关系	$I = \dfrac{U}{R}$	$I = \dfrac{U}{R}$	$I = \dfrac{U}{X_C}$
电压与电流的相位关系	电压与电流同相	电压超前电流90°	电压滞后电流90°
复数形式	$\dot{I} = \dfrac{\dot{U}}{R}$	$\dot{I} = \dfrac{\dot{U}}{jX_L}$	$\dot{I} = \dfrac{\dot{U}}{-jX_C}$
有功功率	$P = UI = RI^2$	0	0
无功功率	0	$Q_L = U_L I$	$Q_C = U_C I$

2. 串联电路中电压、电流和功率的关系。

(1) RL 串联电路。

阻抗:$|Z| = \sqrt{R^2 + X_L^2}$

电流与电压的大小:$I = \dfrac{U}{|Z|}$,$\dot{I} = \dfrac{\dot{U}}{R + jX_L}$

电压的相位超前电流的相位:$\varphi = \arctan \dfrac{X_L}{R}$

相量式:$\dot{I} = \dfrac{\dot{U}}{R + jX_L}$

有功功率：$P = U_R I = UI\cos\varphi$

无功功率：$Q = U_L I = UI\sin\varphi$

视在功率：$S = UI = \sqrt{P^2 + Q^2}$

（2）RC 串联电路。

阻抗：$|Z| = \sqrt{R^2 + X_C^2}$

电流与电压的大小：$I = U/|Z|$

电压的相位超前电流的相位：$\varphi = \arctan\dfrac{-X_C}{R}$

相量式：$\dot{I} = \dfrac{\dot{U}}{R - jX_C}$

有功功率：$P = U_R I = UI\cos\varphi$

无功功率：$Q = U_C I = UI\sin\varphi$

视在功率：$S = UI = \sqrt{P^2 + Q^2}$

（3）RLC 串联电路。

阻抗：$|Z| = \sqrt{R^2 + (X_L - X_C)^2}$

电流与电压的大小：$I = U/|Z|$

相位：$\varphi = \arctan\dfrac{X_L - X_C}{R}$

相量式：$\dot{I} = \dfrac{\dot{U}}{R + j(X_L - X_C)}$

$X_L > X_C$ 时，电压超前电流，电路呈感性；

$X_L < X_C$ 时，电压滞后电流，电路呈容性；

$X_L = X_C$ 时，电压与电流同相，电路呈阻性，即串联谐振。

有功功率：$P = U_R I = UI\cos\varphi$

无功功率：$Q = (U_L - U_C)I = UI\sin\varphi$

视在功率：$S = UI = \sqrt{P^2 + Q^2}$

3. 并联电路中的电压、电流和功率关系

（1）RL 并联电路。

导纳：$|Y| = \sqrt{G^2 + B_L^2}$

电压与电流的大小：$I = |Y|U$

电压相位超前电流的相位：$\varphi = -\arctan\dfrac{B_L}{G}$

有功功率：$P = UI_R = UI\cos\varphi$

无功功率：$Q = UI_L = UI\sin\varphi$

视在功率：$S = UI = \sqrt{P^2 + Q^2}$

(2) RC 并联电路。

导纳：$|Y| = \sqrt{G^2 + B_C^2}$

电压与电流的大小：$I = |Y|U$

电压相位滞后电流的相位：$\varphi = -\arctan\dfrac{-B_C}{G}$

有功功率：$P = UI_R = UI\cos\varphi$

无功功率：$Q = UI_C = UI\sin\varphi$

视在功率：$S = UI = \sqrt{P^2 + Q^2}$

(3) RLC 并联电路。

导纳：$|Y| = \sqrt{G^2 + (B_L - B_C)^2}$

电压与电流的大小：$I = |Y|U$

电压与电流的相位：$\varphi = -\arctan\dfrac{B_L - B_C}{G}$

(1) $B_L - B_C < 0, I_C > I_L$ 时，总电流越前于端电压，电路呈电容性；

(2) $B_L - B_C > 0, I_C < I_L$ 时，总电流滞后于端电压，电路呈电感性；

(3) $B_L = B_C, I_L = I_C$ 时，总电流与端电压同相，电路呈电阻性。

有功功率：$P = UI_R = UI\cos\varphi$

无功功率：$Q = U(I_L - I_C) = UI\sin\varphi$

视在功率：$S = UI = \sqrt{P^2 + Q^2}$

4. 串联与并联谐振电路的特点：

(1) RLC 串联谐振电路。

谐振条件：$X_L = X_C$

谐振频率：$f_0 = \dfrac{1}{2\pi\sqrt{LC}}$

谐振阻抗最小：$|Z_0| = RZ_0 = R$

谐振电流最大：$I_0 = \dfrac{U}{R}$

品质因数：$Q = \dfrac{\omega_0 L}{R} = \dfrac{1}{\omega_0 RC}$

通频带：$\Delta f = \dfrac{f_0}{Q}$

（2）RLC 并联谐振电路。

谐振条件：$X_L \approx X_C$

谐振频率：$f_0 \approx \dfrac{1}{2\pi\sqrt{LC}}$

谐振阻抗最大：$|Z_0| = \dfrac{L}{RC}$

谐振电流最小：$I_0 = \dfrac{U}{Z_0}$

品质因数：$Q = \dfrac{\omega_0 L}{R} = \dfrac{1}{\omega_0 RC}$

通频带：$\Delta f = \dfrac{f_0}{Q}$

5. 电路的有功功率与视在功率的比值叫做电路的功率因数。

$$\lambda = \cos\varphi = \dfrac{P}{Q}$$

为了提高发电设备的利用率,减少电能损耗,提高经济效益,必须提高电路的功率因数,方法是在电感性负载两端并联一只电容量适当的电容器。

习题八

一、是非题

1. 电阻元件上的电压、电流的初相一定都是零,所以它们是同相的。

（   ）

2. 正弦交流电路中,电容元件上的电压最大时,电流也最大。   （   ）

3. 在同一交流电压作用下,电感 L 越大,电感中的电流就越小。   （   ）

4. 端电压超前电流的交流电路一定是感性电路。   （   ）

5. 有人将额定电压为 220V,额定电流为 6A 的交流电磁铁线圈误接在 220V 的直流电源上,此时电磁铁仍能正常工作。   （   ）

6. 某同学做荧光灯电路实验时,测得灯管两端电压为 110V,镇流器两端电压为 190V,两电压之和大于电源电压 220V,说明该同学测得的数据错误。

（   ）

7. 在 RLC 串联电路中,U_R、U_L、U_C 的数据都有可能大于端电压。   （   ）

8. RLC 串联谐振又叫电流谐振。( )

9. 在 RLC 串联电路中,感抗和容抗数值越大,电路中的电流就越小。( )

10. 正弦交流电路中,无功功率就是无用功率。( )

11. 正弦交流电路中,电感元件上电压最大时,瞬时功率却为零。( )

12. 在荧光灯两端并联一个适当数值的电容器,可提高电路的功率因数,因而可少交电费。( )

二、选择题

1. 正弦电流通过电阻元件时,下列关系式正确的是( )。

A. $i = \dfrac{U}{R}\sin\omega t$ B. $i = \dfrac{U}{R}$

C. $I = \dfrac{U}{R}$ D. $i = \dfrac{U}{R}\sin(\omega t + \varphi)$

2. 纯电感电路中,已知电流的初相角为 $-60°$,则电压的初相角为( )。

A. $30°$ B. $60°$

C. $90°$ D. $120°$

3. 加在容抗为 100Ω 的纯电容两端的电压为 $u_C = 100\sin(\omega t - \pi/3)$ V,则通过它的电流是( )。

A. $i = \sin\left(\omega t + \dfrac{\pi}{3}\right)$ A B. $i = \sin\left(\omega t + \dfrac{\pi}{6}\right)$ A

C. $i = \sqrt{2}\sin\left(\omega t + \dfrac{\pi}{3}\right)$ A D. $i = \sqrt{2}\sin\left(\omega t + \dfrac{\pi}{6}\right)$ A

4. 两纯电感串联,$X_{L1} = 10\Omega$,$X_{L2} = 15\Omega$,下列结论正确的是( )。

A. 总电感为 25mH B. 总感抗 $X_L = \sqrt{X_{L1}^2 + X_{L2}^2}$

C. 总感抗为 25Ω D. 总感抗随交流电频率增大而减小

5. 某电感线圈,接入直流电,测出电阻为 12Ω;接入交流电,测出阻抗为 20Ω,则线圈的感抗为( )。

A. 20Ω B. 16Ω

C. 8Ω D. 32Ω

6. 如图 8 - 1 所示电路,u_i 和 u_0 的相位关系正确的是( )。

A. u_i 超前 u_0 B. u_i 和 u_0 同相

C. u_i 滞后 u_0 D. u_i 和 u_0 反向

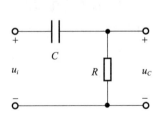

图 8 - 1

7. 已知 RLC 串联电路端电压为 20V，各元件两端电压 $U_R = 12V$，$U_L = 16V$，$U_C = ($　　$)$。

　　A. 4V　　　　　B. 32V　　　　　C. 12V　　　　　D. 28V

8. 已知 RLC 串联发生谐振时，下列说法正确的是（　　）。

　　A. Q 值越大，通频带越宽

　　B. 端电压是电容器电压的 Q 倍

　　C. 电路的电抗为零，则感抗和容抗也为零

　　D. 总阻抗最小，总电流最大

9. 处于谐振状态的 RLC 串联电路，当电源频率升高时，电路呈（　　）。

　　A. 电感性　　　B. 电容性　　　C. 电阻性　　　D. 无法确定

10. 图 8-2 所示电路中，$X_L = X_C = R$，电流表 A_1 读数为 3A，则电流表 A_2、A_3 读数分别为（　　）。

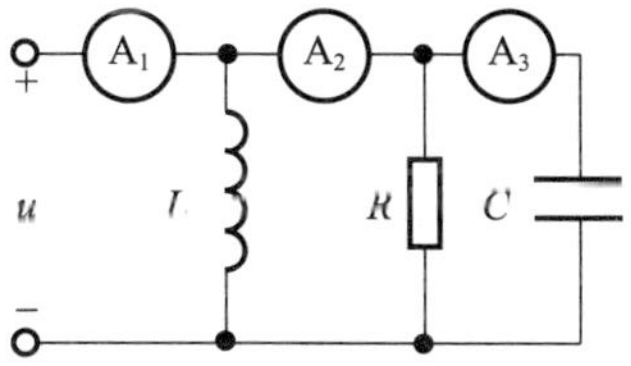

图 8-2

　　A. $3\sqrt{2}$A、3A　　B. 1A、2A　　C. 3A、0A　　D. 0A、3A

11. 正弦电路由两条支路组成，每条支路的有功功率、无功功率、视在功率分别为 P_1、Q_1、S_1 和 P_2、Q_2、S_2，下式正确的是（　　）。

　　A. $P = P_1 + P_2$　　　　　　B. $Q = Q_1 + Q_2$

　　C. $S = S_1 + S_2$　　　　　　D. 以上在式均不正确

12. 交流电路中提高功率因数的目的是（　　）。

　　A. 减小电路的功率损耗　　　　B. 提高负载的效率

　　C. 增加负载的输出功率　　　　D. 提高电源的利用率

三、填空题

1. 一个 1000Ω 的纯电阻负载，接在 $u = 311\sin(314t + 30°)$ V 的电源上，负载中电流 $I = $ ＿＿＿＿＿＿ A，$i_1 = $ ＿＿＿＿＿＿ A。

2. 电感对交流电的阻碍作用叫做＿＿＿＿＿＿。若线圈的电感为 0.6H，把线圈接在频率为 50Hz 的交流电路中，则 $X_L = $ ＿＿＿＿＿＿ Ω。

3. 有一个线圈，其电阻可忽略不计，把它接在 220V、50Hz 的交流电源上，测

得通过线圈的电流为 2A,则线圈的感抗 X_L = _____ Ω,自感系数 L = _____ H。

4. 一个纯电感线圈接在直流电源上,其感抗 X_L = _____ Ω,电路相当于_____。

5. 电容对交流电的阻碍作用叫做_____。100pF 的电容器对频率是 10^6Hz 的高频电流和 50Hz 的工频电流的容抗分别是_____ Ω 和_____ Ω。

6. 一个电容器接在直流电源上,其容抗 X_C = _____。电路稳定后相当于_____。

7. 一个电感线圈接到电压为 120V 的直流电源上,测得电流为 20A;接到频率为 50Hz、电压为 220V 的交流电源上,测得电流为 28.2A,则线圈的电阻 R = _____ Ω,电感 L = _____ mH。

8. 如图 8-3 所示为移相电路。已知电容为 0.01μF,输入电压 $u = \sqrt{2}\sin1200\pi t$ V,欲使输出电压 u_C 的相位滞后 u 60°,则电阻 R = _____ kΩ,此时输出电压为_____ V。

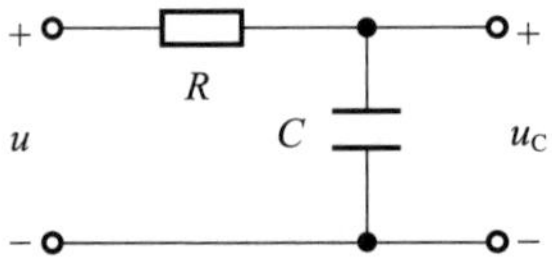

图 8-3

9. RLC 串联电路中,电路端电压 U = 220V,ω = 100rad/s。R = 10Ω,L = 2H,调节电容 C 使电路发生谐振,此时 C = _____ μF,电容两端的电压为_____ V。

10. 在 RLC 并联电路中,已知 R = 10Ω,X_L = 8Ω,X_C = 15Ω,电路端电压为 120V,则电路中的总电流为_____ A,总阻抗为_____ Ω。

11. 电感线圈与电容器并联的谐振电路中,线圈电阻越大,电路的品质因数越_____,电路的选择性就越_____。

12. 在电感性负载两端并联一只电容量适当的电容器后,电路的功率因数_____,线路中的总电流_____,但电路的有功功率_____,无功功率和视在功率都_____。

四、问答与计算题

1. 一个线圈的自感系数为 0.5H,电阻可以忽略,把它接在频率为 50Hz、电压为 220V 的交流电源上,求通过线圈的电流。若以电压作为参考相量,写出电流瞬时值的表达式,并画出电压和电流的相量图。

2. 已知加在 $2\mu F$ 的电容器上的交流电压为 $u=220\sqrt{2}\sin 314t$,求通过电容的电流,写出电流瞬时值的表达式,并画出电流、电压的相量图。

3. 在一个 RLC 串联电路中,已知电阻为 8Ω,感抗为 10Ω,容抗为 4Ω,电路的端电压为 220V,求电路中的总阻抗、电流、各元件两端的电压以及电流和端电压的相位关系,并画出电压、电流的相量图。

4. 荧光灯电路可以看成是一个 RL 串联电路,若已知灯管电阻为 300Ω,镇流器感抗为 520Ω,电源电压为 220V。求

①画出电流、电压的相量图;
②求电路中的电流;
③求灯管两端和镇流器两端的电压;
④求电流和端电压的相位差。

5. 交流接触器电感线圈的电阻为 220Ω,电感为 10H,接到电压为 220V、频率为 50Hz 的交流电源上。问线圈中电流多大? 如果不小心将此接触器接到 220V 的直流电源上,问线圈中电流将多大? 若线圈允许通过的电流为 0.1A,会出现什么后果?

6. 为了使一个 36V、0.3A 的白炽灯接在 220V、50Hz 的交流电源上能正常工作,可以串上一个电容器限流,问应串联多大的电容器才能达到目的?

7. 收音机的输入调谐回路为 RLC 串联谐振电路,当电容为 160pF,电感为 $250\mu H$,电阻为 20Ω 时,求谐振频率和品质因数。

8. 在 RLC 串联谐振电路中,已知信号源电压为 1V,频率为 1MHz,现调节电容器使回路达到谐振,这时回路电流为 100mA,电容器两端电压为 100V,求电路元件参数 R、L、C 和回路的品质因数。

9. 在图 8-4 所示的并联谐振电路中,已知电阻为 50Ω,电感为 0.25mH,电容为 10pF,求电路的谐振频率,谐振时的阻抗和品质因数。

10. 在上题的并联谐振电路中,若已知谐振时阻抗是 $10k\Omega$,电感是 0.02mH,电容是 200pF,求电阻和电路的品质因数。

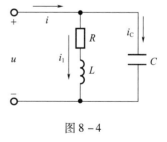

图 8-4

11. 已知某交流电路,电源电压 $u=100\sqrt{2}\sin\omega t$,电路中的电流 $i=\sqrt{2}\sin(\omega t-60°)$,求电路的功率因数、有功功率、无功功率和视在功率。

12. 某变电所输出的电压为220V，额定视在功率为220kV·A。如果给电压为220V、功率因数为0.75、额定功率为33kW的单位供电,问能供给几个这样的单位？若把功率因数提高到0.9,又能供给几个这样的单位？

13. 为了求出一个线圈的参数,在线圈两端接上频率为50Hz的交流电源,测得线圈两端的电压为150V,通过线圈的电流为3A,线圈消耗的有功功率为360W,问此线圈的电感和电阻是多大？

14. 在50Hz、220V的交流电路中,接40W的荧光灯一盏,测得功率因数为0.5,现若并联一个2.75μF的电容器,问功率因数可提高到多大？

第九章　三相正弦交流电路

　问题引出

第八章学习的正弦交流电路是由一个单独绕组的交流发电机作为电源与负载组成的交流电路,称为单相交流电路。而三相正弦交流电路是在单相正弦交流电路的基础上学习的,两者有密切的联系。电能的生产、输送和分配几乎全部采用三相制,为此首先了解三相制的优点和应用概况,充分认识到三相交流电在生产实际中的重要性。

本章从三相交流发电机的原理出发,介绍三相交流电动势的产生和特点,并着重讨论负载在三相电路中的连接问题,使大家充分认识三相交流电在生产实际中的重要性。

　学习目标

1. 了解三相交流电源的产生和特点;
2. 掌握三相四线制电源的线电压和相电压的关系;
3. 掌握三相对称负载星形接法和三角形接法时,负载相电压和线电压、负载相电流和线电流的关系;
4. 掌握对称三相电路电压、电流和功率的计算方法,并理解中线的作用;
5. 在已知电源电压和负载额定电压的条件下,会确定三相负载的连接方式;
6. 认识安全用电的重要性,了解电气设备常用的安全措施。

第一节　三相交流电源

前面学习了正弦交流电的基本概念和正弦交流电路,正弦交流电产生的是一个单相交流电动势,加在电路上也是一个单相交流电压。在实际中,从电厂发电到输电和配电,再到负载使用,都是三相正弦交流电。而有些负载使用的单相交流电也是三相交流电中的某一相。那么,如何产生三相交流电?什么是三相交流电?

一、三相交流电动势的产生

三相交流电动势是由三相交流发电机产生的。它在工作时,由原动机驱动,把机械能转换成电能输出。发电机主要结构由定子、转子等组成,如图9.1.1所示。

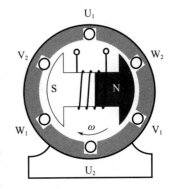

图9.1.1

定子由定子铁芯和三相绕组等组成。转子由磁极和励磁绕组等组成。定子也称电枢,它是产生感应电动势的部分。定子铁芯由硅钢片叠加而成,硅钢片表面涂有绝缘漆,内圆冲有很多凹槽,它是磁路的一部分。三相绕组由高强度漆包线绕制,嵌放在定子铁芯凹槽内,产生三相交流电动势。

转子磁极和励磁绕组产生发电机的磁场。励磁绕组由漆包线绕制而成,由励磁装置中的直流电来励磁。所谓励磁就是绕在磁极上的线圈通入直流电流,使磁极产生磁场,所以这个线圈称为励磁绕组。由于磁极是旋转的,所以也叫转磁式发电机。另外,转子是铁芯和线圈(电枢),所以叫转枢式发电机。

三相交流发电机有三个线圈绕组,共有六个接线头,线圈绕组的大小、材料和匝数均相同,但三相绕组的位置互差120°电角度,也就是对称地固定在定子铁芯上。

相:一个线圈绕组就称为一个"相"。有三个线圈绕组,也就有三个相。

第一相为 U 相:用 $U_1 - U_2$ 表示。

第二相为 V 相:用 $V_1 - V_2$ 表示。

第三相为 W 相:用 $W_1 - W_2$ 表示。

三个相绕组之间互差120°电角度,也就是对称分布。每相绕组有两个端,也就是有两个端头。

相头:每个相的始端叫相头,如 U_1、V_1、W_1。

相尾:每个相的末端叫相尾,如 U_2、V_2、W_2。

三相线圈绕组的展示图如图9.1.2所示。

三相线圈绕组的电路符号如图 9.1.3 所示。

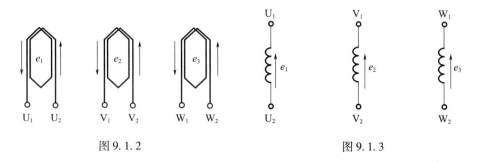

图 9.1.2　　　　　　　　　　　　　图 9.1.3

在磁场旋转时,三相绕组产生三个感应电动势:U 相绕组为 e_1,V 相绕组为 e_2,W 相绕组为 e_3。假设参考方向都由线圈绕组的末端指向始端(相尾指向相头),方向如图 9.1.3、9.1.4 所示。

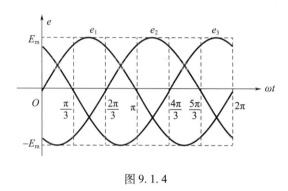

图 9.1.4

U 相由 U_2 指向 U_1,V 相由 V_2 指向 V_1,W 相由 W_2 指向 W_1。除用 U、V、W 表示三个相以外,通常还用 A、B、C 表示三个相,A 相为 A - X;B 相为 B - Y;C 相为 C - Z。

发电机是根据电磁感应原理来发电的。从第八章单相发电机产生可知,发电机首先要有磁场,现在用一对磁极产生发电机的磁场,磁感线由 N 极指向 S 极,磁场内放入矩形线圈,线圈两端通向两个滑环,滑环通过电刷连接到输出线上,输出线与表头连接。发电机垂直于磁场方向有一个中性面。当线圈平面与中性面的夹角为 0°时,不产生感应电动势,回路中没有感应电流。当线圈平面与中性面的夹角从 0°增加到 90°时,感应电动势由零逐渐增大到最大。当线圈平面与中性面的夹角从 90°到 180°时,感应电动势由最大逐渐减小到零。当线圈平面与中性面的夹角从 180°到 270°时,感应电动势由零逐渐变为反向最大。当线圈平面与中性面的夹角从 270°到 360°时,感应电动势由反向最大逐渐减小到零。

在三相交流发电机中,我们以磁场旋转,根据物体相对运动的原理,磁场顺时针方向旋转,就相当于绕组逆时针方向旋转。当磁场以角速度 ω 顺时针方向匀速旋转时,三相绕组分别产生三个感应电动势,且随时间按正弦规律变化。

当绕组处于磁场的中性面时,不产生感应电动势。感应电动势的大小是随时间变化的。

(1)当 $\omega t=0$ 时,如图 9.1.5 所示,U 相处于中性面位置,不产生感应电动势,$e_1=0$,V 相与参考方向相反,$e_2<0$,(V_1 进 V_2 出);W 相与参考方向相同,$e_3>0$(W_2 进 W_1 出),如图 9.1.6 所示。

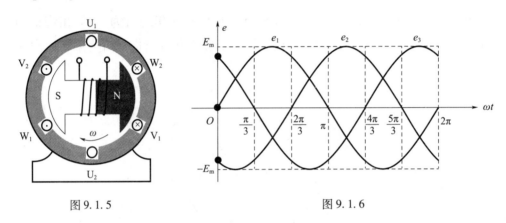

图 9.1.5　　　　　　　　　图 9.1.6

(2)当 $\omega t=90°=\dfrac{\pi}{2}$ 时,如图 9.1.7 所示,U 相处于最大值,$e_1=E_m$ 与参考方向相同(U_2 进 U_1 出);V 相与参考方向相反,$e_2<0$(V_1 进 V_2 出);W 相与参考方向相反,$e_3<0$(W_1 进 W_2 出),如图 9.1.8 所示。

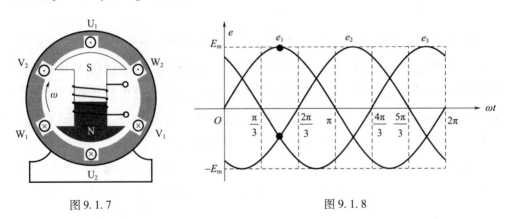

图 9.1.7　　　　　　　　　图 9.1.8

(3)当 $\omega t=210°=\dfrac{7\pi}{6}$ 时,如图 9.1.9 所示,V 相处于最大值,$e_2=E_m$,与参考方向

相同(V_2进V_1出);U 相与参考方向相反,$e_2<0$(U_1进U_2出);W 相与参考方向相反,$e_3<0$(W_1进W_2出),如图 9.1.10 所示。

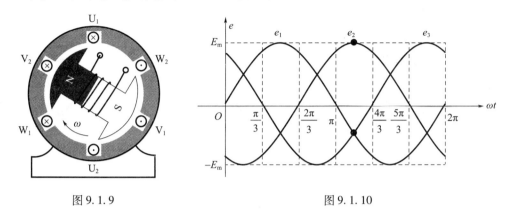

图 9.1.9　　　　　　　　　　　　　图 9.1.10

(4)当 $\omega t=330°=\dfrac{11\pi}{6}$ 时,如图 9.1.11 所示,W 相处于最大值,$e_3=E_m$,与参考方向相同(W_2进W_1出)。U 相与参考方向相反,$e_1<0$(U_1进U_2出);V 相与参考方向相反,$e_2<0$(V_1进V_2出),如图 9.1.12 所示。

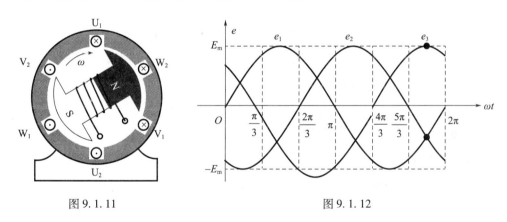

图 9.1.11　　　　　　　　　　　　　图 9.1.12

(5)当 $\omega t=360°=2\pi$ 时,如图 9.1.13 所示,U 相处于中性面位置,不产生感应电动势,$e_1=0$;V 相与参考方向相反,$e_2<0$(V_1进V_2出);W 相与参考方向相同,$e_3>0$(W_2进W_1出),如图 9.1.14 所示。

可见:当 U 相线圈绕组感应电动势达到最大值时,V 相线圈绕组需转过120°电角度,感应电动势才能达到最大值,W 相线圈绕组需转过240°电角度,感应电动势才能达到最大值。

当 U 相线圈绕组平面与中性面夹角为零(00′)位置开始旋转时,设感应电动势的初相位为0°,瞬时值表达式为

$$e_1=E_m\sin\omega t$$

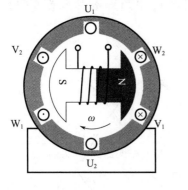

图 9.1.13   图 9.1.14

V 相绕组比 U 相绕组滞后 120°电角度，V 相感应电动势的初相为 -120°，瞬时值表达式为

$$e_2 = E_m \sin(\omega t - 120°)$$

W 相绕组比 U 相绕组滞后 240°电角度，感应电动势的初相为 -240°，用瞬时值表达式表示为

$$e_3 = E_m \sin(\omega t - 240°) = E_m \sin(\omega t + 120°)$$

根据三相交流电动机的原理和产生三个感应电动势的特点，我们把三个最大值相等、频率相同、相位彼此互差 120°的电动势，组合的电源称为三相交流电源，也称三相对称电源，简称三相交流电。

二、三相交流电动势的表示方法

1. 解析式表示法

U 相：$e_1 = U_m \sin\omega$

V 相：$e_2 = U_m \sin(\omega t - 120°)$

W 相：$e_3 = U_{Lm} \sin(\omega t + 120°)$

2. 波形图表示法

波形图表示法如图 9.1.15 所示。

3. 相量图表示法

如图 9.1.16 所示，三相交流发电机发出的三个电动势的最大值或零值在时间上有一个先后顺序，称为相序，即三个电动势到达最大值（或零）的先后次序。三个电动势按 U→V→W 的次序叫正序，三个电动势按 U→W→V 的次序叫反序，如图 9.1.17 所示。

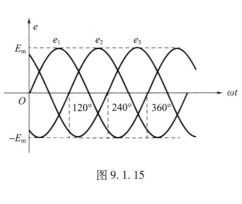

图 9.1.15

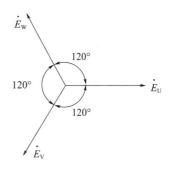

图 9.1.16

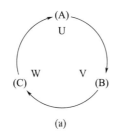

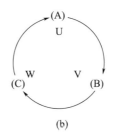

图 9.1.17

发电机发出的三相交流电的相序确定后,就不得改变。相序对负载来说,如三相异步电动机。相序表现在对三相异步电动机的控制。例如:发射塔塔吊的三相异步电动机的正反转,控制物体的提升和降低;电梯厢体的上下运行;控制机械的正常运行等,相序都不能接错。

注意: 相序是绝对的,但哪一根线是 U 相、V 相、W 相(或 A 相、B 相、C 相)是相对的。一般配电站将裸铜排线用黄、绿、红三种颜色表示 U 相、V 相和 W 相。

三、三相交流电源的联接

单相交流发电机发出的单相交流电输出直接供负载使用。三相交流电低压供电系统一般采用三相四线制供电。将三相交流发电机三相绕组的末端 U_2、V_2、W_2 连接在一点,由三绕组的始端 U_1、V_1、W_1 引出输出线,这种连接方式称为星形连接,用符号"Y"表示,如图 9.1.18 所示。

1. 中性线(零线)

三相绕组的末端 U_2、V_2、W_2 连接的点叫中性点(或零点),用 N 表示。由中性点引出的一根线叫中性线(零线),也用 N 表示。实际中一般用蓝色线(或双色线)表示零线,黑色线为地线。

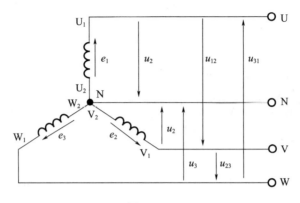

图 9.1.18

2. 相线(火线)

从三相绕组的始端 U_1、V_1、W_1 引出的三根线叫做相线(或端线),俗称火线。在配电站的三相电源裸铜排线上,涂有黄、绿、红三种颜色表示三相交流电 U、V、W 三个相。三相绕组接成星形后,就可以得到两种电压。

3. 相电压

每相绕组始端与末端之间的电压叫相电压,或者说相线与中性线之间的电压叫相电压。设 U 相的初相为零,三个相电压瞬时表达式为

$$U_1 = U_m \sin\omega t$$
$$U_2 = U_m \sin(\omega t - 120°)$$
$$U_3 = U_{Lm} \sin(\omega t + 120°)$$

有的用 U_{UN}、U_{VN}、U_{WN} 或 U_{U0}、U_{V0}、U_{W0} 表示。

三个相电压有效值:由于三个电动势最大值相等、频率相同、相位互差 120°,所以,用 U_P 表示相电压的有效值,则 $U_P = U_{P1} = U_{P2} = U_{P3}$,市电相电压有效值为 220V。三个相电压最大值用 U_m 表示,则相电压的最大值 $U_m = U_{1m} = U_{2m} = U_{3m}$,市电相电压最大值为 311V。

4. 线电压

任意两相始端与始端之间的电压叫线电压(或者说相线与相线之间的电压叫线电压)。由电路图所标三个线电压的瞬时值符号为 U_{12}、U_{23}、U_{31}。

三个线电压对称,用 U_L 表示线电压的有效值;用 U_{Lm} 表示线电压的最大值。通过相电压相量图,如图 9.1.19 所示,求出线电压。

由电路图所标的正方向,再根据基尔霍夫电压定律,可以得到几个关系式:

$$U_{12} = U_1 - U_2$$
$$U_{23} = U_2 - U_3$$

$$U_{31} = U_3 - U_1$$

由相电压相量图 9.1.17 所示,按相量运算方法,可求出各线电压。各线电压的相位比各对应的相电压的相位超前 30°。三个线电压表达式为

$$U_{12} = U_{Lm}\sin(\omega t + 30°)$$
$$U_{23} = U_{Lm}\sin(\omega t - 90°)$$
$$U_{31} = U_{Lm}\sin(\omega t + 150°)$$

三个相电压与线电压对称:

$$U_L = \sqrt{3}\,U_P$$

若相电压有效值为 220V,则线电压有效值为 380V,线电压最大值为 537V。U_{12} 相位超前 U_1 相位 30°,U_{23} 相位超前 U_2 相位 30°,U_{31} 相位超前 U_3 相位 30°。

通常所说的交流电(市电)380V,220V 电压,就是指电源星形连接时的线电压和相电压的有效值。

1. 在工作、生活中有哪些设备需要线电压?哪些设备需要相电压?
2. 三相交流发电机有几种连接方式?各有什么特点?

第二节　三相负载的连接

前面学习了三相交流电的产生和三相交流电源的连接。那么,如何使用三相交流电?也就是说,如何把负载接到三相交流电源上?

一、负载

用电器(或用电设备)统称为负载,如电灯、电视、电动机、计算机、航天设备等。

按照负载对交流电源的要求,可以将负载分为单相负载和三相负载两类。

单相负载一般只需要单相交流电源供电,如电灯只需 220V 电压。三相负载是三个独立负载组合在一起,它们需要三相交流电源供电,如三相交流电动机,如图 9.2.1 所示。

单相负载和三相负载,遵循的原则是:电源提供的电压等于负载的额定电压;单相负载要均衡地接在三相电源上。

图9.2.1

在三相负载中,根据每相负载是否相等,又分为三相对称负载和三相不对称负载。各相负载电阻和电抗均相等叫三相对称负载,如电动机、变压器都是对称负载。各相负载电阻和电抗均不相等叫三相不对称负载,如多个单相负载分接在三相交流电源上,一般都不对称。

二、负载的星形连接(Y)

所谓负载的星形连接,就是把多个单相负载分别连接在相线与中性线之间,或把三相负载分别连接到电源的三个相线上,这种连接方式称为负载的星形连接。如图9.2.2所示。

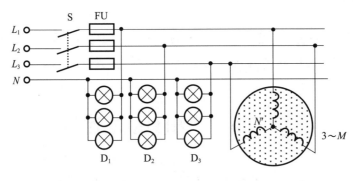

图9.2.2

(一)连接形式

从图示电路中看出,三相异步电动机绕组连成星形后接在三根相线上;灯泡组 D_1、D_2、D_3 分别接在三根相线与中性线之间。当三相交流电源为星形连接时,灯泡组 D_1、D_2、D_3 和三相异步电动机可分别接成如图9.2.3(a)、(b)所示电路。

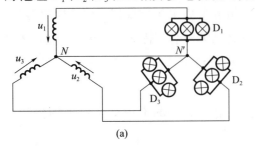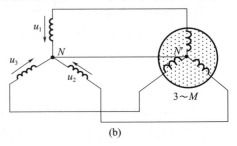

图9.2.3

为了分析问题方便,将连接电路画成电路原理图,如图9.2.4所示。

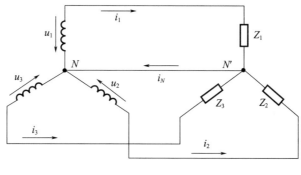

图9.2.4

图9.2.4中所标Z_1、Z_2、Z_3为每相负载的复阻抗,阻抗的模为$|Z_1|$、$|Z_2|$、$|Z_3|$。三相交流电源和电流的方向如图中所示。

(二)相电压与线电压的关系

从图中可以看出,三相负载的相电压等于三相电源的相电压,即$U_{YP} = U_P$,三相负载的线电压等于三相电源的线电压,即$U_{YL} = U_L$,星形连接三相负载相电压和电源电压的关系为

$$U_L = \sqrt{3}\, U_{YP}$$

(三)相电流与线电流的关系

在电源相电压U_1、U_2、U_3的作用下,各相线上的电流为i_1、i_2、i_3,流过每根相线的电流叫做线电流,用i_{YL}表示,方向从电源流向负载。有效值为I_1,I_2,I_3,一般用I_{YL}表示。

流过每相负载的电流叫做相电流,用i_{YP}表示,方向与电压方向一致,有效值用I_{YP}表示。

三相负载星形连接,负载相电流等于线电流,即$I_{YL} = I_{YP}$。

因为$|Z_1| = \sqrt{R_1^2 + X_1^2}$,$|Z_2| = \sqrt{R_2^2 + X_2^2}$,$|Z_3| = \sqrt{R_3^2 + X_3^2}$

$$I_{YP1} = \frac{U_{YP1}}{|Z_1|},\ I_{YP2} = \frac{U_{YP2}}{|Z_2|},\ I_{YP3} = \frac{U_{YP3}}{|Z_3|}$$

$$\varphi_1 = \arccos\frac{R_1}{|Z_1|},\ \varphi_2 = \arccos\frac{R_2}{|Z_2|},\ \varphi_3 = \arccos\frac{R_3}{|Z_3|}$$

若三相负载对称时,则有

$|Z_1| = |Z_2| = |Z_3| = |Z_P|$(必须$R_1 = R_2 = R_3 = R$,$X_1 = X_2 = X_3 = X$)

各相负载中的相电流相等,且等于各线电流:

$$I_{YP1} = I_{YP2} = I_{YP3} = I_{YP} = I_{YL} = \frac{U_{YP}}{|Z_P|}$$

阻抗角相等：$\varphi_1 = \varphi_2 = \varphi_3 = \varphi_P = \arccos\frac{R}{|Z_P|}$

(四) 中性线电流

流过中性线的电流叫做中性线电流，用 i_N 表示，有效值用 I_N 表示。方向是由负载 N' 点流向电源 N 点。

$$i_N = i_1 + i_2 + i_3$$

由于三相交流电源对称，三相负载对称，所以三个相电流的相位差互为 $120°$，如图 9.2.5 所示，三相电流的相量和为零。

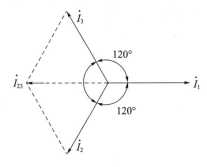

图 9.2.5

若星形连接的三相对称负载，则中性线电流为零。有无中性线不影响三相电路的工作。这样三相四线制就变成了三相三线制，如图 9.2.6 所示。

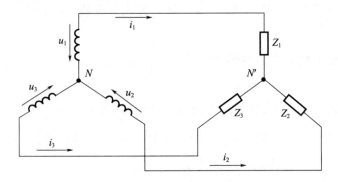

图 9.2.6 对称星形连接的三相三线制电路

可能有人会提出疑问，三个电流都是流向负载中性点，而又没有中性线，那么电流从哪里流回去呢？

当电流是正值时，它的实际方向和选定的参考方向相同；当电流为负值时，它的实际方向和选定的参考方向相反。由于三个电流是对称的，其正弦波形图如图 9.2.7 所示。

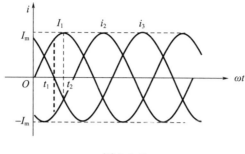

图 9.2.7

在 t_1 瞬间,$i_3=0$,$i_1=-i_2$,这时电流的实际方向从 U 端流入,从 V 端流出。在 t_2 瞬间,$i_1=-i_2-i_3=-2i_2$,这时电流的实际方向从 U 端流入,从 V、W 端流出。

当负载不对称时,各相电流就不相等,相位也不是 120°,中性线的电流就不为零,此时中性线绝对不能断开。中性线的作用是保证三相不对称负载,每相负载都能正常工作。因为当有中性线存在时,它能使星形连接的各相负载,均有对应的电源相电压,从而保证了各相负载能正常工作。

如果中性线断开,各相负载的相电压就不一定等于电源的相电压。这时,阻抗较小的负载的相电压可能低于其额定电压,阻抗较大的负载的相电压可能高于其额定电压,使负载不能正常工作,甚至造成严重的事故。所以,在三相四线制中,规定中性线不能接开关和熔断器。另外在连接三相负载时,应尽量使其平衡,以减小中性线上的电流。

【例1】如图 9.2.8 所示的负载为星形连接的对称三相电路,电源线电压为 380V,每相负载的电阻为 8Ω,电抗为 6Ω,求:

(1)在正常情况下,每相负载的相电压和相电流;

(2)第三相负载短路时,其余两相负载的相电压和相电流;

(3)第三相负载断路时,其余两相负载的相电压和相电流。

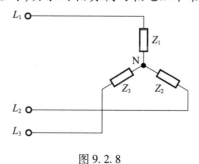

图 9.2.8

解：

(1) 正常情况下电路对称,有

$$U_1 = U_2 = U_3 = U_{YP} = U_P$$

$$= \frac{U_L}{\sqrt{3}} = \frac{380}{\sqrt{3}} = 220\text{V}$$

每相负载的阻抗为

$$|Z_P| = \sqrt{R^2 + X^2} = \sqrt{8^2 + 6^2} = 10\Omega$$

每相的相电流为

$$I_{YP} = \frac{U_{YP}}{|Z_P|} = \frac{220}{10} = 22\text{A}$$

(2) 第三相负载短路时,线电压通过短路线直接加在第一相和第二相负载的两端,所以,相电压等于线电压。

$$U_1 = U_2 = 380V$$

相电流为

$$I_1 = I_2 = \frac{U_P}{|Z_P|} = \frac{380}{10} = 38\text{A}$$

(3) 第三相负载断路时,第一、二两相负载串联后接在线电压上,由于两组阻抗相等,所以,相电压为线电压的一半,即

$$U_1 = U_2 = \frac{380}{2} = 190\text{V}$$

$$I_1 = I_2 = \frac{U_{YP}}{|Z_P|} = \frac{190}{10} = 19\text{A}$$

【例2】在如图9.2.9所示照明系统中,试分析下列情况照明系统是否正常工作。

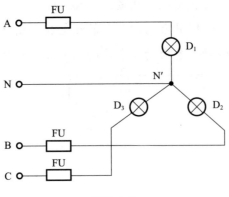

图9.2.9

(1)当A相短路,中性线未断时,各相负载D_1、D_2、D_3工作情况。

(2)当A相短路,中性线断开时,各相负载D_1、D_2、D_3工作情况。

(3)当A相断路,中性线未断时,各相负载D_1、D_2、D_3工作情况。

(4)当A相断路,中性线断开时,各相负载D_1、D_2、D_3工作情况。

解:

(1)当A相短路,中性线未断时,如图9.2.10所示,各相负载D_1、D_2、D_3的工作情况:

由于A相负载短路,此时短路电流很大,将A相熔断器熔断,灯泡D_1电压等于零,灯泡D_1不亮。而B相负载和C相负载灯泡D_2、D_3上的电压仍为电源的相电压等于220V,灯泡D_2、D_3仍正常工作。

(2)当A相短路,中性线断开时,如图9.2.11所示,各相负载D_1、D_2、D_3的工作情况:

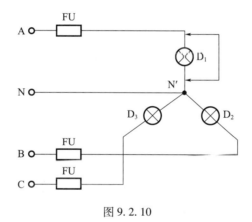

图9.2.10

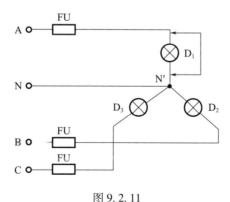

图9.2.11

A相负载短路,由于中性线断开,此时灯泡D_1上的相电压等于零,灯泡D_1不亮;B、C相负载D_2、D_3的电压为$U_{D2}=U_{D3}=380V$,灯泡D_2、D_3上承受的电压都超过额定电压 220V，不能正常工作。

(3) 当 A 相断路，中性线未断时，如图 9.2.12 所示，各相负载 D_1、D_2、D_3 的工作情况：

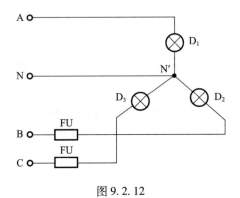

图 9.2.12

A 相断路，灯泡 D_1 电压等于零，灯泡 D_1 不亮；由于有中性线，B 相负载和 C 相负载灯泡 D_2、D_3 上的电压仍为电源的相电压等于 220V，灯泡 D_2、D_3 正常工作。

(4) 当 A 相断路，中性线断开时，如图 9.2.13 所示，各相负载 D_1、D_2、D_3 的工作情况：

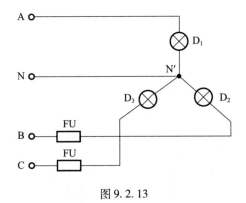

图 9.2.13

A 相断路，灯泡 D_1 上电压等于零，灯泡 D_1 不亮。由于中性线断开，B 相负载和 C 相负载灯泡 D_2、D_3 两端的电压为电源的线电压等于 380V，灯泡 D_2、D_3 串联分压。若两灯泡功率相同，则两灯泡电压均低于额定相电压，灯泡变暗；若两灯泡功率不相同，则灯泡的电阻就不相同。根据串联分压原理，电阻大的分压大，电阻小的分压就小。小于额定电压的灯泡就暗，大于额定电压的灯泡就较亮，可能会烧坏。所以，这种情况也属于不正常状态。

【例3】某大楼电灯发生故障，第二层楼和第三层楼所有电灯都突然暗下来，而第一层楼电灯亮度不变，试问这是什么原因？这楼的电灯是如何连接的？同

时发现,第三层楼的电灯比第二层楼的电灯还暗些,这又是什么原因?(作图分析)

解:作图如图 9.2.14 所示。

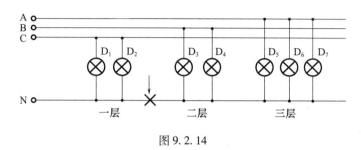

图 9.2.14

(1)第一层楼与第二层楼之间的中性线断开。

(2)星形连接。

(3)第一层楼中性线断开后,第二层楼 2 盏负载与第三层楼 3 盏负载串联接在线电压为 380V 的电源上,形成分压。分压后,第二层楼负载分压比第三层楼负载电压大,所以,第二楼灯要比第三楼亮一些。

三、负载的三角形连接(△)

什么是三角形连接?就是将三相负载接成三角形,每个角分别接在三相电源的三根相线上的接法叫做三角形连接,如图 9.2.15 所示。

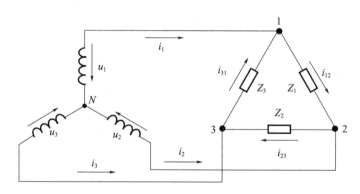

图 9.2.15 三相负载三角形连接

负载的相电压等于电源的线电压:

$$U_{\Delta P} = U_L$$

三相对称负载,则各相电流的大小相等:

$$I_{\Delta P} = \frac{U_{\Delta P}}{|Z_P|}$$

各相电流与各相电压的相位差也相同:

$$\varphi_1 = \varphi_2 = \varphi_3 = \varphi_p = \arccos\frac{R}{|Z_P|}$$

所以,三个相电流的相位差也互为120°。线电流与相电流的相量关系为

$$\dot{I}_1 = \dot{I}_{12} - \dot{I}_{31}$$
$$\dot{I}_2 = \dot{I}_{23} - \dot{I}_{12}$$
$$\dot{I}_3 = \dot{I}_{31} - \dot{I}_{23}$$

作出线电流与相电流的相量图如图9.2.16所示,各线电流比各相电流滞后30°,各线电流之间的相位差也都是120°。

$$\cos 30° = \frac{I_1/2}{I_{12}} = \frac{I_1}{2I_{12}}$$

$$I_1 = 2I_{12}\cos 30° = 2I_{12}\frac{\sqrt{3}}{2} = \sqrt{3}I_{12}$$

$$I_{\Delta L} = \sqrt{3}I_{\Delta P}$$

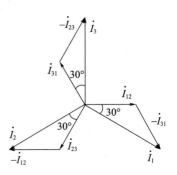

图9.2.16

对称三相负载成三角形连接时,线电流的有效值为相电流有效值的$\sqrt{3}$倍,各线电流比各对应的相电流滞后30°。

综上所述,三相负载既可以星形连接,又可以三角形连接。具体如何连接,应根据负载的额定电压和电源电压的数值而定,务必使每相负载所承受的电压等于额定电压;单相负载连接时要尽量平衡。例如,对线电压为380V的电源来说,当每相负载的额定电压为220V时,负载应接成星形;当每相负载电压的额定电压为380V时,则应接成三角形。

【例4】大功率三相电动机起动时,由于起动电流较大,而采用降压起动,其方法之一是起动时将三相绕组接成星形,而在正常运行时改接成三角形。试比较当绕组星形连接和三角形连接时,相电流的比值及线电流的比值。

解:当绕组星形连接时有

$$U_{YP} = \frac{U_L}{\sqrt{3}}$$

$$I_{YL} = I_{YP} = \frac{U_{YP}}{|Z|} = \frac{U_L}{\sqrt{3}|Z|}$$

当绕组三角形连接时有

$$U_{\Delta P} = U_L, I_{\Delta P} = \frac{U_{\Delta P}}{|Z|} = \frac{U_L}{|Z|}, I_{\Delta L} = \sqrt{3}I_{\Delta P} = \frac{\sqrt{3}U_L}{|Z|}$$

$$\frac{I_{YP}}{I_{\Delta P}} = \frac{U_L/\sqrt{3}\,|Z|}{U_L/|Z|} = \frac{1}{\sqrt{3}} = \frac{\sqrt{3}}{3}$$

$$\frac{I_{YL}}{I_{\Delta L}} = \frac{U_L/\sqrt{3}\,|Z|}{\sqrt{3}\,U_L/|Z|} = \frac{1}{3}$$

可见,三相电动机用星形降压起动时,线电流仅是采用三角形连接起动时的线电流。

1. 已知家用配电电路图 9.2.17 所示,画出电路原理图。

2. 有四根电源引入线,已知它们是一组 380V/220V 的三相四线制电源,请你用一块量程为 500V 的交流电压表,测量两次后就判断端线和中性线。

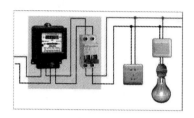

图 9.2.17

第三节　三相负载的功率

三相交流电路的功率和单相交流电路的功率一样,分为有功功率、无功功率和视在功率。

一、三相电路的有功功率

三相电路的有功功率等于各相有功功率之和:

$$P = P_1 + P_2 + P_3$$

当三相负载对称时,各相有功功率相等:

$$P_1 = U_1 I_1 \cos\varphi_1$$
$$P_2 = U_2 I_2 \cos\varphi_2$$
$$P_3 = U_3 I_3 \cos\varphi_3$$

而

$$U_1 = U_2 = U_3 = U_P$$
$$I_1 = I_2 = I_3 = I_P$$
$$\varphi_1 = \varphi_2 = \varphi_3 = \varphi_P$$

因此,总的有功功率为单相有功功率的三倍:

$$P = 3P_P = 3U_P I_P \cos\varphi_P$$

一般相电压和相电流不容易测量,而是通过线电压和线电流来计算。

(一)当负载星形连接时

$$U_{YP} = \frac{U_L}{\sqrt{3}}$$

$$I_{YP} = I_{YL}$$

$$P_Y = 3U_{YP}I_{YP}\cos\varphi_P = 3\frac{U_L}{\sqrt{3}}I_{YL}\cos\varphi_P = \sqrt{3}U_L I_{YL}\cos\varphi_P$$

(二)当负载三角形连接时

$$U_{\Delta P} = U_L$$

$$I_{\Delta P} = \frac{I_{\Delta L}}{\sqrt{3}}$$

$$P_\Delta = 3U_{\Delta P}I_{\Delta P}\cos\varphi_P = 3U_L \frac{I_{\Delta L}}{\sqrt{3}}\cos\varphi_P = \sqrt{3}U_L I_{\Delta L}\cos\varphi_P$$

两种连接的总有功功率为

$$P = \sqrt{3}U_L I_L \cos\varphi_P$$

注意:在功率计算时,要根据具体负载连接电路进行。

【例1】有一对称三相负载,每相的电阻为6Ω,电抗为8Ω,电源线电压为380V,试计算负载星形连接和三角形连接时的有功功率。

解:每相负载阻抗为

$$|Z| = \sqrt{R^2 + X^2} = \sqrt{6^2 + 8^2} = 10\Omega$$

1. 星形连接时

$$U_{YP} = \frac{U_L}{\sqrt{3}} = \frac{380}{\sqrt{3}} = 220\text{V}$$

$$I_{YL} = I_{YP} = \frac{U_{YP}}{|Z|} = \frac{220}{10} = 22\text{A}$$

$$\cos\varphi_P = \frac{R}{|Z|} = \frac{6}{10} = 0.6$$

则有功功率为

$$P_Y = \sqrt{3}U_L I_L \cos\varphi_P = \sqrt{3} \times 380 \times 22 \times 0.6 \approx 8.7\text{kW}$$

2. 三角形连接时

$$U_{\Delta P} = U_L = 380\text{V}$$

$$I_{\Delta P} = \frac{U_{\Delta P}}{|Z|} = \frac{380}{10} = 38\text{A}$$

$$I_{\Delta L} = \sqrt{3} I_{\Delta P} = \sqrt{3} \times 38 \approx 66\text{A}$$

$$\cos\varphi_P = \frac{R}{|Z|} = \frac{6}{10} = 0.6$$

则有功功率为

$$P_\Delta = \sqrt{3} U_L I_L \cos\varphi_P = \sqrt{3} \times 380 \times 66 \times 0.6 \approx 26\text{kW}$$

可见,在相同的线电压下,负载成三角形连接的有功功率是星形连接的有功功率的3倍。这是因为三角形连接的电流是星形连接的3倍。所以,一般大功率的电动机都是三角形连接。

二、三相电路的无功功率

单相负载时:

$$Q = UI\sin\varphi$$

三相对称负载时:

$$Q = \sqrt{3} U_L I_L \sin\varphi_P$$

三、三相电路的视在功率

单相负载时:

$$S = UI$$

三相对称负载时:

$$S = \sqrt{3} U_L I_L$$

$$S = \sqrt{P^2 + Q^2}$$

有功功率、无功功率、视在功率各有什么联系与区别?

第四节 安全用电常识

随着科学技术的发展和人民生活水平的提高,生产、生活都离不开电。学会用电很重要,学会安全用电更重要。只有懂得安全用电常识,才能主动地灵活地驾驭电,避免发生触电事故,确保人身安全和设备安全。

一、电流对人体的作用

人体触及高电压的带电体而承受过大的电流,使人受伤或死亡的现象叫做触电。触电对人体的伤害程度,与流过人体电流的频率、大小、通时间以及触电人的情况等有关。

频率为 50~100Hz 的电流最危险。通过人体的电流超过 50mA 时,就会呼吸困难、肌肉痉挛、中枢神经遭受损害,从而使心脏停止跳动以致死亡。电流流过大脑或心脏时最容易造成死亡。

二、人体电阻

触电伤人的主要原因是电流,但电流又取决于作用人体的电压和人体的电阻。通常人体电阻为 800Ω 至几万欧。

三、安全电流及电压

以人体电阻 800Ω 计算,安全电压 36V,电流 45mA。在此电压和电流以下为安全电压和安全电流。

四、触电方式

1. 单相触电

人体触及一相火线,电流经人体流入大地的触电现象,如图 9.4.1 所示。

图 9.4.1

2. 两相触电(火线与火线之间)

人体两个部位触及两相火线的触电现象,如图 9.4.2 所示。

3. 跨步电压触电

当电气设备发生接地故障,接地电流通过接地体向大地流散,在地面形成分布电位。这时若人们在接地短路点周围行走,其两脚之间的电位差,就是跨步电压。由跨步电压引起的人体触电,称为跨步电压触电。跨步电压的大小主要与接地电流的大小、人与接地体之间的距离、跨步的大小和方向及土壤电阻率等因素有关,如图9.4.3所示。

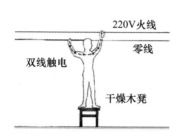

图9.4.2

图9.4.3

4. 人体触及用电设备漏电外壳触电

设备外壳没有接地,当人体接触漏电设备外壳时的触电现象,如图9.4.4所示。

5. 高压电弧触电

在高压导体与人体间产生的高压电弧的触电现象,如图9.4.5所示。

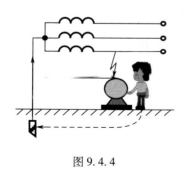

图9.4.4　　　　　　　　图9.4.5

五、触电的急救

(一)使触电者脱离电源

1. 拉

指拉开电源开关,如图9.4.6所示。

图9.4.6

2. 切

指用绝缘的利器切断电源线,如图9.4.7所示。

图9.4.7

3. 挑

指挑开导线。发现有人触电,可用干燥的木棒将电线拔离触电者,如图9.4.8所示。

图9.4.8

4. 拽

指手带绝缘物拽开人体或电源线,如图9.4.9所示。

图 9.4.9

5. 垫

指如果导线缠绕的触电者身上,可用干燥的木板塞进触电者身下,使其与地绝缘来隔断电源电路,然后施救

六、电气火灾的扑灭

(一)电气火灾的特点

电气设备着火后可能仍然带电,并且在一定范围内存在触电危险。

(二)有电灭火

选用不带电的灭火器材,如干粉灭火器、二氧化碳灭火器等,不要用泡沫灭火器带电灭火。

保持足够的安全距离,扑火人员要带绝缘手套。

(三)断电灭火

(1)处于火灾区的电气设备因受潮或烟熏,绝缘降低,拉开关断电要用绝缘工具。

(2)剪断电线时,不同相线应错位剪断,防止发生线路短路。

(3)应在电源侧的电线支撑点附近剪断,防止电线剪断后落地造成电击或短路。

(4)如果火势已威胁邻近电气设备时,应迅速拉开相应开关。

七、安全用电措施

(1)科学用电,按规程操作。电气设备安装要根据说明和要求正确安装,不可随意安装,带电部分必须有防护罩或放到不易触到的高处,以防触电。

(2)合理安装电器设备。火线进开关,正确使用保险丝。合理使用保险丝和选择导线。

(3)设备电器安装保护接地或保护接零。保护接零就是在电源中性点接地的三相四线制中,把电气设备的金属外壳与中性线连接起来。这时,如果电气设备的绝缘损坏而碰壳,由于中性线的电阻很小,所以,短路电流很大,立即使电路中的熔断丝熔断,切断电源,从而消除触电危险。单相用电设备中的插头、插座要接好保护接地或保护接零。

(4)使用漏电保护装置。漏电保护装置的作用主要是防止由漏电引起的触电事故和单相触电事故,以及防止其他原因而自动切断电源。

(5)不乱拆电气设备和用电器等。

(6)人离电断。

1. 人体的安全电压是多大?安全电流是多大?
2. 在日常用电中应注意些什么?

■■■■■ 知识拓展与应用 ■■■■■

一、三相电路的发展历程

商用交流电最早的频率是60Hz,电压是110V,其发明者 NikolaTesla 是美国人(移民),并且是受美国西屋电气公司老板的资助实现其发明的,商用交流电网也是美国首次投入运营的。美国采用英制单位,为计算方便采用了60Hz/110V 的规格。商用交流电大获成功之后,欧洲迅速引进了交流发电、馈电技术。欧洲除英国外均使用公制单位,为计算方便,将频率改为50Hz。后因110V电压较低,电网传输损耗较大,为改善这种状况,在交流电网没有大规模建设因而没有"负担"的欧洲国家采用了220V的电压规格,这是由110V倍压而来,技术改造相对最简单,于是在欧洲国家就形成了220V/50Hz的交流电网标准。

中国最早的交流电网并没有统一的标准,只是局部的小型电网,设备由各发达工业国提供,规格五花八门。基本统一标准后,选定了公制为中国的度量衡标准,故电网的建设开始全面转向公制基础。1949年以后,中国的工业化全面转苏联模式,电网建设也遵照苏联标准,而苏联采用的也是欧洲标准,于是220V/50Hz最终定为中国的电网标准。由于历史遗留原因,东北地区及上海市有部分原租界地区用的是110V电压标准,直到20世纪60年代后期,才统一使用220V电压。

二相电一般是220V,有2根线,一根是火线,另一根是零线。220V的电作为民用电或者小型机械用电。

三相电一般是380V的,有4根线,其中3根是火线,1根是零线。380V的电作为工业用电。相与相之间的电压是线电压,为380V;相与中心线(零线)之间为相电压,是220V。所以,将任何一根火线与零线合起来使用就是通常说的市电,即220V电。

二、三相电和电压偶拾

1. 采用三相电的原因

20世纪初,大家在建立电力系统的各种模型时,发现多相电有很多好处,而三相电经过比较被最后选定。但是具体好处在哪里呢?

三相交流电在交流电机定子绕组中可以产生旋转磁场,而且这个磁场是稳定的具有规定旋转方向的旋转磁场,四相及以上的交流电在设计上不够经济,而正交排列的两相系统也能构成旋转磁场,但是不具有固定的旋转方向,这会造成电机极矩下线圈无法均布,从而不但降低电机容量,还会产生主磁场的严重畸变。

此外,三相供电系统具有很多优点,为各国广泛采用。在发电方面,相同尺寸的三相发电机比单相发电机的功率大,在三相负载相同的情况下,发电机转矩恒定,有利于发电机的工作;在传输方面,三相系统比单相系统节省传输线,三相变压器比单相变压器经济;在用电方面,三相电容易产生旋转磁场使三相电动机平稳转动。

2. 各国电压的差异

目前世界各国室内用电所使用的电压有两种,即100~127V与220~240V。

110~127V被归为低压,采用的国家有美国和日本等,为此它的设备都是按照这样的低电压设计的,注重的是安全。

220~240V则被视为高压,使用国家包括中国(220V)、英国(230V)和很多欧洲国家,注重的是效率。

■ ■ ■ ■ ■ ■ 本章小结 ■ ■ ■ ■ ■

1. 由三相电源供电的电路叫三相交流电路。如果三相交流电源的频率相同、最大值相等、相位彼此相差120°,则称为三相对称电源,一般都是对称电源。

2. 三相负载有星形和三角形两种连接方式。如何连接应符合负载的额定电压要求。低压输电、配电和用电一般三相电源为三相四线制，星形连接。当负载的额定电压为三相电源相电压时，采用星形连接；当负载的额定电压等于三相电源线电压时，采用三角形连接。

3. 当三相负载对称时，$I_P = \dfrac{U_P}{|Z|}$，$\cos\varphi_P = \dfrac{R}{|Z|}$，$|Z| = \sqrt{R^2 + X^2}$。

星形连接时：$U_{YP} = \dfrac{U_L}{\sqrt{3}}$，$I_{YP} = I_{YL}$，$U_L$ 超前 U_P 30°。

三角形连接时：$U_L = U_{\Delta P}$，$I_{\Delta L} = \sqrt{3} I_{\Delta P}$，$I_L$ 比对应的 I_P 滞后30°。

4. 负载作星形连接时，若三相负载对称，则中性线电流为零，可采用三相三线制供电；若不对称，则中性线电流不等于零，只能采用三相四线制供电。此时要特别注意，中性线不能接开关和熔断丝，连接负载时要尽量对称。

5. 三相对称负载电路的功率为 $P = \sqrt{3} U_L I_L \cos\varphi_P$。

■■■■■ 习题九 ■■■■■

一、是非题

1. 三相对称电源输出的线电压与中性线无关，它总是对称的，也不因负载是否对称而变化。（　　）

2. 三相四线制中性线上的电流是三相电流之和，因此，中性线上的电流一定大于每根相线上的电流。（　　）

3. 两根相线之间的电压叫做相电压。（　　）

4. 如果三相负载的阻抗值相等，即 $|Z_1| = |Z_2| = |Z_3|$，则它们是三相对称负载。（　　）

5. 三相负载作星形连接时，无论负载对称与否，线电流必定等于对应负载的相电流。（　　）

6. 三相负载作三角形连接时，无论负载对称与否，线电流必定是负载相电流的 $\sqrt{3}$ 倍。（　　）

7. 三相电源线电压与三相负载的连接方式无关，所以线电流也与三相负载的连接方式无关。（　　）

8. 相线上的电流叫做线电流。（　　）

9. 一台三相电动机,每个绕组的额定电压是 220V,三相电源的线电压是 380V,则这台电动机的绕组应作星形连接。（   ）

10. 在同一个三相电源作用下,同一个负载作三角形连接时的线电流是星形连接时的 3 倍。（   ）

11. 只要是三相对称负载中的每相负载所承受的相电压相同,则无论是三角形连接还是星形连接,其负载相电流和有功功率都相同。（   ）

12. 照明灯开关一定要接在相线上。（   ）

二、选择题

1. 下面关于三相对称电动势正确的说法是（   ）。

　　A. 它们同时达到最大值

　　B. 它们达到最大值的时间依次落后 1/3 周期

　　C. 它们的周期相同,相位也相同

　　D. 它们因为空间位置不同,所以最大值也不同

2. 在三相对称电动势中,若 e_1 的有效值为 100V,初相为零,角频率为 ω,则 e_2、e_3 可分别表示为（   ）。

　　A. $e_2 = 100\sin\omega t, e_3 = 100\sin\omega t$

　　B. $e_2 = 100\sin(\omega t - 120°), e_3 = 100\sin(\omega t + 120°)$

　　C. $e_2 = 100\sqrt{2}\sin(\omega t - 120°), e_3 = 100\sqrt{2}\sin(\omega t + 120°)$

　　D. $e_2 = 100\sqrt{2}\sin(\omega t + 120°), e_3 = 100\sqrt{2}\sin(\omega t - 120°)$

3. 三相动力供电线路的电压是 380V,则任意两根相线之间的电压叫做（   ）。

　　A 相电压,有效值为 380V　　　　B. 线电压,有效值为 220V

　　C. 线电压,有效值为 380V　　　　D. 相电压,有效值为 220V

4. 对称三相四线制供电线路,若端线上的一根熔体熔断,则熔体两端的电压为（   ）。

　　A. 线电压　　　　　　　　　　　B. 相电压

　　C. 相电压 + 线电压　　　　　　　D. 线电压的一半

5. 某三相电路中的三个线电流分别为 $i_1 = 18\sin(\omega t + 30°)$ A,$i_2 = 18\sin(\omega t - 90°)$ A,$i_3 = 18\sin(\omega t + 150°)$ A,当 $t = 7$s 时,这三个电流之和 $i = i_1 + i_2 + i_3 =$（   ）。

　　A. 18A　　　　　　B. $18\sqrt{2}$ A　　　　　　C. $18\sqrt{3}$ A　　　　　　D. 0

6. 在三相四线制线路上,对称地连接三个相同的白炽灯,它们都正常发光,如果中性线断开,则(　　)。

　　A. 三个灯都将变暗　　　　　　B. 灯将因过亮而烧毁
　　C. 仍能正常发光　　　　　　　D. 立即熄灭

7. 在上题中,若中性线断开且又有一相断路,则未断路的其他两相中的灯(　　)。

　　A. 将变暗　　　　　　　　　　B. 因过亮而烧毁
　　C. 仍能正常发光　　　　　　　D. 立即熄灭

8. 在第6题中,若中性线断开且又有一相短路,则其他两相中的灯(　　)。

　　A. 将变暗　　　　　　　　　　B. 因过亮而烧毁
　　C. 仍能正常发光　　　　　　　D. 立即熄灭

9. 三相对称负载作三角形连接,接于线电压为380V的三相电源上,若第一相负载处因故发生断路,则第二相和第三相负载的电压分别为(　　)。

　　A. 380V、220V　　B. 380V、380V　　C. 220V、220V　　D. 220V、190V

10. 在相同的线电压作用下,同一台三相异步电动机作三角形连接所取用的功率是作星形连接所取用功率的(　　)。

　　A. $\sqrt{3}$ 倍　　　　B. 1/3　　　　C. $1/\sqrt{3}$　　　　D. 3 倍

三、填空题

1. 三相交流电源是三个单相电源按一定方式进行的组合,这三个单相交流电源的_____、_____、_____。

2. 三相四线制是由_____和_____所组成的供电体系,其中相电压是指_____间的电压;线电压是指_____间的电压,且_____。

3. 若对称的三相交流电压 $u_1 = 220\sqrt{2}\sin(\omega t - 60°)$ V,则 $u_2 = $ _____ V, $u_3 = $ _____ V, $u_{12} = $ _____ V。

4. 三相负载的连接方式有_____连接和_____连接。

5. 目前我国低压三相四线制供电线路供给用户的线电压是_____V,相电压是_____V。

6. 对于任何一个电气设备,都要求每相负载所承受的电压等于它的额定电压。当负载的额定电压为三相电源线电压的 $1/\sqrt{3}$ 时,负载应采用_____连接;当负载额定电压等于三相电源线电压时,负载应采用_____连接。

7. 三相不对称负载作星形连接时,中性线的作用是使负载相电压等于电源

_____,从而保持三相负载电压总是_____,使各相负载正常工作。

8. 星形连接的对称三相负载,每相电阻为24Ω,感抗为32Ω,接在线电压为380V的三相电源上,则负载的相电压为_____V,相电流为_____A,线电流为_____A。

9. 有一台三角形连接的三相异步电动机,满载时电阻为80Ω,感抗为60Ω,由线电压为380V的三相电源供电,则负载相电流为_____A,线电流为_____A,电动机取用功率为_____W。

10. 在相同的线电压下,负载作三角形连接的有功功率是星形连接的有功功率的_____倍,这是因为三角形连接时的线电流是星形连接时的线电流的_____倍。

四、问答与计算题

1. 已知某三相电源的相电压是6kV,如果绕组接成星形,它的线电压多大?如果已知$U_1 = U_m \sin\omega t$ kV,写出所有的相电压和线电压的解析式。

2. 在图9-1所示的三相四线制供电线路中,已知线电压是380V,每相负载阻抗是22Ω,求:

①负载两端的相电压、相电流和线电流;

②当中性线断开时,负载两端的相电压、相电流和线电流;

③当中性线断开而且第一相短路时,负载两端的相电压和相电流。

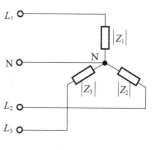

图9-1

3. 对称三相负载在线电压为220V的三相电源作用下,通过的线电流为20.8A,输入负载的功率为5.5kW,求负载的功率因数。

4. 有一三相电动机,每相绕组的电阻是30Ω,感抗是40Ω,绕组星形连接,接于线电压为380V的三相电源上,求电动机消耗的功率。

5. 某幢大楼均用日光灯照明,所有负载对称的接在三相电源上,每相负载的电阻是6Ω,感抗是8Ω,相电压是220V,求负载的功率因数和所有负载消耗的有功功率。

第十章　变压器

问题引出

变压器是法拉第在1831年发明的,在电路中,它适用于远距离输电。在很多电子和通信设备中,常用到具有铁芯的互感耦合线圈,这种互感线圈通常称为铁芯变压器,例如收音机中就用中频变压器、音频变压器和电源变压器等。

本章讨论铁芯变压器的结构、电气特性及基本工作原理;着重分析变压器的变压、变流、变阻的基本特性,全耦合变压器和变压器的等效电路;介绍变压器的检验以及变压器的功率和效率。

学习目标

1. 了解变压器的基本构造、工作原理、额定值以及外特性;
2. 掌握变压器的电压变换、电流变换和阻抗变换的关系;
3. 了解变压器的损耗和效率;
4. 了解几种常用变压器的结构特点、作用和使用时应注意的问题。

第一节　变压器的结构

变压器是用互感原理工作的电磁装置。变压器具有变压、变流和变换阻抗的作用,以及改变相位的作用。

一、变压器的用途与种类

在日常生产、生活中需要用到各种不同的交流电压。380V、220V是最常用的交流电压。有些设备要用的电压比380V(220V)高的或低的,不可能也没有必要用各种不同的发电机来发电,那样不经济、不方便,也不可能。所以实际中,输电、配电和用电所需的各种不同的电压,都是利用变压器进行变换后得到的。

(1)按工作频率分,有高频变压器、中频变压器、低频变压器等,如图 10.1.1 所示。

图 10.1.1

(2)按工作用途分,有电源变压器、自耦变压器、测量变压器等,如图 10.1.2 所示。

图 10.1.2

(3)按铁芯形状分,有 E 型变压器、C 型变压器、环型变压器等,如图 10.1.3 所示。

图 10.1.3

(4)按电压相数分,有单相变压器、三相变压器等,如图 10.1.4 所示。

图 10.1.4

二、变压器的结构

变压器虽然种类很多,但结构相似。主要由铁芯和绕组组成。除此之外,有些变压器还有外壳和散热装置。如图 10.1.5 所示是一个小型的变压器外形图。

图 10.1.5

1. 铁芯

铁芯是变压器的磁路通道。通常是由导磁率较高且相互绝缘的硅钢片叠装而成。如图 10.1.6 所示,铁芯可分为"壳式"又称为"日字形",线圈在日字里面;"芯式"又称为"口字形",两个线圈左右各一组。铁芯的作用是给磁路提供通路,电阻越小越好,一般采用铜或银等金属材料制成,同时减小涡流损耗。

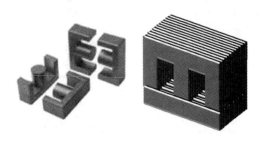
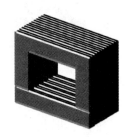

(a) 壳式 (日字形)　　　　　　　(b) 芯式 (口字形)

图 10.1.6

2. 线圈绕组

线圈绕组通常由漆包线绕制而成,如图 10.1.7 所示。线圈绕组分为初级绕组(原线圈或一个绕组)和次级绕组(副线圈或二次绕组)。绕组是变压器的电路部分,由漆包线、纱包线和丝包线绕制而成。线圈绕组的作用是给电流提供通路,电阻越小越好,一般采用铜或银等金属材料制成。

图 10.1.7

3. 金属外壳

金属外壳的主要作用是起磁屏蔽的作用；冷却系统的作用就是散热。大型电力变压器都有铝制或铁制的金属外壳和冷却系统和专门的冷却设备，如图 10.1.8 所示。

图 10.1.8

三、变压器的电路符号

变压器实际上就是一个互感器，所以说电路符号和互感线圈一样，如 10.1.9 所示，T 是变压器的文字代号。

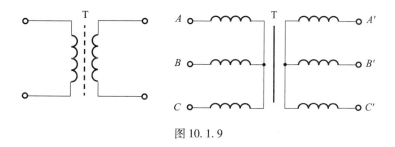

图 10.1.9

常见的电力系统变压器图 10.1.10 所示。

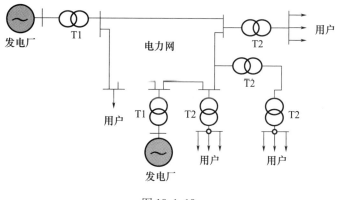

图 10.1.10

变压器是由什么组成的？各有什么作用？

第二节　变压器的工作原理

变压器的基本作用就是变换交流电压、变换交流电流和变换阻抗，以及变换相位。本节就来讨论它是如何变换交流电压、变换交流电流和变换交流阻抗的。

为了更方便地分析变压器的工作原理，将互相绝缘的两个绕组分别画在两个铁芯柱上，如图 10.2.1 所示。一次绕组的各电量的符号均有下标"1"，如 e_1、E_1、U_1、I_1 等，二次绕组，与其有关的各电量的符号均标有下标"2"。

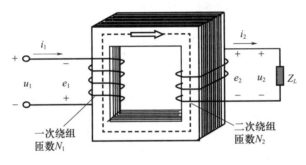

图 10.2.1

加一交变电压，电流的方向如图 10.2.1 中所示，线圈 N_1 上自感电势为上负下正。按照同名端的原理，N_2 线圈为上正下负，此时把 e_2 看作电源，则 U_2 为上正下负。变压器是按电磁感应原理工作的。

当把初级绕组（一次绕组）接在交流电源上，次级绕组（二次绕组）上就有交流电流流过，交变电流将在铁芯中产生交变磁通，这个变化的磁通经过闭合磁路同时穿过初级绕组和次级绕组，交变的磁通将在绕组中产生感应电动势。在初级绕组上产生自感电势，在次级绕组上产生互感电势。此时，将次级绕组接负载，那么电能将通过负载转换成其他形式的能量。

由于变压器的损耗和漏磁通很小，一般讨论时，把变压器看成理想变压器，其条件是：

（1）没有能量损耗，输入功率等于输出功率，$P_1 = P_2$。当忽略了线圈内阻的功率损耗和铁芯或磁芯的功率损耗，则理想变压器本身不消耗能量，因此，理想变压器负载在次级获得的功率就等于电源在初级提供的功率。

（2）没有漏磁通，耦合系数 $K=1$（$\Phi_{12}=\Phi_{21}$）。当忽略了线圈中的漏磁通时，理想变压器处在全耦合状态下，此时，耦合系数 $K=1$，$M=\sqrt{L_1L_2}$。

（3）线圈的自感量和互感量均为无穷大，即导磁系数 $\mu=\infty$。当把铁芯或磁芯的导磁系数 μ 理想化，看作无穷大时，根据 $B=\mu H=\mu\dfrac{NI}{l}$，$\Phi=BS=\dfrac{\mu NIS}{l}$，$N\Phi=LI$。所以，$L=\dfrac{N\Phi}{I}=\dfrac{\mu N^2S}{l}$，则 L 必为无穷大，M 也为无穷大。

一、变换交流电压

当变压器初级绕组接上交流电压后，初、次级绕组通有交变的磁通，在绕组上将产生感应电动势。

设初级绕组匝数为 N_1，通过的磁通为 φ，产生的电势为 E_1；次级绕组匝数为 N_2，通过的磁通为 φ，产生的电势为 E_2，如图10.2.2所示。

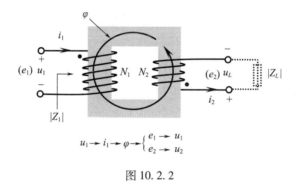

图 10.2.2

初、次级产生的感应电势为

$$E_1=N_1\frac{\Delta\Phi}{\Delta t},\quad E_2=N_2\frac{\Delta\Phi}{\Delta t}$$

则有：

$$\frac{E_1}{E_2}=\frac{N_1}{N_2}$$

由于是理想变压器，线圈内阻很小，可忽略不计，因此电源电压 $U_1=E_1$，输出 $E_2=U_2$，所以，

$$\frac{U_1}{U_2}=\frac{N_1}{N_2}=K$$

K 为变压比。

可见，输入、输出电压有效值之比与初、次级匝数比成正比。若 $N_2>N_1$，则

$U_2 > U_1$，变压器使电压升高，这种变压器称为升压变压器。若 $N_1 > N_2$，则 $U_1 > U_2$，变压器使电压降低，这种变压器称为降压变压器。

同样，对于变压比 K，存在：当 $K > 1$ 时，$U_1 > U_2$ 称变压器为降压变压器；当 $K < 1$ 时，$U_1 < U_2$ 称变压器为升压变压器。

二、变换交流电流

理想变压器输入功率等于输出功率，$P_1 = P_2$。

$$P_1 = U_1 I_1 \cos\varphi_1, P_2 = U_2 I_2 \cos\varphi_2$$

φ_1 与 φ_2 相差很小，$\varphi_1 \approx \varphi_2, \cos\varphi_1 \approx \cos\varphi_2$，

则
$$U_1 I_1 = U_2 I_2$$

因为
$$\frac{U_1}{U_2} \approx \frac{N_1}{N_2} = K$$

所以
$$\frac{I_1}{I_2} = \frac{N_2}{N_1} = \frac{1}{K}$$

绕组匝数多→电压高→电流小；反之，绕组匝数少→电压低→电流大。

三、变换交流阻抗

在直流电路中，希望负载获得最大功率，其获得最大功率的条件是 $R_L = R_0$，则最大功率为

$$P = \frac{E^2}{4R_0} = \frac{E^2}{4R_L}$$

在电子线路中，为了使负载获得最大功率，常用变压器来变换交流阻抗。负载获得最大功率的条件是负载电阻等于信号源的内阻，此时叫做阻抗匹配。但实际工作中，负载的电阻与信号源的内阻往往是不相等的，所以，把负载直接接到信号源上不能获得最大功率。因此，就需要利用变压器来进行阻抗变换，从而使负载获得最大功率。

设输入阻抗为 $|Z_1|$，输出阻抗为 $|Z_2|$，如图 10.2.3 所示。

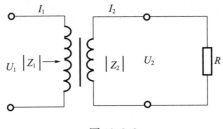

图 10.2.3

由图可知,

$$|Z_1| = \frac{U_1}{I_1}, |Z_2| = \frac{U_2}{I_2}$$

将 $U_1 = \frac{N_1}{N_2}U_2, I_1 = \frac{N_2}{N_1}I_2$,代入 $|Z_1|$,得

$$|Z_1| = \frac{U_1}{I_1} = \frac{\frac{N_1}{N_2} \times U_2}{\frac{N_2}{N_1} \times I_2} = \left(\frac{N_1}{N_2}\right)^2 \times \frac{U_2}{I_2} = \left(\frac{N_1}{N_2}\right)^2 \times |Z_2|$$

所以

$$|Z_1| = \left(\frac{N_1}{N_2}\right)^2 \times |Z_2| = K^2|Z_2| \text{ 或 } \left|\frac{Z_1}{Z_2}\right| = \left(\frac{N_1}{N_2}\right)^2 = K^2$$

由此可见,输入、输出阻抗之比与初、次级绕组匝数比的平方成正比。在电子技术中经常利用变压器来实现电路的匹配。这个原理非常重要。

【**例1**】有一电压比为220V/110V的降压变压器,若在次级绕组接上55Ω的电阻,求变压器初级绕组的输入阻抗。

解:因为 $K = \frac{N_1}{N_2} = \frac{U_1}{U_2} = \frac{220}{110} = 2$

所以 $|Z_1| = K^2 R_L = 2^2 \times 55 = 220\Omega$

答:变压器初级绕组的输入阻抗为220Ω。

【**例2**】有一信号源的电动势为1V、内阻为600Ω,负载电阻为150Ω。欲使负载获得最大功率,在信号源与负载之间接入一匹配变压器,问变压器的变压比为多大?变压器初、次级绕组中的电流分别为多大?

解:(1)变压器的变压比。由题意可知,如图10.2.4所示,负载电阻为 $R_2 = 150\Omega$,负载获得最大功率,变压器的输入电阻应等于电源内阻。$R_1 = R_0 = 600\Omega$。

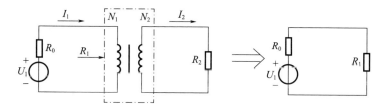

图 10.2.4

根据题意得 $K^2 = \left(\frac{N_1}{N_2}\right)^2 = \frac{R_1}{R_2}$

所以 $K = \sqrt{\dfrac{R_1}{R_2}} = \sqrt{\dfrac{600}{150}} = 2$

(2) 初级、次级的电流。

初级电流 $I_1 = \dfrac{E}{R_0 + R_1} = \dfrac{1}{600 + 600} \approx 0.83 \text{mA}$

次级电流 $I_2 = \dfrac{N_1}{N_2} I_1 = K \times I_1 = 2 \times 0.83 \approx 1.66 \text{mA}$

答：应接变压比为 2 的匹配变压器。变压器初、次级的电流分别为 0.83mA 和 1.66mA。

【例3】阻抗为 8Ω 的扬声器，通过一变压器接到信号源电路上，设变压器初级绕组匝数为 500 匝，次级绕组匝数为 100 匝，求：①变压器初级绕组已输入阻抗；②若信号源的电动势为 10V，内阻为 200Ω，则输出到扬声器的功率是多大？③若不经变压器，而把扬声器直接与信号源相接，则输送到扬声器的功率是多大？

解：$|Z_1| = \left(\dfrac{N_1}{N_2}\right)^2 |Z_2| = \left(\dfrac{500}{100}\right)^2 \times 8 = 200\Omega$

$U_1 = \dfrac{R_1 E}{R_0 + R_1} = \dfrac{200 \times 10}{200 + 200} = 5\text{V}$

$U_2 = \dfrac{N_2}{N_1} \times U_1 = \dfrac{100}{500} \times 5 = 1\text{V}$

$P_2 = \dfrac{U_2^2}{R_2} = \dfrac{1}{8} = 0.125(W) = 125\text{mW}$

$I = \dfrac{E}{R_0 + R_L} = \dfrac{10}{200 + 8} \approx 4.8\text{mA}$

$P_L = I^2 R_L = (4.8 \times 10^{-3})^2 \times 8 \approx 0.18\text{mW}$

四、变压器的外特性和电压调整率（变化率）

对负载来说，变压器相当于电源。对于电源，我们关心的是输出电压与负载电流大小的关系，即所谓的变压器的外特性。

1. 变压器的外特性

当一次绕组（初级绕组）的电压和负载的功率因数一定时，二次绕组（次级绕组）的输出电压与负载电流的关系，称为变压器的外特性，如图 10.2.5 所示。

二次绕组（次级绕组）电压变化的程度与负载的大小和性质有关，与变压器的特性有关。

当空载时，二次绕组（次级绕组）电压 U_{2N} 保持不变，U_{2N} 为绕组的额定电压。

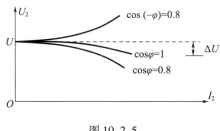

图 10.2.5

当负载为纯电阻时,$\cos\varphi_2 = 1$,随着负载电流的增大,变压器二次绕组的输出电压逐渐降低。

当负载为感性负载时,随着负载电流的增大,变压器二次绕组的输出电压下降较快。这是因为感性负载无功电流对变压器磁路中主磁通有较强的去磁作用,使二次绕组的感应电动势下降所致。

当负载为容性负载时,随着负载电流的增大,变压器二次绕组的输出电压增大。这是由于容性负载的无功电流具有助磁作用,使二次绕组感应电动势增加所致。

2. 变压器的电压调整率

从负载用电的角度来看,总希望电源电压稳定,但在一般情况下,当负载波动时,变压器的输出电压也是波动的。

变压器有负载时,二次绕组电压变化的程度用电压变化率 ΔU 表示(有些书上称电压调整率):

$$\Delta U = \frac{U_{2N} - U_2}{U_{2N}} \times 100\%$$

如 $U_{2N} = 100\text{V}$, $U = 90\text{V}$, $\Delta U = \frac{100-90}{100} \times 100\% = 10\%$。每变化 1V 时,变化率(调整率)为 $0.01\% \sim 1\%$。

变压器的工作原理是什么?理想变压器的条件是什么?

第三节 变压器的功率和效率

变压器作用于变压、变流、变阻,它同样有功率和效率。一个实际的变压器,考虑到铁芯和线圈绕组中都存在一定的损耗,它的输入功率和输出功率肯定不相等,下面讨论变压器的功率和效率。

一、变压器的功率

变压器初级绕组的有功功率,称为变压器的输入功率

$$P_1 = U_1 I_1 \cos\varphi_1$$

式中:U_1,I_1 为初级电压、电流的有效值;φ_1 为初级电压与电流的相位差。

变压器次级绕组向负载提供的有功功率,称为变压器的输出功率,即

$$P_2 = U_2 I_2 \cos\varphi_2$$

式中:U_2,I_2 分别为次级电压、电流的有效值;φ_1 为次级电压与电流的相位差。

变压器输入功率与输出功率之差,就是变压器的损耗功率,即

$$P_{FC} = P_1 - P_2 = P_{Fe} + P_{Cu}$$

P_{Fe}为磁滞损耗和涡流损耗,P_{Cu}为绕组导线电阻的损耗,$P_{Cu}(R_1 I_1^2 + R_2 I_2^2)$,与初、次级电流有关;铁损 P_{Fe} 取决于电压和频率。

注意:铁损和铜损可以用试验方法测量或计算求出。

二、变压器的效率

变压器输出功率与输入功率的百分比称为变压器的效率,即

$$\eta = \frac{P_2}{P_1} \times 100\%$$

一般大容量变压器的效率可达 98% ~ 99%,小型变压器为 70% ~ 80%。

【例】有一变压器的初级电压为 2200V,次级电压为 220V,在接有纯电阻性负载时,测得次级电流为 10A。若变压器的效率为 95%,试求它的损耗功率、输入功率和初级电流。

解:纯电阻性负载,$\varphi = 0$,$\cos\varphi = 1$。

$P_2 = U_2 I_2 \cos\varphi_2 = U_2 I_2 = 220 \times 10 = 2200\text{W}$

输入功率:$P_1 = \dfrac{P_2}{\eta} = \dfrac{2200}{0.95} \approx 2316\text{W}$

损耗功率:$P_{FC} = P_1 - P_2 = 2316 - 2200 = 116\text{W}$

初级电流:$I_1 = \dfrac{P_1}{U_1} = \dfrac{2316}{2200} \approx 1.05\text{A}$

答:损耗功率 116W,输入功率 2316W,初级电流 1.05A。

铁芯变压器的功率损耗包括哪些部分?这些损耗与哪些因素有关?

第四节　常用变压器

变压器种类较多,除常见的电力变压器外,下面介绍几种常用的变压器。

一、自耦合变压器

一般的变压器一次、二次绕组是分开的,它们虽然同在一个铁芯上,但相互之间是绝缘的,即一次、二次绕组之间只有磁的耦合,而没有电的直接联系,这种变压器称为双绕组变压器。如果把一次、二次绕组合而为一,使二次绕组成为一次绕组的一部分,或者说将一次绕组的一部分作为二次绕组,则这种只有一个绕组的变压器称为自耦变压器,如图 10.4.1 所示。可见,自耦变压器的一、二次绕组之间除了有磁的耦合外,还有电的直接联系。

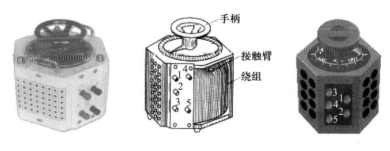

图 10.4.1

自耦合变压器的符号用图 10.4.2 所示表示。

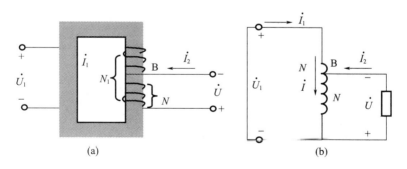

图 10.4.2

设变压器初级绕组为 N_1,输入电压为 U_1,电流为 I_1;次级绕组为 N_2,输出电压为 U_2,电流为 I_2。则

$$\frac{U_1}{U_2} = \frac{N_1}{N_2} = K$$

$$\frac{I_1}{I_2} = \frac{N_2}{N_1} = \frac{1}{K}$$

若 N_1、U_1 固定不变,则改变 B 点的位置就可以改变 N_2 的大小,从而改变输出电压的大小。

与普通变压器相比,自耦变压器用铜少,质量轻,体积小,绕组内的铜损减小,从而具有较高的效率。

二、多绕组变压器

变压器有多个绕组,这种变压器称为多绕组变压器。因为它有多个绕组,它输出电压也可以有多个,因此在需要多个输出电压的电子设备中经常用到多绕组变压器,如图 10.4.3 所示,符号如图 10.4.4 中所表示。

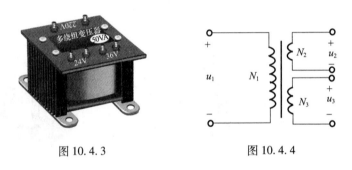

图 10.4.3　　　　　　　　图 10.4.4

电压与绕组的关系:

$$\frac{U_1}{U_2} = \frac{N_1}{N_2}$$

$$\frac{U_1}{U_3} = \frac{N_1}{N_3}$$

多绕组变压器的输入端有时用两个绕组组成,根据电网 220V/110V,绕组采取串联或者并联使用。

当电网为 220V 时,两个初级绕组串联使用,如图 10.4.5 和图 10.4.6(a)所示。

当电网为 110V 时,两个初级绕组并联使用,如图 10.4.6(b)所示。

注意:当电网为 110V 时,两个初级绕组必须并联使用,若极性接反,可能烧毁变压器。

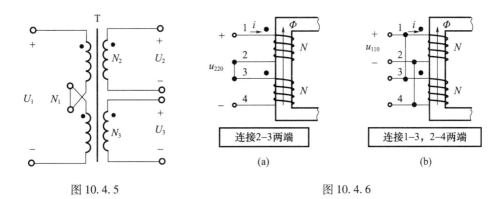

图 10.4.5　　　　　　　　　　　图 10.4.6

三、互感器

互感器是测量和继电保护的专门设备，分为电压互感器和电流互感器两种。它们的工作原理和变压器相同，是一种专供测量仪表、控制设备和保护设备中使用的变压器。由于高电压、大电流不能直接用仪表去测量，因此必须变换成低电压、小电流再测量，这样可保证仪表设备和人身安全。

使用仪用互感器的目的：一是保证测量人员的安全，使测量回路与高压电网相互隔离；二是扩大测量仪表（电压表和电流表）的测量范围。

1. 电压互感器

电压互感器实际上是一个减压器，利用它可以测量高压，如图 10.4.7 所示。使用时将匝数多的高压绕组跨接在需要测量的供电线路上，而匝数少的低压绕组与电压表连接。当线路电压为 U_1 时，互感器表头电压为 U_2，则

$$\frac{U_1}{U_2} = \frac{N_1}{N_2} = K$$

$$U_1 = KU_2$$

可见，高压线路的电压 U_1 等于所测电压与变压比的乘积。若是专用表可以直接读出电压值。

以上介绍的是单相变压器，由于现代电力供电系统采用三相四线制或三相三线制，所以三相变压器的应用很广。

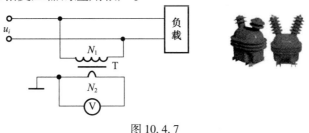

图 10.4.7

2. 电流互感器

电流互感器实际上是一个升压器,利用它可以测量交流电流,如图 10.4.8 所示。一般初级绕组是用粗导线绕成,只有一匝或几匝,次级绕组匝数比初级绕组要多些。当线路电流为 I_1 时,互感器表头电流为 I_2,则

$$\frac{I_1}{I_2} = \frac{N_2}{N_1} = \frac{1}{K}$$

$$I_1 = \frac{1}{K} I_2$$

可见,流过负载的电流就等于所测电流和变压比倒数的乘积。

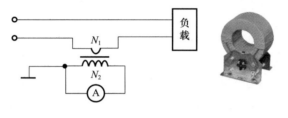

图 10.4.8

使用注意事项:

(1)二次测不能开路,以防产生高电压;

(2)铁芯、低压绕组的一端接地,以防在绝缘损坏时,再二次测量时出现过压。

这一点与普通变压器不一样,因为它的初级绕组与负载串联,其电流 I_1 的大小取决于负载的大小,不取决于次级绕组电流 I_2。所以,当次级绕组电路断开时(比如在拆下仪表时没有将次级绕组短接),次级绕组的电流和磁通势立即消失,但是初级绕组的电流没有变。这时铁芯内的磁通全部由初级磁通势产生,结果造成铁芯内有很大的磁通,一方面铁损大大增加而发热,另一方面次级感应电动势增高到危险的程度。

常用的钳形电流表(测流钳)就是一种电流互感器,如图 10.4.9 所示。它由一个同电流表接成闭合回路的次级绕组和一个铁芯所构成。其铁芯可开、可合。测量时,先松开铁芯,把待测电流的一根导线放入钳形口中,然后闭合铁芯,这时电流表上就可以读出被测电流的大小。

四、三相变压器

以上介绍的是单相变压器,由于现代电力供电系统采用三相四线制或三相三线制,所以三相变压器的应用很广。三相变压器实际上就是三个相同的单相

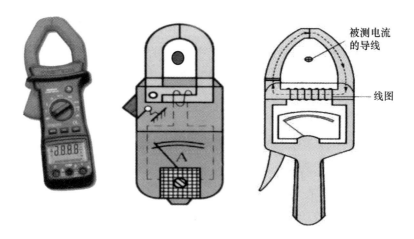

图 10.4.9

变压器的组合,每全铁芯柱上绕着同一相的初级和次级线圈。它相当于三个单相变压器的组合(三个绕组共用一个铁芯)。根据三相电源和负载的不同,三相变压器初级和次级线圈既可以接成星形,也可接成三角形,如图 10.4.10 所示。

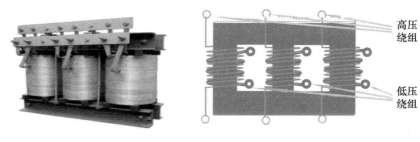

图 10.4.10

电流互感器电压互感器的主要区别在哪里?

第五节　变压器的额定值和检验

一、变压器的额定值

变压器的运行情况分为空载(无负载)运行和有负载运行。满负荷运行情况叫额定运行,额定运行的条件称为变压器的额定值。

额定容量指二次级最大视在功率,单位为 VA(伏安)或 kVA(千伏安)。

额定初级电压是指接到初级绕组电压的规定值;额定次级额定电压是指变压器空载时,初级侧加上额定电压后,次级绕组两端的电压值。

额定电流指规定的满载电流值。

使用变压器时的注意事项

(1) 不能超过其额定值;

(2) 工作温度不要过高;

(3) 初、次级要分清,不能接错;

(4) 防止变压器绕组短路,以免烧坏变压器;

(5) 要注意人身安全。

变压器输入端有 220V 和 110V 两种。

(1) 当电网为 220V 时,将输入端两个绕组顺串连接;

(2) 当电网为 110V 时,将输入端两个绕组并联连接,同名端接同名端,异名端接异名端。

【例】有人问:当电网为 110V 时,两组线圈不并联行不行?

答:不行。因为,若两种接法铁芯中的磁通相等,则

$$(i_{220} \times 2N) = i_{110}N \rightarrow \frac{i_{110}}{i_{220}} = 2$$

当电网为 220V 时,若线圈反接,则可能烧毁变压器。因为两个线圈磁通相抵消→初级的电感近于零→初级电流很大→变压器迅速发热而很快烧毁。

变压器的命名如:SJL——1000/10;S 代表相数,S 为三相,D 为单相;J 代表冷却方式,J 为油浸自冷式,F:风冷式;L 代表铝线圈;1000 代表额定容量(视在功率 kVA);10 代表高压绕组的额定电压(kV)。

二、变压器的检验

1. 区分绕组

高压绕组:漆包线细、匝数多、电阻大。

低压绕组:漆包线粗、匝数少、电阻小。

2. 绝缘检查

如图 10.5.1 所示,绕组间、绕组与铁芯间的绝缘电阻应在几十到一百多兆欧以上。

3. 各绕组的电压和变压比

首先,在初级绕组接上低压(10V 左右),测量各绕组的电压数值,计算出

变压比;然后在初级绕组接上额定电压,测量各绕组的电压,看是否符合设计标准。

4. 磁化电流 I_μ

变压器次级开路时的初级电流叫做磁化电流。

测量方法:如图 10.5.2 所示,在初级回路中串接一个电阻,次级开路。初级接上额定电压万用表交流电压挡测量电阻两端的电压值,电压除以电阻就是磁化电流。

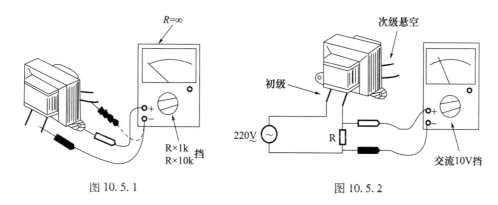

图 10.5.1　　　　　　　　　图 10.5.2

一般为初级额定电流的 3%～8%,原因:

(1)一般绕组的匝数绕少,$N\downarrow \rightarrow L=\dfrac{N\Phi}{I}\downarrow$。

(2)铁芯结合处距离太大,$l\uparrow \rightarrow R_m\uparrow \rightarrow E_m\downarrow$(磁阻增大,磁动势减小)。

(3)铁芯的磁导率太小,$L=\dfrac{N\Phi}{I}=\dfrac{\mu N^2 S}{l}$,使磁化电流增大。磁化电流太大,变压器就不能用了。

5. 变压器绕组极性测定

(1)同极性端的标记。

当电流流入(或流出)两个线圈时,若产生的磁通方向相同,则两个流入(或流出)端称为同极性端。或者说,当铁芯中磁通变化时,在两线圈中产生的感应电动势极性相同的两端为同极性端。

(2)同极性端的测量开关合上,毫安表的指针正偏,1 和 3 是同极性端;反偏 1 和 4 是同极性端,如图 10.5.3 所示。

$U_{13}=U_{12}-U_{34}$ 时,1 和 3 是同极性端;$U_{13}=U_{12}+U_{34}$ 时,1 和 4 是同极性端。

注意:使用前了解变压器的规格,不能超过其额定值;工作温度不要过高;初、次级要分清,不能接错;防止变压器绕组短路,以免烧坏变压器;要注意人身安全。

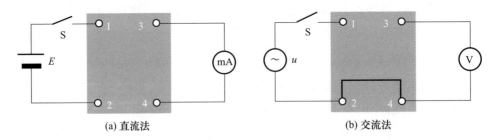

(a) 直流法　　　　　　　　　　　(b) 交流法

图 10.5.3

在变压器功耗测量中,空载时初级加额定电压测的损耗(铁芯);而次级短路,初级加一低压时(不能加高的电压,因次级短路,电压稍高会引起过大电流而烧坏变压器)测得的功率损耗就是初级导线上的损耗(铜损)。为什么?

■■■■■■ 知识拓展与应用 ■■■■■■

变压器的应用

变压器除了应用于电力系统,还应用在需要特种电源的工矿企业中。例如:冶炼用的电炉变压器、电解或化工用的整流变压器、焊接用的电焊变压器、试验用的试验变压器、交通用的牵引变压器,以及补偿用的电抗器、保护用的消弧线圈、测量用的互感器等。

1. 变压器的分类

(1)按结构型式分类:单相变压器、三相变压器及多相变压器。

(2)按用途分类:电力变压器、特种变压器,电炉变压器、整流变压器、工频试验变压器、调压器、矿用变压器、冲击变压器、电抗器、互感器等。

(3)按冷却介质分类:干式变压器、液(油)浸变压器及充气变压器等。

(4)按冷却方式分类:自然冷式、风冷式、水冷式、强迫油循环风(水)冷式及水内冷式变压器等。

(5)按线圈数量分类:自耦变压器、双绕组变压器及三绕组变压器等。

(6)按导电材质分类:铜线变压器、铝线变压器及半铜半铝变压器、超导变压器等。

(7)按调压方式分类:无励磁调压变压器、有载调压变压器。

(8)按中性点绝缘水平分类:全绝缘变压器、半绝缘(分级绝缘)变压器。

(9)按铁芯型式分类:心式变压器、壳式变压器及辐射式变压器等。

在电力网中,将水力、火力及其他形式电厂中发电机组能产生的交流电压升高后向电力网输出电能的变压器称为升压变压器,火力发电厂还要安装厂用电变压器,供起动机组之用;而用于降低电压的变压器称为降压变压器;用于联络两种不同电压网络的变压器称为联络变压器;将电压降低到电气设备工作电压的变压器称为配电变压器;配电前用的各级变压器称为输电变压器。

2. 整流变压器

变流是整流、逆流和变频3种工作方式的总称,整流是其中应用最广泛的一种。作为整流装置电源用的变压器称为整流变压器。工业用的整流直流电源大部分都是由交流电网通过整流变压器与整流设备而得到的。整流变压器是专供整流系统使用的变压器。整流变压器的功能:一是供给整流系统适当的电压,二是减小因整流系统造成的波形畸变对电网的污染。

整流变压器的主要用途如下。

(1)电化学工业:这是应用整流变压器最多的行业,该行业电解有色金属化合物以制取铝、镁、铜及其他金属;电解食盐以制取氯碱;电解水以制取氢和氧。

(2)牵引用直流电源:用于矿山或城市电力机车的直流电网。由于阀侧接架空线,短路故障较多,直流负载变化幅度大,电机车经常起动,造成不同程度的短时过载,所以这类变压器的温升限值和电流密度均取得较低,阻抗比相应的电力变压器大30%左右。

(3)传动用直流电源:主要用来为电力传动中的直流电机供电,如轧钢机的电枢和励磁。

(4)直流输电用直流电源:这类整流变压器的电压一般在110kV以上,容量在数万千伏安。需特别注意对地绝缘的交、直流叠加问题。

此外还有电镀用或电加工用直流电源、励磁用直流电源、充电用及静电除尘用直流电源等。

由于整流变压器绕组电流是非正弦的,含有很多高次谐波,因此为了减小对电网的谐波污染,提高功率因数,必须提高整流设备的脉波数,这可以通过移相的方法来解决。移相的目的是使整流变压器二次绕组的同名端线电压之间有一个相位移。

大功率整流设备需要脉波数较多,脉波数为 18、24、36 等的应用也日益增多,这就必须在整流变压器一次侧设置移相绕组来进行移相。移相绕组与主绕组的连接方式有 3 种,即曲折线、六边形和延边三角形方式。

用于电化学行业的整流变压器的调压范围比电炉变压器大得多,对于化工食盐电解来说,调压范围通常是 55%～100%;对于铝电解来说,调压范围通常是 5%～105%。常用的调压方式像电炉变压器一样,有变磁通调压、串联变压器调压和自耦调压器调压。另外,由整流元件的特性,可以在整流电炉的阀侧直接控制硅整流元件导通的相位角度,以平滑地调整整流电压的平均值,这种调压方式称为相控调压。实现相控调压,一是采用晶闸管,二是采用自饱和电抗器,自饱和电抗器基本上是由一个铁芯和两个绕组组成的。其绕组一个是工作绕组,它串联连接在整流变压器二次绕组与整流器之间,流过负载电流;另一个是直流控制绕组,是由另外的直流电源提供直流电流,其主要原理就是利用铁磁材料的非线性变化,工作绕组电抗值有很大的变化。调节直流控制电流,即可调节相控角,从而调节整流电压平均值。

本章小结

1. 变压器是根据电磁感应原理制成的,它由铁芯和绕组组成。铁芯是变压器的磁路通道,为了减小涡流和磁滞损耗,铁芯用磁导率较高而且相互绝缘的硅钢片叠装而成;绕组是变压器的电路部分。

2. 如果忽略变压器的损耗和漏磁通,电压、电流、阻抗之间满足下列关系:

$$\frac{U_1}{U_2} = \frac{N_1}{N_2} = K, \frac{I_1}{I_2} = \frac{N_2}{N_1} = \frac{1}{K}, Z_1 = K^2 Z_2$$

3. 实际变压器的损耗有铜损和铁损。变压器的功率损耗等于输入功率与输出功率之差,输出功率与输入功率的百分比就是变压器的效率,即

$$P = P_1 - P_2 = P_{Cu} + P_{Fe}$$

$$\eta = \frac{P_1}{P_2} \times 100\%$$

4. 常用变压器虽然种类不同、特点不同、用途不同,但是它们的基本工作原理是相同的。

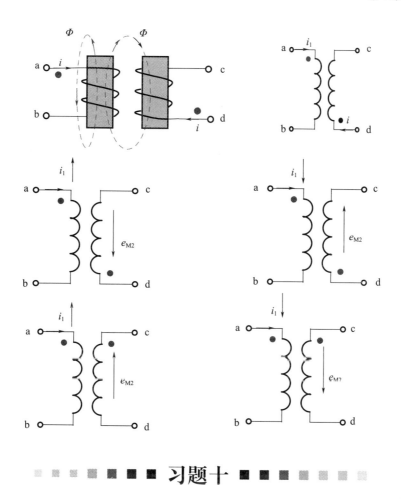

习题十

一、是非题

1. 在电路中需要的各种电压,都可以通过变压器变换获得。　　　　　(　　)
2. 同一台变压器中,匝数少、线径粗的是高压绕组;而匝数多、线径细的是低压绕组。　　　　　(　　)
3. 变压器次级绕组电流是从初级绕组传递过来的,所以 I_1 决定了 I_2 的大小。
　　　　　(　　)
4. 变压器是可以改变交流电压而不能改变频率的电气设备。　　　　　(　　)
5. 作为升压用的变压器,其变压比 $K>1$。　　　　　(　　)
6. 因为变压器初级、次级绕组没有导线连接,故初级、次级绕组电路是独立的,相互之间无任何联系。　　　　　(　　)

二、选择题

1. 变压器初级、次级绕组中不能改变的物理量是（　　）。
   A. 电压　　　　B. 电流　　　　C. 阻抗　　　　D. 频率
2. 变压器铁芯的材料是（　　）。
   A. 硬磁性材料　　B. 软磁性材料　　C. 矩磁性材料　　D. 逆磁性材料
3. 用变压器变换交流阻抗的目的是（　　）。
   A. 提高输出电压　　　　　　　　B. 使负载获得最大的电流
   C. 使负载获得最大功率　　　　　D. 为了安全
4. 变压器中起传递电能作用的是（　　）。
   A. 主磁通　　　B. 漏磁通　　　C. 电流　　　D. 电压
5. 初、次级绕组有联系的变压器是（　　）。
   A. 双绕组变压器　　　　　　　　B. 三相变压器
   C. 自耦变压器　　　　　　　　　D. 互感器

三、填空题

1. 变压器是根据_____原理工作的，其结构由_____和_____组成。
2. 变压器除了改变交流电压外，还可以变换_____，变换_____和改变_____。
3. 一台理想变压器的初级电压为 3000V，变压比为 15，其次级电压为_____V。若次级负载电阻为 20Ω，则次级电流为_____A，初级电流为_____A。
4. 有一个晶体管收音机的输出变压器，初级绕组的匝数是 600 匝，次级绕组的匝数是 150 匝，则该变压器的变压比 $K = $_____；如果在次级侧接上音圈电阻为 8Ω 的扬声器，这时变压器的输入阻抗是_____Ω。
5. 在使用电流互感器时应特别注意，绝对不能让次级侧_____，同时电流互感器的铁芯和次级绕组均应可靠_____，以防止绝缘破损引起设备及人身事故。

四、问答与计算题

1. 为了安全，机床上照明灯用的电压是 36V，这个电压是把 220V 的电压降压后得到的，如果变压器初级绕组是 1140 匝，次级绕组是多少匝？用这台变压器给 40W 的白炽灯供电,如果不考虑变压器本身的损耗,初级、次级绕组的电流各是多少?

2. 某晶体管收音机的输出变压器,其初级绕组匝数为 230 匝,次级绕组为 80 匝,原配接音圈阻抗为 8Ω 的扬声器,现在改接 4Ω 的扬声器,问次级绕组应如何变动?

3. 阻抗为 8Ω 的扬声器,通过一变压器接到信号源电路上,设变压器初级绕组匝数为 500 匝,次级绕组匝数为 100 匝,求:①变压器初级输入阻抗;②若信号源的电动势为 10V,内阻为 200Ω,输出到扬声器的功率是多大?③若不经变压器,而把扬声器直接与信号源相接,输送到扬声器的功率又是多大?

4. 在 220V 电压的交流电路中,接入一个变压器,它的初级绕组的匝数是 800 匝,次级绕组的匝数是 46 匝,次级绕组接在白炽灯的电路上,通过的电流是 8A,如果变压器的效率是 90%,求初级绕组中通过的电流是多大?

5. 如图 10-1 所示,一个电源变压器,初级绕组为 1000 匝,接在 220V 的交流电源上。它有两个次级绕组,一个电压为 36V,接若干白炽灯,共消耗功率 7W;另一个电压为 12V,也接若干白炽灯,共消耗功率 5W。如果不计变压器本身的损耗,求初级电流为多大?两个次级绕组的匝数各为多少?

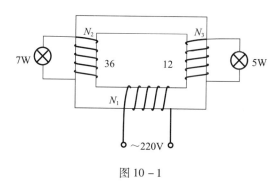

图 10-1

6. 一台容量为 15kV·A 的自耦变压器,初级侧接在 220V 的交流电源上,初级绕组匝数为 500 匝,如果要使次级输出电压为 150V,求次级绕组的匝数。满载时初、次级电路中的电流各是多大?